高等数学教程

（上册）

上海大学理学院数学系　编

上海大学出版社
·上海·

内 容 提 要

本书是按照全国高等学校工科数学课程教学指导委员会制定的《高等数学课程教学基本要求》编写而成的,分上、中、下三册.上册内容为函数与极限、导数与微分、微分中值定理与导数的应用、不定积分.中册的内容为定积分、定积分的应用、级数、微分方程.下册的内容为空间解析几何与向量代数、多元微分学、重积分、曲线与曲面积分.

本册力图从数学的实际应用背景出发,引入一些数学建模的基本思想,围绕高等微积分的主要思想、理论和方法,突出其广泛的应用,并根据学生学习的需求,在书中每节安排了习题(A)、(B),在每章安排了总复习题,以供学生系统地练习与复习.本册逻辑推理严谨清晰,叙述通顺浅显,例题典型面广,适合学生自学.可供综合性大学、高等师范院校的非数学理工类及管理类的本科学生使用.

图书在版编目(CIP)数据

高等数学教程.上册/上海大学理学院数学系编.
—上海:上海大学出版社,2005.8(2018.7重印)
ISBN 978-7-81058-884-3

Ⅰ.高… Ⅱ.上… Ⅲ.高等数学—高等学校:技术学校—教材 Ⅳ.O13

中国版本图书馆 CIP 数据核字(2005)第 086129 号

责任编辑 王悦生
封面设计 孙 敏

高等数学教程(上册)

上海大学理学院数学系 编
上海大学出版社出版发行
(上海市上大路99号 邮政编码:200444)
(http://www.press.shu.edu.cn 发行热线 021-66135110)
出版人:戴骏豪

*

上海华教印务有限公司印刷 各地新华书店经销
开本:890×1240 1/32 印张 9.25 字数 271 千
2005 年 8 月第 1 版 2018 年 7 月第 8 次印刷
印数:27 901-28 700
ISBN 978-7-81058-884-3/O·030 定价:25.00 元

序　言

　　微积分是人类最伟大的创造发明之一.在微积分诞生的三百多年间,它已为阐述和解决现实世界中所提出的各种问题提供了强有力的工具.微积分作为"高等数学"课程的核心内容,也已成为人才培养必须掌握的重要内容.

　　上海大学是一所全面实行短学期制、学分制和选课制的高等学校,"我们希望学生来到学校是为掌握一种正确的学习方法、工作方法和思想方法,也就是辩证唯物主义的方法.所学课程也好,专业也好,仅仅是一种载体,通过这个载体使大家掌握这种方法."因此,结合学校的办学理念、体制和机制,编写出一本既反映学习内容和思想方法,同时又能满足学校人才培养目标的教材,是我校培养高素质人才战略的重要组成部分.

　　"高等数学"是上海大学理工类和管理类大学生的必修课程,微积分中的"以直代曲、先分后合"的这种综合分析方法的辩证思想,其作为一种科学研究方法正逐渐成为各专业大学生必须掌握的一种思想方法,因此"高等数学"也逐步成为其他专业学生的必修或选修课程,它已在我校人才培养中占据极其重要的地位.

　　教育的目的是培养人,教学应以学生为中心,因此在教学过程中仅仅是教师的讲解是不够的.一个好的教学过程应该是教师和学生共同构建的互动的整体,充分发挥教师在教学中的核心指导作用,教学为学生着想,学生在学习中能够不断地有所反应和互动作用,这样的教学才会富有成效.本教材即在以上这些方面作了一些有益的尝试和实践.

　　上海大学理学院数学系拥有一批长期活跃在教学与科研第一线的教师,他们结合我校教育教学改革的特点,在教学过程进行了许多探索和实践,今天编写完成的《高等数学教程》一书,就是他们长期坚持将教学和科研相结合的结晶.本教材结合微积分的思想,并试图把数学建模的思想和方法有机地融入到《高等数学教程》的课程教学之中,这是对大学"高等数学"教学改革的初步尝试.它也许能使学生通过对《高等数学教程》的学习,逐步掌握起一种用数学的思想和方法去分析和解决实际问题的能力,更能使学生在学习"高等数学"的过程中提高学习兴趣和学习主动性,同时能起到提高学生的自学能力的作用.

在本教材出版之际,我借此机会衷心感谢我校理学院数学系广大教师所发挥的聪明才智和爱岗敬业的精神,为基础理论课程的教学工作所做出的探索和创新.同时也希望使用本教材的广大老师们对教材中存在的不足提出批评和意见,为进一步提高"高等数学"的教学质量,为培养高素质人才做出贡献.

上海大学副校长叶志明

2005 年 7 月 19 日于上海大学新校区

前　　言

　　本书是为综合性大学、高等师范院校的理工类、管理类本科学生编写的高等数学教程，是上海大学组建十多年以来，为满足广大学生后续学习要求，经过多年的教学实践而编写完成的公共基础课教材.

　　20世纪后半叶,信息技术获得了超乎想像的发展,数学的应用空前地向一切领域渗透,数学教学的需求也随之不断地扩大.如何以学生为中心,满足他们后继课程的需要,编写出一本与时俱进的教材是我们努力追求的目标.

　　本书力图从数学的实际应用背景出发,引入一些数学建模的基本思想,围绕高等微积分的主要思想、理论和方法,突出其广泛的应用.此外根据学生不同的需求,精心设计了课后习题(A)、(B)和总复习题.习题(A)是为本课程所有学生准备的必须进行且必须掌握的训练内容,习题(B)是为继续深造的学生准备的训练内容.

　　本书根据上海大学实行短学期制(三学年三个教学学期、一个实践学期)的特点而编写,分上、中、下三册.上册主编唐一鸣,中册主编俞国胜,下册主编屠立煌.全书由邬冬华统稿.

　　本书的第一、第二、第三章由唐一鸣执笔完成；第四、第五章由应立毅、唐一鸣执笔完成；第六章由应立毅、屠立煌执笔完成；第七章由吴寿柏、屠立煌执笔完成；第八、第九章由俞国胜执笔完成；第十章由姜勤执笔完成；第十一、十二章由任亚娣执笔完成.各节习题由吴东红、任亚娣、姜勤、应立毅编写完成.潘宝珍、刘彬清、岳洪、郭伟娟、耿辉、沈裕华、金石明、吴牧、何龙敏等和编写本书的作者一起参加了为编写本教程举行的多次教研活动,他们献计献策,为本书的出版做出了重要贡献.

　　在本书出版过程中,得到了上海大学校领导和教务处领导的大力支持;同时也得到了理学院和数学系领导的鼓励和支持;上海大学出版社王悦生编辑为本书出版做了诸多卓有成效的工作,在此一并表示深深的谢意.

　　编写一本适合时代需求的高质量的高等数学教程实非易事,我们虽然做了一些探索,但限于作者水平,不妥和谬误之处在所难免,希望各位专家和广大师生不吝指正.

编　者

于 2005 年盛夏

记号与逻辑符号

符号	表示的意义
$\exists$	"存在"或"找到"
$\forall$	"对任何"或"对每一个"
$\Leftrightarrow$	等价,充分且必要,当且仅当
$A \Rightarrow B$	由 A 得到 B
$f: A \to B$	f 是从集合 A 到集合 B 的映射
N	自然数集合
Z	整数集合
Q	有理数集合
J	无理数集合
R	实数集合
C	复数集合
$x \in A$	x 是集合 A 的元素
$A \subset B$	集合 A 是集合 B 的子集
$C = A \cup B$	集合 C 是集合 A 与集合 B 的并集
$C = A \cap B$	集合 C 是集合 A 与集合 B 的交集
$x \in A \cup B$	$x \in A$ 或 $x \in B$
$x \in A \cap B$	$x \in A$ 且 $x \in B$
$C = A \backslash B$	C 是集合 A 与集合 B 的差集
$x \in A \backslash B$	$x \in A$ 但 $x \notin B$(x 不属于 B)
$f \in C([a, b])$	f 属于在 $[a, b]$ 上连续的函数类
$f \in C^1([a, b])$	f 属于在 $[a, b]$ 上具有一阶连续导数的函数类
$f \in R([a, b])$	f 属于在 $[a, b]$ 上黎曼可积的函数类

目　录

序言 ·· 1

前言 ·· 1

第一章　函数与极限 ·· 1
　　第一节　映射与函数 ·· 1
　　第二节　数列的极限 ·· 24
　　第三节　函数的极限 ·· 34
　　第四节　无穷小与无穷大 ·· 44
　　第五节　极限运算法则 ··· 50
　　第六节　极限存在准则、两个重要极限 ························· 59
　　第七节　无穷小的比较及应用 ······································ 69
　　第八节　函数的连续性与间断点 ··································· 74
　　第九节　连续函数的运算与初等函数的连续性 ················ 82
　　第十节　闭区间上连续函数的性质 ································ 87

第二章　导数与微分 ·· 97
　　第一节　导数概念 ··· 97
　　第二节　函数的求导法则 ·· 109
　　第三节　高阶导数 ··· 126
　　第四节　隐函数及由参数方程所确定的函数的导数与相关
　　　　　　变化率 ··· 132
　　第五节　函数的微分 ·· 143

— 1 —

第三章 微分中值定理和导数的应用 ················ 160
 第一节 微分中值定理 ································ 160
 第二节 洛必达法则 ································ 169
 第三节 泰勒公式 ···································· 176
 第四节 函数的单调性与凸性的判别法 ············ 185
 第五节 函数的极值与最大、最小值 ·············· 195
 第六节 函数图像的描绘 ··························· 207
 第七节 曲率 ··· 213
 第八节 方程的近似解 ····························· 222

第四章 不定积分 ·· 233
 第一节 不定积分的概念与性质 ·················· 233
 第二节 换元积分法 ································ 240
 第三节 分部积分法 ································ 253
 第四节 几类常见函数的积分法 ·················· 258

附录一 常用的初等数学公式 ··························· 271

附录二 基本初等函数的图像及其性质 ················ 274

附录三 简单不定积分表 ································ 278

第一章 函数与极限

数学是研究数量关系和空间形式的科学.初等数学的研究对象基本上是常量,而高等数学的研究对象则是变量.对于研究数量关系和空间形式来说,必须从变量之间的联系,即函数开始.而极限方法是研究函数的一种基本工具.本章将介绍映射、函数、极限和函数的连续性等基本概念,以及它们的一些性质.

第一节 映射与函数

一、集合

1. 集合的概念

集合是数学的一个基础概念.我们先通过例子来说明这个概念.例如,一个班级的学生全体构成一个集合,某百货商店现有商品种类的全体构成一个集合,自然数的全体、有理数的全体、实数的全体等都是数的集合.一般地,若干个(有限个或无限多个)固定事物的全体称为一个集合(简称集).组成一个集合的事物称为集合的元素(简称元).

通常,用大写英文字母 A、B、C……表示集合,用小写英文字母 a、b、c……表示集合的元素.

设 A 是一个集合,如果 a 是 A 的一个元素,就说 a 属于 A,记作 $a \in A$;如果 a 不是 A 的一个元素,就说 a 不属于 A,记作 $a \notin A$.

由有限个元素组成的集合,称为有限集.如方程 $x^2 - 1 = 0$ 的所有解就是一个有限集.不含任何元素的集合称为空集,记作 $\varnothing$.如方程 $x^2 + 1 = 0$ 的实数解的全体是一个空集.既不是空集又不是有限集的集合称为无限集.

表示集合的方法通常有以下两种：一种是列举法，就是把集合的全体元素列举出来，例如由元素 $a_1, a_2, \cdots, a_n$ 组成的集合 A，可表示成

$$A = \{a_1, a_2, \cdots, a_n\};$$

另一种是描述法，如果集合 A 是具有某种确定性质 p 的元素 x 所构成的集合，则可表示成

$$A = \{x \mid x \text{ 具有性质 } p\}.$$

例如集合 S 是方程 $x^2 - 1 = 0$ 的解集，就可表示成

$$S = \{x \mid x^2 - 1 = 0\}.$$

对于数集，经常在表示数集的字母的右上角标上"$*$"来表示该数集内排除 0 的集，标上"$+$"来表示该数集内排除 0 与负数的集。例如，全体非负整数即自然数的集合记作 **N**，即

$$\mathbf{N} = \{0, 1, 2, \cdots, n, \cdots\};$$

全体正整数的集合为

$$\mathbf{N}^+ = \{1, 2, 3, \cdots, n, \cdots\};$$

全体整数的集合记作 **Z**，即

$$\mathbf{Z} = \{\cdots, -n, \cdots, -2, -1, 0, 1, 2, \cdots, n, \cdots\};$$

全体有理数的集合记作 **Q**，即

$$\mathbf{Q} = \left\{ \frac{p}{q} \,\middle|\, p \in \mathbf{Z},\, q \in \mathbf{N}^+ \text{ 且 } p \text{ 与 } q \text{ 互质} \right\};$$

全体实数的集合记作 **R**，**R*** 为排除数 0 的实数集，**R**$^+$ 为全体正实数的集。

下面讨论集合之间的关系。

设 A、B 是两个集合，如果集合 A 的元素都是集合 B 的元素，则称 A 是 B 的子集，记作 $A \subset B$（读作 A 包含于 B 中）或 $B \supset A$（读作 B 包含 A）。例如自然数集 **N** 是实数集 **R** 的一个子集。

如果 $A \subset B$，并且至少存在 B 的一个元素 x 不属于 A，则称 A 是

B 的真子集. 对于任何集合 A, 显然有 $A \subset A$, 并且规定空集 $\varnothing$ 是任何集合 A 的子集, 即 $\varnothing \subset A$.

如果集合 A 与 B 互为子集, 即 $A \subset B$, 并且 $B \subset A$, 则称集合 A 与 B 相等, 记作 $A = B$. 例如:
$$\{x \mid x \in \mathbf{R}, x^2 - 4 \geqslant 0, x^2 - 4x < 0\} = \{x \mid x \in \mathbf{R}, 2 \leqslant x < 4\}.$$

设 A、B 为两个集合, 由集合 A 与集合 B 的所有元素构成的集合称之为 A 与 B 的并(或和)集, 记作 $A \cup B$, 即
$$A \cup B = \{x \mid x \in A \text{ 或 } x \in B\};$$
由既属于 A 又属于 B 的元素全体构成的集合, 称之为 A 与 B 的交(或通)集, 记作 $A \cap B$, 即
$$A \cap B = \{x \mid x \in A \text{ 且 } x \in B\};$$
由属于 A 但不属于 B 的元素全体构成的集合, 称之为 A 与 B 的差集, 记作 $A \backslash B$, 即
$$A \backslash B = \{x \mid x \in A \text{ 但 } x \notin B\}.$$

如果 $B \subset A$, 则称差集 $A \backslash B$ 为 B 关于 A 的余(或补)集, 记作 $\complement_A B$.

2. 区间和邻域

在微积分中最常用的一类实数集是区间. 设 $a, b \in \mathbf{R}, a < b$, 记
$$(a, b) = \{x \mid x \in \mathbf{R}, a < x < b\};$$
$$[a, b] = \{x \mid x \in \mathbf{R}, a \leqslant x \leqslant b\};$$
$$[a, b) = \{x \mid x \in \mathbf{R}, a \leqslant x < b\};$$
$$(a, b] = \{x \mid x \in \mathbf{R}, a < x \leqslant b\}.$$

称它们为以 a 为左端点、b 为右端点的区间. 特别地, 称 (a, b) 为开区间, $[a, b]$ 为闭区间. 上述区间都称为有限区间, $b - a$ 称为上述区间的长度.

同样地, 引进记号 $+\infty$(读作正无穷大)及 $-\infty$(读作负无穷大), 记
$$[a, +\infty) = \{x \mid x \in \mathbf{R}, x \geqslant a\};$$

$$(a, +\infty) = \{x \mid x \in \mathbf{R}, x > a\};$$
$$(-\infty, b] = \{x \mid x \in \mathbf{R}, x \leqslant b\};$$
$$(-\infty, b) = \{x \mid x \in \mathbf{R}, x < b\};$$
$$(-\infty, +\infty) = \{x \mid x \in \mathbf{R}\}.$$

上述区间都称为无限区间. 有限区间与无限区间统称为区间. 一般情况下,区间通常用 I 表示.

邻域是一种常用的集合,以点 a 为中心的任何开区间称为点 a 的邻域,记作 $U(a)$.

设 δ 是一正数,点 a 的 δ 邻域记作 $U(a, \delta)$,即

$$U(a, \delta) = \{x \mid a - \delta < x < a + \delta\}$$

或

$$U(a, \delta) = \{x \mid |x - a| < \delta\};$$

点 a 的去心 δ 邻域记作 $\mathring{U}(a, \delta)$,即

$$\mathring{U}(a, \delta) = \{x \mid 0 < |x - a| < \delta\}.$$

3. 常用的逻辑符号

符号"$\forall$"代表"任意给定"的意思. 如"任意给定的一个实数 x"可记作"$\forall x \in \mathbf{R}$".

符号"$\exists$"代表"存在"的意思.

符号"$\Rightarrow$"代表"蕴涵"或"推得". 例如 "$A \Rightarrow B$" 是指,若命题 A 成立,则命题 B 成立;或命题 A 蕴涵命题 B. 此时称 A 是 B 的充分条件,同时也称 B 是 A 的必要条件.

符号"$\Leftrightarrow$"代表"充分必要"或"等价". 例如 "$A \Leftrightarrow B$" 代表命题 A 与命题 B 等价,或命题 A 蕴涵命题 B,同时命题 B 也蕴涵命题 A. 即 "$A \Rightarrow B$" 与 "$B \Rightarrow A$" 同时成立.

二、映射

1. 映射的概念

定义 设 X、Y 是两个非空集合,如果存在一个法则 f,使得对 X

中每个元素 x，按照法则 f，使其在 Y 中有惟一确定的元素 y 与之对应，则称 f 为从 X 到 Y 的映射，记作

$$f: X \to Y,$$

其中 y 称为元素 x 在映射 f 下的像，记作 $f(x)$，即

$$y = f(x),$$

而元素 x 称为元素 y 在映射 f 下的一个原像；集合 X 称为映射 f 的定义域，记作 D_f，即 $D_f = X$；X 中所有元素的像所组成的集合称为 f 的值域，记作 R_f 或 $f(X)$，即

$$R_f = f(X) = \{f(x) \mid x \in X\}.$$

对于映射的定义应当注意的是：

(1) 构成一个映射须具备三个要素：(i) 集合 X，即定义域 $D_f = X$；(ii) 集合 Y，即值域 $R_f \subset Y$；(iii) 对应法则 f，它使每一个 $x \in X$，有惟一确定的像 $y = f(x)$（见图 1-1）.

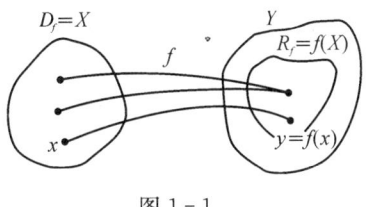

图 1-1

(2) 对每个 $x \in X$，元素 x 的像 y 是惟一的；反之，对每个 $y \in R_f$，元素 y 的原像不一定是惟一的（见图 1-1）.

(3) 映射 f 的值域 R_f 是 Y 的一个子集，即 $R_f \subset Y$，不一定 $R_f = Y$（见图 1-1）.

例1 映射 $f: \mathbf{R} \to \mathbf{R}$. 对 $\forall x \in \mathbf{R}$，$f(x) = x^2$. 定义域 $D_f = \mathbf{R}$. 值域 $R_f = \{y \mid y \geqslant 0\}$，$R_f$ 是 $\mathbf{R}$ 的一个真子集. 对 R_f 中元素 y，除 $y = 0$ 外，它的原像不惟一. 例如 $y = 9$ 的原像为 $x = 3$ 和 $x = -3$.

如果存在两个映射 f、g，它们的定义域相同，且映射的对应法则相同，则称映射 f 和 g 是相同的.

2. 几类重要映射、逆映射和复合映射

设 f 是从集合 X 到集合 Y 的映射：

(1) 如果 $R_f = Y$，即 $R_f = Y$ 中的任一元素 y，都存在 X 中的元素 x（一个或几个）使 $f(x) = y$，则称 f 为 X 到 Y 上的满射.

(2) 如果对于 R_f 中的任一元素 y,都存在 X 中惟一的元素 x,使 $f(x) = y$,或者等价地,对于 X 中任意两个不同的元素 $x_1 \neq x_2$,都有 $f(x_1) \neq f(x_2)$,则称 f 是一个单(映)射.

(3) 如果 f 既是满射,又是单(映)射,也就是说,对于 Y 中的每个元素 y,都存在 X 中的惟一的元素 x,使 $f(x) = y$,则称 f 是一个双射(图 1-2).

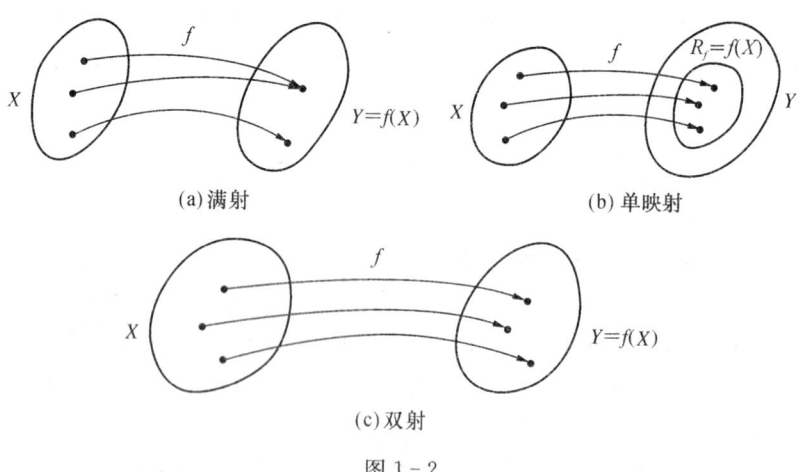

(a) 满射　　(b) 单映射

(c) 双射

图 1-2

例 2　设 $X_1 = (-\infty, +\infty)$,$X_2 = \left[-\dfrac{\pi}{2}, \dfrac{\pi}{2}\right]$,$Y_1 = (-\infty, +\infty)$,$Y_2 = [-1, 1]$. 若 $f_1: X_1 \to Y_1$,$f_1(x) = \sin x$,则 f_1 为 X_1 到 Y_1 的映射,非满射,又非单射. 若 $f_2: X_1 \to Y_2$,$f_2(x) = \sin x$,则 f_2 为 X_1 到 Y_2 的满射,但非单射. 若 $f_3: X_2 \to Y_1$,$f_3(x) = \sin x$,则 f_3 为 X_2 到 Y_1 的单射,但非满射. 若 $f_4: X_2 \to Y_2$,$f_4(x) = \sin x$,则 f_4 为 X_2 到 Y_2 的满射,又是单射,是一个双射.

设 f 是 X 到 Y 的单射,则对于每个 $y \in R_f$,有惟一的 $x \in X$,适合 $f(x) = y$,这样我们可以定义一个从 R_f 到 X 的映射,称它为 f 的逆映射,记作 f^{-1},即

$$f^{-1}: R_f \to X,$$

其定义域为 $D_{f^{-1}} = R_f$，值域为 $R_{f^{-1}} = X$.

设有两个映射

$$g: X \to Y_1, \quad f: Y_2 \to Z,$$

其中 $Y_1 \subset Y_2$，则由映射 g 和 f 可以定义一个从 X 到 Z 的对应法则，它把任一个元素 $x \in X$ 映成 $f(g(x)) \in Z$，显然，这个对应法则确定了一个从 X 到 Z 的映射，我们把满足上述条件的映射称为 g 和 f 构成的复合映射，记作 $f \circ g$，即

$$f \circ g: X \to Z,$$
$$(f \circ g)(x) = f(g(x)), \quad x \in X.$$

例3 若映射 $g: \mathbf{R} \to [-1, 1]$，$g(x) = \sin x$；$f: [-1, 1] \to [0, 1]$，$f(u) = u^2$，则复合映射 $f \circ g: \mathbf{R} \to [0, 1]$，$(f \circ g)(x) = f(\sin x) = (\sin x)^2$.

由复合映射的定义可知，映射 g 和 f 构成复合映射的条件是 g 的值域 R_g 必须包含在 f 的定义域内，即 $R_g \subset D_f$. 否则，不能构成复合映射. 由此可知，映射 g 和 f 的复合是有顺序的，$f \circ g$ 有意义并不表示 $g \circ f$ 也有意义. 即使 $f \circ g$ 和 $g \circ f$ 都有意义，复合映射 $f \circ g$ 和 $g \circ f$ 并不一定相同.

三、函数

我们通常把从实数集（或其子集）X 到实数集 Y 的映射称为定义在 X 上的函数.

定义 记数集 $D \subset \mathbf{R}$，则称映射 $f: D \to \mathbf{R}$ 为定义在 D 上的函数，或记作

$$y = f(x), \quad x \in D.$$

其中集合 D 称为函数 f 的定义域，记作 D_f，即 $D_f = D$.

定义域 D_f 中的数 x 所对应的数 y 记作 $f(x)$，称为点 x 的函数值. 此时，x 称为自变量，函数值 y 或 $f(x)$ 称为因变量. 函数值的全体称为函数 f 的值域，记作 R_f，或 $f(D)$，即

$$R_f = f(D) = \{y \mid y = f(x), x \in D\}.$$

函数是从实数集到实数集的映射,其值域在 **R** 内,因此构成函数的要素是定义域 D_f 及对应法则 f.

在函数的定义中,对每一个 $x \in D$,对应的函数值 y 是惟一的,这样定义的函数称为单值函数. 若对每一个 $x \in D$, 总有确定的 y 值与之对应,但这个 y 值不是惟一的,我们称这样的映射为多值映射. 本教程中对此类多值映射不作研究.

函数的主要表示方法有三种:解析法(公式法)、图像法、表格法,这部分内容在中学里已作介绍. 其中函数的图像给出了直观的函数形态,由序对 (x, y) 组成的集合:

$$G(f) = \{(x, y) \mid y = f(x), x \in D\}$$

称为函数 $y = f(x), x \in D$ 的图像.

下面举几个函数的例题.

例 4 绝对值函数

$$y = |x| = \begin{cases} x, & x \geqslant 0; \\ -x, & x < 0. \end{cases}$$

其定义域为 $D = (-\infty, +\infty)$, 值域为 $R_f = [0, +\infty)$, 如图 1-3 所示.

例 5 符号函数

$$y = \operatorname{sgn} x = \begin{cases} 1, & x > 0; \\ 0, & x = 0; \\ -1, & x < 0. \end{cases}$$

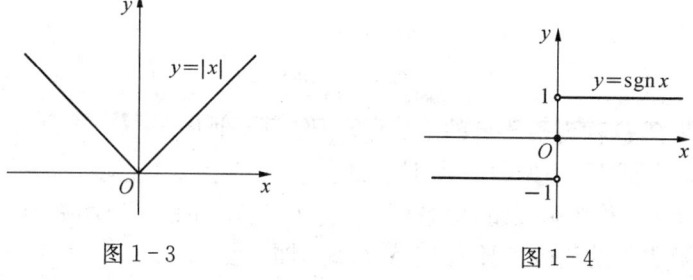

图 1-3   图 1-4

其定义域为 $D=(-\infty,+\infty)$，值域为 $R_f=\{-1,0,1\}$，如图 1-4 所示. 对于任何实数 x，成立如下关系：

$$x = \operatorname{sgn} x \cdot |x|.$$

例 6 取整函数

$$y = [x]$$

表示不超过 x 的最大整数，也称 x 的整数部分. 例如，$[-3.5]=-4$，$[-1]=-1$，$\left[\dfrac{3}{7}\right]=0$，$[\pi]=3$. 它的定义域 $D=(-\infty,+\infty)$，值域 $R_f=\mathbf{Z}$，如图 1-5 所示. 取整函数也可以表示成如下形式：

$$y=[x]=n, \quad x\in[n,n+1), n\in\mathbf{Z}.$$

从例 4、例 5 中我们可以看到，有些函数在定义域的不同部分，对应法则由不同的算式表示，我们把这种函数称为分段函数.

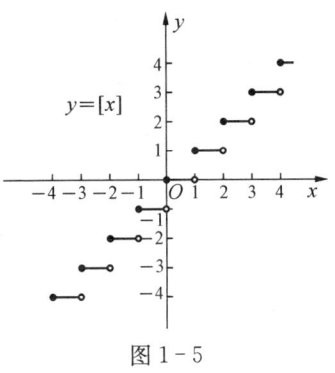

图 1-5

例 7 某商店对一种商品的售价规定如下：购买量不超过 5 千克时，每千克 0.8 元；购买量大于 5 千克而不超过 10 千克时，其中超过 5 千克部分优惠价每千克 0.6 元；购买量大于 10 千克时，超过 10 千克部分每千克 0.4 元. 若购买 x 千克的费用记为 $y(x)$，则

$$y(x)=\begin{cases}0.8x, & 0\leqslant x\leqslant 5;\\ 0.8\times 5+0.6(x-5), & 5<x\leqslant 10;\\ 0.8\times 5+0.6\times(10-5)+0.4(x-10), & 10<x.\end{cases}$$

即

$$y(x)=\begin{cases}0.8x, & 0\leqslant x\leqslant 5;\\ 1+0.6x, & 5<x\leqslant 10;\\ 3+0.4x, & 10<x.\end{cases}$$

这是定义在$[0,+\infty)$上的一个分段函数,其图像如图1-6所示.

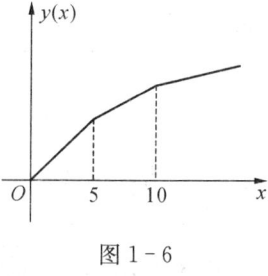

图1-6

四、函数的几种特性

1. 有界性

设函数$f(x)$的定义域为D,数集$I \subset D$.如果存在常数m和M,使得

$$m \leqslant f(x) \leqslant M, \quad \forall x \in I$$

成立,则称函数$f(x)$在I上有界,其中m是$f(x)$在I上的下界,M是$f(x)$在I上的上界.

注意:当函数有界时,它的上界与下界是不惟一的.由上面定义可知,任意小于m的数都是f的下界,任意大于M的数都是f的上界.

有界函数的另一种定义为:

设函数$f(x)$的定义域为D,数集$I \subset D$,如果存在正常数K,使得$|f(x)| \leqslant K, \forall x \in I$成立,则称$f(x)$在$I$上有界.

可以证明,上述两种定义是等价的.在上述第二种定义中,如果不存在这样的正数K,则称$f(x)$在I上无界.也即,如果$\forall k > 0$,$\exists x_0 \in I$使得$|f(x_0)| > k$,可知$f(x)$在I上无界.

例如,$f(x) = \sin x$,D为$(-\infty, +\infty)$;对$\forall x \in D$,$|\sin x| \leqslant 1$,所以$f(x) = \sin x$在$(-\infty, +\infty)$内是有界的.

又如函数$f(x) = \dfrac{1}{x}$在开区间$(0,1)$内无界,因为不存在这样的正数K,满足$\left|\dfrac{1}{x}\right| \leqslant K, \forall x \in (0,1)$.但$f(x) = \dfrac{1}{x}$在$(1,2)$内是有界的,可取$K = 1$,使$\left|\dfrac{1}{x}\right| \leqslant 1, \forall x \in (1,2)$成立.

2. 单调性

设函数$f(x)$的定义域为D,区间$I \subset D$,如果$\forall x_1, x_2 \in I$,当$x_1 < x_2$时成立

$$f(x_1) < f(x_2),$$

则称 $f(x)$ 在区间 I 上单调增加,通常记作 $f\uparrow$;如果 $\forall x_1, x_2 \in I$,当 $x_1 < x_2$ 时成立

$$f(x_1) > f(x_2),$$

则称 $f(x)$ 在区间 I 上单调减少,通常记作 $f\downarrow$.

例如 $y = x^3$, $y = a^x$ $(a > 1)$, $y = \log_a x$ $(a > 1)$, $y = \arctan x$ 等函数在它们的定义域中都是单调增加的;而 $y = a^x$ $(0 < a < 1)$, $y = \log_a x$ $(0 < a < 1)$, $y = \text{arccot}\, x$ 等函数在它们的定义域中都是单调减少的.

也有许多函数在它们的定义域中并非单调,但在较小范围内却具有单调性. 例如 $y = x^2$,在 $(-\infty, 0]$ 内是单调减少的,而在 $[0, +\infty)$ 内是单调增加的.

3. 奇偶性

设函数 $f(x)$ 的定义域 D 关于原点对称,即 $x \in D \Leftrightarrow -x \in D$. 如果 $\forall x \in D$,成立

$$f(-x) = f(x),$$

则称函数 $f(x)$ 为 D 上的偶函数. 如果 $\forall x \in D$,成立

$$f(-x) = -f(x),$$

则称函数 $f(x)$ 为 D 上的奇函数.

显然,偶函数的图像是关于 y 轴对称的. 因为 $f(x)$ 是偶函数,故有 $f(-x) = f(x)$. 如果 $A(x, f(x))$ 为图像上的点,则它关于 y 轴的对称点 $A'(-x, f(x))$ 也在图像上,如图 1-7 所示.

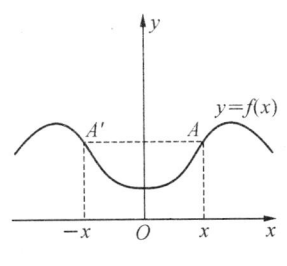

图 1-7

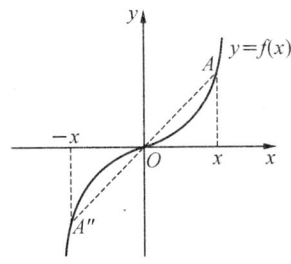

图 1-8

奇函数的图像关于原点对称. 因为 $f(x)$ 是奇函数,故有 $f(-x)=-f(x)$. 如果 $A(x, f(x))$ 为图像上的点,则它关于原点的对称点 $A''(-x,-f(x))$ 也在图像上,如图 1-8 所示.

知道了函数的奇偶性,我们只需在 $D \cap (0,+\infty)$ 上讨论函数的性质,再由对称性推出它在 $D \cap (-\infty, 0)$ 上的性质.

例如函数 $y=x^3$,$y=\sin x$,$y=\tan x$ 都是奇函数,而 $y=x^2$,$y=\cos x$,$y=|x|$ 都是偶函数.

例 8 判断函数 $f(x)=\dfrac{1}{1+a^x}-\dfrac{1}{2}$ ($a>0, a\neq 1$) 的奇偶性.

解 由于

$$f(-x)=\frac{1}{1+a^{-x}}-\frac{1}{2}=\frac{a^x}{1+a^x}-\frac{1}{2}$$

$$=\left(\frac{a^x}{1+a^x}-1\right)+\frac{1}{2}=\frac{-1}{1+a^x}+\frac{1}{2}$$

$$=-f(x),$$

所以 $f(x)$ 为奇函数.

4. 周期性

设函数 $f(x)$ 的定义域为 D,如果存在一个正数 T,使得 $\forall x \in D$,$x+T \in D$,成立

$$f(x+T)=f(x),$$

则称 $f(x)$ 是以 T 为周期的函数,T 称为 $f(x)$ 的周期. 如果存在满足上述条件的最小的 T,则称 T 为函数 $f(x)$ 的最小周期. 需指出,如果 T 是函数 $f(x)$ 的周期,则 nT ($n \in \mathbf{N}^+$) 也是 $f(x)$ 的周期.

例如,$y=\sin x$ 是 $(-\infty,+\infty)$ 上的周期函数,任意一个 $2n\pi$ ($n \in \mathbf{N}^+$) 都是它的周期,其中 2π 是它的最小周期. 函数 $y=\tan x$ 的最小周期为 π.

注意:并非每个周期函数都有最小周期. 下面函数就属于这种情形.

例 9 狄利克雷(Dirichlet)函数

$$D(x)=\begin{cases} 1, & x \in \mathbf{Q}; \\ 0, & x \in \mathbf{J}. \end{cases}$$

任何一个正有理数 r 都是它的周期,可知其是一个周期函数.由于找不到最小正有理数,所以它不可能有最小周期.

对于周期函数,我们只需要研究其在一个周期上的函数性质,再根据其周期性推出它在其他范围上的性质.

五、反函数与复合函数

1. 反函数

作为逆映射的特例,我们有以下反函数的概念.

设函数 $f: D \to f(D)$ 是单射,则它存在逆映射 $f^{-1}: f(D) \to D$,称此映射 f^{-1} 为函数 f 的反函数.

按此定义,对每个 $y \in f(D)$,有惟一的 $x \in D$,使得 $f(x) = y$,于是有 $f^{-1}(y) = x$.

这就是说,反函数 f^{-1} 的对应法则是完全由函数 f 的对应法则所确定的.

例如,函数 $y = x^3$, $x \in \mathbf{R}$ 是单射,所以它的反函数存在,其反函数为 $x = y^{\frac{1}{3}}$, $y \in \mathbf{R}$.

由于习惯上自变量用 x 表示,因变量用 y 表示,于是 $y = x^3$, $x \in \mathbf{R}$ 的反函数通常写作 $y = x^{\frac{1}{3}}$, $x \in \mathbf{R}$.

一般地,$y = f(x)$, $x \in D$ 的反函数记成 $y = f^{-1}(x)$, $x \in f(D)$.

对任何 $x \in D$,有 $f^{-1}(f(x)) = x$;而对任何 $x \in f(D)$,有 $f(f^{-1}(x)) = x$.

若 f 是定义在区间 I 上的单调函数,则 $f: I \to f(I)$ 是单射,于是 f 的反函数 f^{-1} 必定存在.即单调函数的反函数一定存在.

相对于反函数 $y = f^{-1}(x)$ 来说,原来的函数 $y = f(x)$ 称为直接函数.把直接函数 $y = f(x)$ 和它的反函数 $y = f^{-1}(x)$ 的图像画在同一坐标平面上,这两个图像关于直线 $y = x$ 是对称的(图1-9).这是因为如果 $P(a, b)$ 是 $y = f(x)$ 图像上的点,则有 $b =$

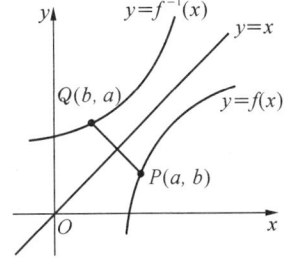

图 1-9

$f(a)$. 按反函数的定义, 有 $a = f^{-1}(b)$, 故 $Q(b, a)$ 是 $y = f^{-1}(x)$ 图像上的点; 反之, 若 $Q(b, a)$ 是 $y = f^{-1}(x)$ 图像上的点, 则 $P(a, b)$ 是 $y = f(x)$ 图像上的点. 而 $P(a, b)$ 与 $Q(b, a)$ 是关于直线 $y = x$ 对称的.

2. 复合函数

复合函数是复合映射的一种特例, 按照通常函数的记号, 复合函数的概念可如下表述.

设函数 $y = f(u)$ 的定义域为 D_1, 函数 $u = g(x)$ 在 D 上有定义, 且 $g(D) \subset D_1$, 则由下式确定的函数

$$y = f(g(x)), \quad x \in D$$

称为由函数 $u = g(x)$ 和函数 $y = f(u)$ 构成的复合函数, 它的定义域为 D, 变量 u 称为中间变量.

函数 g 与 f 构成的复合函数通常记为 $f \circ g$, 即

$$(f \circ g)(x) = f(g(x)).$$

由复合映射可知, g 与 f 能构成复合函数 $f \circ g$ 的条件是: 函数 g 在 D 上的值域 $g(D)$ 必须含在 f 的定义域 D_f 内, 即 $g(D) \subset D_f$. 否则, 不能构成复合函数. 例如, $y = f(u) = \arcsin u$ 的定义域为 $[-1, 1]$, $u = g(x) = 2\sqrt{1-x^2}$ 在 $D = \left[-1, -\frac{\sqrt{3}}{2}\right] \cup \left[\frac{\sqrt{3}}{2}, 1\right]$ 上有定义, 且 $g(D) \subset [-1, 1]$, 则 g 与 f 可构成复合函数

$$y = \arcsin 2\sqrt{1-x^2}, \quad x \in D;$$

但函数 $y = \arcsin u$ 和函数 $u = 2 + x^2$ 不能构成复合函数, 这是因为对任一 $x \in \mathbf{R}$, $u = 2 + x^2$ 均不在 $g = \arcsin u$ 的定义域 $[-1, 1]$ 内.

有时会遇到两个以上函数所构成的复合函数, 只要它们按序满足构成复合函数的条件, 同样构成多重复合函数. 例如, 函数 $y = \sqrt{u}$, $u = \cot v$, $v = \frac{x}{2}$ 可构成复合函数 $y = \sqrt{\cot \frac{x}{2}}$, 这里 u 及 v 都是中间

变量,复合函数的定义域是 $D=\{x\mid 2k\pi<x<(2k+1)\pi, k\in \mathbf{Z}\}$,而不是 $v=\dfrac{x}{2}$ 的定义域 $\mathbf{R}$,D 是 $\mathbf{R}$ 的一个非空子集.

六、函数的运算

设函数 $f(x)$、$g(x)$ 的定义域依次为 D_1、D_2,$D=D_1\bigcap D_2\neq\varnothing$,则我们可以定义这两个函数的下列四则运算:

和(差) $f\pm g$:$(f\pm g)(x)=f(x)\pm g(x)$,$x\in D$;

积 $f\cdot g$:$(f\cdot g)(x)=f(x)\cdot g(x)$,$x\in D$;

商 $\dfrac{f}{g}$:$\left(\dfrac{f}{g}\right)(x)=\dfrac{f(x)}{g(x)}$,$x\in D\backslash\{x\mid g(x)=0\}$.

例 10 设函数 $f(x)$ 的定义域为 $(-l, l)$,证明必存在 $(-l, l)$ 上的偶函数 $g(x)$ 和奇函数 $h(x)$,使得

$$f(x)=g(x)+h(x).$$

证明 作 $g(x)=\dfrac{1}{2}[f(x)+f(-x)]$, $x\in(-l, l)$;

$h(x)=\dfrac{1}{2}[f(x)-f(-x)]$, $x\in(-l, l)$.

则

$$f(x)=g(x)+h(x),$$

由

$$g(-x)=\dfrac{1}{2}[f(-x)+f(x)]=g(x),$$

$$h(-x)=\dfrac{1}{2}[f(-x)-f(x)]=-h(x),$$

可知 $g(x)$ 为偶函数,$h(x)$ 为奇函数. 命题结论成立. 证毕.

七、初等函数

在初等数学中已经讲过下面几类函数:

幂函数：$y = x^\mu$ ($\mu \in \mathbf{R}^*$ 是常数)；

指数函数：$y = a^x$ ($a > 0$，且 $a \neq 1$)；

对数函数：$y = \log_a x$ ($a > 0$，且 $a \neq 1$，特别地，当 $a = \mathrm{e}$①时，记为 $y = \ln x$)；

三角函数：如 $y = \sin x$，$y = \cos x$，$y = \tan x$ 等；

反三角函数：如 $y = \arcsin x$，$y = \arccos x$，$y = \arctan x$ 等.

以上这五类函数统称为基本初等函数.

由常数和基本初等函数经过有限次的四则运算和有限次的函数复合步骤所构成并可用一个式子表示的函数，称为初等函数.例如：

$$y = \sqrt{1-x^2},\ y = \sin^2 x,\ y = \sqrt{\cot \frac{x}{2}}$$

等都是初等函数.在本课程中所讨论的函数绝大多数都是初等函数.

工程技术上常遇到双曲函数以及它们的反函数——反双曲函数.它们的定义如下：

双曲正弦　　$\sinh x = \dfrac{\mathrm{e}^x - \mathrm{e}^{-x}}{2}$；

双曲余弦　　$\cosh x = \dfrac{\mathrm{e}^x + \mathrm{e}^{-x}}{2}$；

双曲正切　　$\tanh x = \dfrac{\mathrm{e}^x - \mathrm{e}^{-x}}{\mathrm{e}^x + \mathrm{e}^{-x}}$.

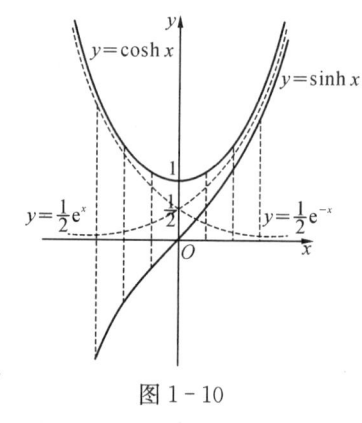

图 1-10

这三个双曲函数的简单性态如下：

双曲正弦的定义域为 $\mathbf{R}$，值域为 $\mathbf{R}$，它是单调增加的奇函数(图 1-10).

双曲余弦的定义域为 $\mathbf{R}$，值域是 $[1, +\infty)$，它是偶函数，在区间 $(-\infty, 0]$ 内它是单调减少的；在区间 $[0, +\infty)$ 内它是单调增加的(图 1-10).

---

① e 是一个无理数，它的意义见本章第六节.

双曲正切的定义域为 **R**,它是 **R** 上单调增加的奇函数.它的图像位于 $y=1$ 及 $y=-1$ 之间,当 $x\to +\infty$ 时,它的图像接近于直线 $y=1$;而当 $x\to -\infty$ 时,它的图像接近于直线 $y=-1$(图 1-11).

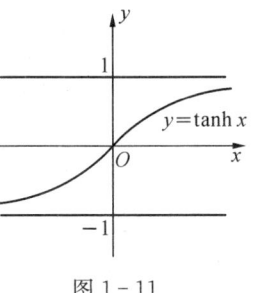

图 1-11

根据双曲函数的定义,可证明下列四个公式:

$$\sinh(x+y) = \sinh x \cosh y + \cosh x \sinh y \quad (1)$$

$$\sinh(x-y) = \sinh x \cosh y - \cosh x \sinh y \quad (2)$$

$$\cosh(x+y) = \cosh x \cosh y + \sinh x \sinh y \quad (3)$$

$$\cosh(x-y) = \cosh x \cosh y - \sinh x \sinh y \quad (4)$$

我们仅证明公式(1),其他三个公式读者自行证明.

由定义可知

$$\sinh x \cosh y + \cosh x \sinh y = \frac{e^x - e^{-x}}{2} \cdot \frac{e^y + e^{-y}}{2} + \frac{e^x + e^{-x}}{2} \cdot \frac{e^y - e^{-y}}{2}$$

$$= \frac{e^{x+y} - e^{y-x} + e^{x-y} - e^{-(x+y)}}{4}$$

$$+ \frac{e^{x+y} + e^{y-x} - e^{x-y} - e^{-(x+y)}}{4}$$

$$= \frac{e^{x+y} - e^{-(x+y)}}{2} = \sinh(x+y).$$

由以上几个公式可以导出其他一些公式,例如:

在公式(4)中令 $x=y$,并注意到 $\cosh 0 = 1$,得

$$\cosh^2 x - \sinh^2 x = 1; \quad (5)$$

在公式(1)中令 $x=y$,得

$$\sinh 2x = 2\sinh x \cosh x; \quad (6)$$

在公式(3)中令 $x = y$ 得

$$\cosh 2x = \cosh^2 x + \sinh^2 x. \qquad (7)$$

以上关于双曲函数的公式(1)至(7)与三角函数的相关公式类似,通过对比可帮助记忆.

双曲函数 $y = \sinh x$, $y = \cosh x \ (x \geqslant 0)$, $y = \tanh x$ 的反函数记为:

反双曲正弦　　$y = \operatorname{arsinh} x$;

反双曲余弦　　$y = \operatorname{arcosh} x$;

反双曲正切　　$y = \operatorname{artanh} x$.

上述反双曲函数都可通过自然对数函数来表示.

设 $y = \operatorname{arsinh} x$ 是 $x = \sinh y$ 的反函数,我们可以从

$$x = \frac{e^y - e^{-y}}{2}$$

中解出 y 得到 $\operatorname{arsinh} x$. 令 $u = e^y$,则由上式得

$$u^2 - 2xu - 1 = 0.$$

其解为

$$u = x \pm \sqrt{x^2 + 1}.$$

由于 $u = e^y > 0$,于是

$$u = x + \sqrt{x^2 + 1}.$$

由于 $y = \ln u$,故我们有

$$y = \operatorname{arsinh} x = \ln(x + \sqrt{x^2 + 1}).$$

函数 $y = \operatorname{arsinh} x$ 的定义域为 **R**,它是奇函数,在 **R** 上是单调增加的.根据反函数的作图法,可得 $y = \operatorname{arsinh} x$ 的图像(图 1-12).

对于双曲余弦 $y = \cosh x \ (x \geqslant 0)$ 的反函数,由 $x = \cosh y \ (y \geqslant 0)$,有

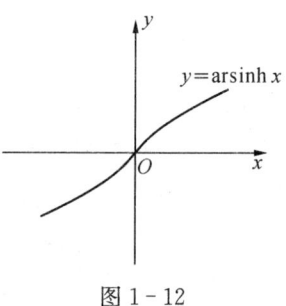

图 1-12

$$x = \frac{e^y + e^{-y}}{2} \quad (y \geqslant 0)$$

可得 $e^y = x \pm \sqrt{x^2 - 1}$，取自然对数得

$$y = \ln(x \pm \sqrt{x^2 - 1}),$$

上式中 x 必须满足条件 $x \geqslant 1$，由 $y \geqslant 0$，得

$$y = \ln(x + \sqrt{x^2 - 1}).$$

上述双曲余弦 $y = \cosh x \ (x \geqslant 0)$ 的反函数称为反双曲余弦的主值，记作 $y = \operatorname{arcosh} x$，即

$$y = \operatorname{arcosh} x = \ln(x + \sqrt{x^2 - 1}),$$

它的定义域为 $[1, +\infty)$，它在定义域上是单调增加的（图 1-13）.

类似地可得

$$y = \operatorname{artanh} x = \frac{1}{2} \ln\left(\frac{1+x}{1-x}\right).$$

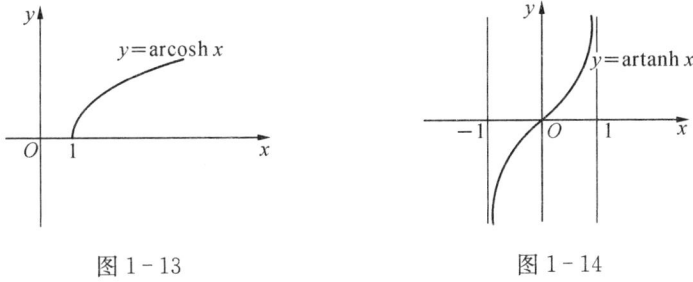

图 1-13　　　　　　　　图 1-14

它的定义域为 $(-1, 1)$，它在定义域内是单调增加的奇函数（图 1-14）.

八、经济理论中常用的函数

在经济分析中，对成本、价格、收益等经济量的关系的研究中，需要建立一些经济量之间的函数关系.

1. 需求函数

假设除了价格之外,收入等其他因素对需求影响较小,收入等其他因素对需求的影响可忽略不计,所以需求量 Q 仅仅只是价格 p 的函数,记为

$$Q = f(p).$$

一般说来,需求函数是单调减少的. 常用下列简单函数来近似地表示需求函数:

线性函数　$Q = -ap + b$,其中 $a, b > 0$;
幂函数　　$Q = kp^{-\alpha}$,其中 $k > 0, \alpha > 0$;
指数函数　$Q = a\mathrm{e}^{-bp}$,其中 $a, b > 0$.

2. 供给函数

假设除价格外的其他因素可忽略,则供给量 Q 便是价格 p 的函数,记为

$$Q = \psi(p).$$

常用下列简单函数来近似表示供给函数:

线性函数　$Q = ap - b$,其中 $a, b > 0$;
幂函数　　$Q = kp^{\alpha}$,其中 $k, \alpha > 0$;
指数函数　$Q = a\mathrm{e}^{bp}$,其中 $a, b > 0$.

3. 生产函数

表示一定时期内各生产要素的投入量与产品的最大可能产量之间的关系.

4. 成本函数

成本是生产一定数量产品所需要的各种生产要素投入资金的总和,它由固定成本和可变成本组成.

5. 收益函数

总收益是生产者出售一定数量产品所得到的全部收入. 用 Q 表示出售的产品数量,R 表示总收益,$\overline{R}$ 表示平均收益,则

$$R = R(Q), \quad \overline{R} = \frac{R(Q)}{Q}.$$

6. 利润函数

利润是生产中获得的总收益与投入总成本之差. 设收益函数为 $R(Q)$, 成本函数为 $C(Q)$, 则利润函数

$$L(Q) = R(Q) - C(Q).$$

例 11 已知某产品价格为 p, 需求函数为 $Q = 50 - 5p$, 成本函数为 $C = 50 + 2Q$, 求产量 Q 为多少时利润 L 最大？最大利润是多少？

解 已知需求函数为 $Q = 50 - 5p$, 可得

$$p = 10 - \frac{1}{5}Q,$$

收益函数

$$R = p \cdot Q = 10Q - \frac{1}{5}Q^2.$$

于是

$$L = R(Q) - C(Q) = 8Q - \frac{1}{5}Q^2 - 50 = -\frac{1}{5}(Q-20)^2 + 30,$$

因此, $Q = 20$ 时取得最大利润, 最大利润为 30.

习题 1-1(A)

1. 求下列函数的定义域：

(1) $y = \dfrac{2x}{x^2 - 3x + 2}$;　　(2) $y = \dfrac{1}{x} - \sqrt{1 - x^2}$;

(3) $y = \dfrac{1}{|x| - 1}$;　　(4) $y = \dfrac{x}{\tan x}$;

(5) $y = \lg(1 - 2\cos x)$;　　(6) $y = \sqrt{3 - x} + \arcsin\dfrac{3 - 2x}{5}$.

2. 设 $f(x) = \sqrt{6 + x^2}$, 求下列函数值：$f(0)$, $f\left(\dfrac{1}{a}\right)$, $f(x_0 + h)$.

3. 设 $\varphi(x) = \begin{cases} |\sin x|, & |x| < \dfrac{\pi}{3}; \\ 0, & |x| \geq \dfrac{\pi}{3}. \end{cases}$ 求 $\varphi\left(\dfrac{\pi}{6}\right)$, $\varphi\left(\dfrac{\pi}{4}\right)$, $\varphi\left(-\dfrac{\pi}{4}\right)$, $\varphi(-2)$, 并作出函数 $y = \varphi(x)$ 的图像.

4. 试确定下列函数在指定区间内的单调性：

(1) $y = \dfrac{x}{1-x}$, $(-\infty, 1)$；　　　(2) $y = x + \ln x$, $(0, +\infty)$；

(3) $y = 2^{x-1}$, $(0, +\infty)$；　　　(4) $y = \sin x$, $\left(-\dfrac{\pi}{2}, \dfrac{\pi}{2}\right)$.

5. 下列函数中哪些是偶函数，哪些是奇函数，哪些是非奇非偶函数？

(1) $y = x(x-1)(x+1)$；　　　(2) $y = \sin x - \cos x + 1$；

(3) $y = x \cdot \dfrac{a^x - 1}{a^x + 1}$；　　　(4) $y = \ln(x + \sqrt{1 + x^2})$；

(5) $y = x \cdot \varphi(x^2)$；　　　(6) $y = |f(x)|$；

(7) $y = \begin{cases} x+1, & -2 \leqslant x < -1; \\ 1, & -1 \leqslant x < 1; \\ 1-x, & 1 \leqslant x \leqslant 2; \end{cases}$　　(8) $\operatorname{sgn} x = \begin{cases} 1, & x > 0; \\ 0, & x = 0; \\ -1, & x < 0. \end{cases}$

6. 下列各函数中哪些是周期函数？对于周期函数，指出其周期：

(1) $y = \sin(x-1)$；　　　(2) $y = \sin^2 x$；

(3) $y = 1 + \cos \dfrac{\pi}{2} x$；　　　(4) $y = x \cdot \cos x$.

7. 求下列函数的反函数：

(1) $y = \dfrac{ax+b}{cx+d}$ $(ad - bc \neq 0)$；　　(2) $y = 2\sin 3x$；

(3) $y = 1 + \ln(x+2)$；　　(4) $y = \dfrac{2^x}{2^x + 1}$；

(5) $y = \ln(x + \sqrt{1 + x^2})$.

8. 试确定下列初等函数是由哪些基本初等函数或多项式复合而成的：

(1) $y = \sqrt{a - x^2}$；　　　(2) $y = e^{x^2}$；

(3) $y = \lg \cos x$；　　　(4) $y = \tan^2 6x$；

(5) $y = \arctan(\cos e^{-\frac{1}{x}})$；　　(6) $y = \ln^2 \ln x^2$.

9. 设 $y = f(x)$ 的定义域为 $[0, 1]$，问下列复合函数的定义域是什么？

(1) $f(x^2)$；　　　(2) $f(\sin x)$；

(3) $f(x+a)$, $(a > 0)$；　　(4) $f(x+a) - f(x-a)$ $(a > 0)$.

10. 设 $\varphi(x) = x^2$, $\psi(x) = 2^x$，求 $\varphi(\varphi(x))$, $\psi(\psi(x))$, $\varphi(\psi(x))$, $\psi(\varphi(x))$.

11. 如果 $f(x+1) - f(x) = 8x + 3$，而 $f(x) = ax^2 + bx + 5$，求 a、b 值.

12. 设 $f(x) = \begin{cases} 1, & |x| < 1; \\ 0, & |x| = 1; \\ -1, & |x| > 1, \end{cases}$　$g(x) = e^x$,

求 $f(g(x))$ 和 $g(f(x))$,并作出这两个函数的图像.

13. 如图 1-15,在半径为 r 的球内嵌入一内接圆柱,试将圆柱的体积表示为高的函数,并求此函数的定义域.

14. 如图 1-16,把一半径为 R 圆形铁片,自中心处剪去圆心角为 α 的扇形后围成一无底正圆锥,试将这正圆锥的体积表示为 α 的函数.

15. 如图 1-17,一球的半径为 r,作外切于球的正圆锥,试将其体积表示为高的函数,并求此函数的定义域.

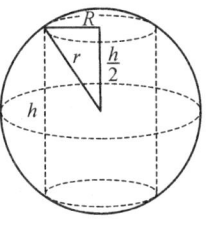

图 1-15

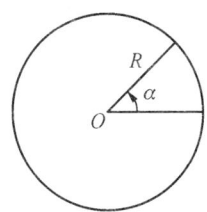

图 1-16

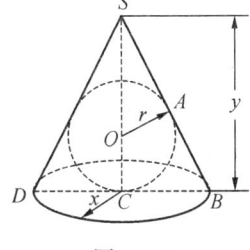

图 1-17

16. 收音机每台售价为 90 元,成本为 60 元. 厂方为鼓励销售商大量采购,决定凡是订购量超过 100 台以上的,每多订购 1 台,售价就降低 1 分,但最低价为每台 75 元.

(1) 将每台的实际售价 p 表示为订购量 x 的函数.

(2) 将厂方所获的利润 L 表示为订购量 x 的函数.

(3) 某一商行订购了 1 000 台,厂方可获利润是多少?

习题 1-1(B)

1. 试确定 $f(x) = (2+\sqrt{3})^x + (2-\sqrt{3})^x$ 的奇偶性.

2. 若 $f\left(x+\dfrac{1}{x}\right) = x^2 + \dfrac{1}{x^2}$,求 $f(x)$,$f\left(x-\dfrac{1}{x}\right)$.

3. 设 $f(x) = \dfrac{1}{2}(x+|x|)$,$g(x) = \begin{cases} x, & x<0, \\ x^2, & x\geq 0. \end{cases}$ 求 $f(g(x))$,$g(f(x))$.

4. 设 $f(x) = x+1$,$\varphi(x) = \dfrac{1}{1+x^2}$,求 $f(\varphi(x)+1)$.

5. 设 $\varphi(x)$、$\psi(x)$ 及 $f(x)$ 为单调增函数,证明若

则
$$\varphi(x) \leqslant f(x) \leqslant \psi(x),$$
$$\varphi(\varphi(x)) \leqslant f(f(x)) \leqslant \psi(\psi(x)).$$

6. 证明：不论 $f(x)$ 是定义在 $(-l, l)$ 内的什么样的函数，$f(x)+f(-x)$ 是偶函数，$f(x)-f(-x)$ 是奇函数.

7. 设下面所考虑的函数都是定义在对称区间 $(-l, l)$ 上，证明：

(1) 两个偶函数的和是偶函数，两个奇函数的和是奇函数；

(2) 两个偶函数的乘积是偶函数，两个奇函数的乘积是偶函数，偶函数与奇函数的乘积是奇函数.

8. 设 $f(x) = \begin{cases} e^x - 1, & 0 \leqslant x < 1, \\ 1, & x \geqslant 1, \end{cases}$ 在 $(-\infty, 0)$ 内补充 $f(x)$ 的定义，使得 $f(-x) = -f(x)$，并写出它的表达式.

9. 已知 $f(x) = e^{x^2}$，$f(\varphi(x)) = 1 - x$，且 $\varphi(x) \geqslant 0$，求 $\varphi(x)$ 及其定义域.

10. 设 $f(x)$ 为奇函数，$\varphi(x)$ 为偶函数，问 $f(f(x))$，$f(\varphi(x))$，$\varphi(f(x))$，$\varphi(\varphi(x))$ 的奇偶性如何？

11. 设 $f(x)$ 是定义在 $(-l, l)$ 内的奇函数，若 $f(x)$ 在 $(0, l)$ 内单调增加，证明 $f(x)$ 在 $(-l, 0)$ 内也单调增加.

12. 设函数 $f(x)$ 在 $(-\infty, +\infty)$ 内有定义，$f(x) \neq 0$，$f(x \cdot y) = f(x) \cdot f(y)$，试求 $f(2\,005)$.

第二节　数列的极限

一、数列极限的定义

数列是指按一定顺序排列的一列数
$$x_1, x_2, \cdots, x_n, \cdots$$
通常记为 $\{x_n\}$，其中 x_n 称为该数列的通项. 在此数列中，第一项（即第一个数）为 x_1，第二项为 x_2……，其第 n 项为 x_n……. 例如：
$$\left\{\frac{1}{n}\right\}: 1, \frac{1}{2}, \frac{1}{3}, \cdots, \frac{1}{n}, \cdots$$

$$\left\{\frac{n}{n+1}\right\}: \frac{1}{2}, \frac{2}{3}, \frac{3}{4}, \cdots, \frac{n}{n+1}, \cdots$$

$$\left\{\frac{1}{2^n}\right\}: \frac{1}{2}, \frac{1}{4}, \frac{1}{8}, \cdots, \frac{1}{2^n}, \cdots$$

$$\{n^2\}: 1, 4, 9, \cdots, n^2, \cdots$$

$$\{(-1)^n\}: -1, 1, -1, \cdots, (-1)^n, \cdots$$

数列$\{x_n\}$可以看作自变量为正整数 n 的函数:

$$x_n = f(n), \quad n \in \mathbf{N}^+.$$

当自变量 n 依次取 $1, 2, 3, \cdots$ 一切正整数时,对应的函数值构成数列 $\{x_n\}$.

现在考察当自变量 n 无限增大时(即 $n \to \infty$ 时),通项 x_n 的变化趋势,即 x_n 是否能无限接近于某个确定的数值?如果 x_n 无限接近于某个确定数值,则该确定数值等于多少?

下面我们对数列

$$\frac{1}{2}, \frac{2}{3}, \frac{3}{4}, \cdots, \frac{n}{n+1}, \cdots \tag{1}$$

进行分析,在这数列中,通项

$$x_n = \frac{n}{n+1} = 1 - \frac{1}{n+1}.$$

我们知道两个数 a 与 b 之间的接近程度可以用这两个数之差的绝对值 $|b-a|$ 来度量,$|b-a|$ 越小,说明 a 与 b 越接近.

数列(1)的通项与 1 之间的距离为

$$|x_n - 1| = \left|\frac{-1}{n+1}\right| = \frac{1}{n+1}.$$

由此可见,当 n 越来越大时,$\frac{1}{n+1}$ 越来越小,从而 x_n 越来越接近 1. 因为只要 n 充分大,$|x_n - 1|$ 即 $\frac{1}{n+1}$ 可以小于任意给定的正数,所以

说,当 n 无限增大时,x_n 无限接近于 1. 例如,给定 $\frac{1}{100}$,要使 $\frac{1}{n+1} < \frac{1}{100}$,只要 $n > 99$,即从第 100 项起,就能使不等式

$$|x_n - 1| < \frac{1}{100}$$

成立. 同样地,如果给定 $\frac{1}{1\,000}$,则从第 1 000 项起,就能使不等式

$$|x_n - 1| < \frac{1}{1\,000}$$

成立. 一般地,不论给定的正数 ε 多么小,总存在着一个正整数 N,使得当 $n > N$ 时,不等式

$$|x_n - 1| < \varepsilon$$

成立.

下面给出数列极限的定义:

定义 设 $\{x_n\}$ 为一数列,如果存在常数 a,对于任意给定的 $\varepsilon > 0$,存在正整数 N,使得当 $n > N$ 时,成立

$$|x_n - a| < \varepsilon,$$

则称常数 a 为数列 $\{x_n\}$ 的极限,或者称数列 $\{x_n\}$ 收敛于 a,记为

$$\lim_{n \to \infty} x_n = a,$$

或

$$x_n \to a \quad (n \to \infty).$$

如果不存在常数 a,使得数列 $\{x_n\}$ 无限接近于常数 a,则称数列 $\{x_n\}$ 没有极限,或者称数列 $\{x_n\}$ 是发散的,记为 $\lim\limits_{n \to \infty} x_n$ 不存在.

上述定义中正数 ε 必须任意给定是非常重要的,因为只有这样,不等式 $|x_n - a| < \varepsilon$ 才能表示 x_n 与 a 是无限接近的. 此外还应注意到:定义中的正整数 N 与 ε 有关,N 随着 ε 的给定而确定.

我们来看这个定义的几何解释：常数 a 及数列 $x_1, x_2, \cdots, x_n, \cdots$ 可以在数轴上用其对应点表示出来，在数轴上作点 a 的 ε 邻域 $(a-\varepsilon, a+\varepsilon)$（图 1-18）．"当 $n > N$ 时，成立 $|x_n - a| < \varepsilon$" 表示数列中从 $N+1$ 项起的所有项都落在开区间 $(a-\varepsilon, a+\varepsilon)$ 内，而只有有限个（至多 N 个点）在这区间外．由于 ε 可以任意小，故图 1-18 所示的邻域可以任意缩小，但不管收缩得多么小，数列一定会从某一项起全部落在 a 的邻域内，不难理解，此 a 必为这个数列的极限值．

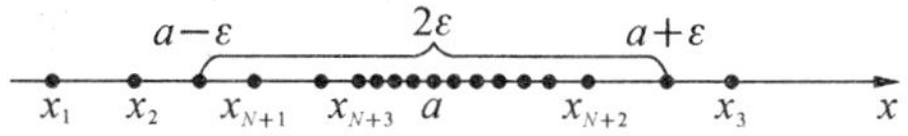

图 1-18

利用逻辑符号我们可将数列极限定义表述成：
$$\lim_{n \to \infty} x_n = a \Leftrightarrow \forall \varepsilon > 0, \exists \text{ 正整数 } N, \text{当 } n > N \text{ 时，成立 } |x_n - a| < \varepsilon.$$

注意：数列极限的定义并未直接提供如何去求数列极限的方法．

例 1 证明数列 $\left\{\dfrac{n}{n+1}\right\}$ 的极限为 1．

证明 $\forall \varepsilon > 0$（不妨设 $\varepsilon < 1$），要使
$$\left|\frac{n}{n+1} - 1\right| = \frac{1}{n+1} < \varepsilon,$$

只要
$$n > \frac{1}{\varepsilon} - 1,$$

取 $N = \left[\dfrac{1}{\varepsilon} - 1\right]$，则当 $n > N$ 时，成立
$$\left|\frac{n}{n+1} - 1\right| < \varepsilon$$

即
$$\lim_{n \to \infty} \frac{n}{n+1} = 1.$$

例 2 已知 $x_n = \dfrac{\sin n}{(n+1)^2}$,证明 $\lim\limits_{n\to\infty} x_n = 0$.

证明 因为 $|x_n - a| = \left|\dfrac{\sin n}{(n+1)^2} - 0\right| = \dfrac{|\sin n|}{(n+1)^2}$

$$\leqslant \dfrac{1}{(n+1)^2} < \dfrac{1}{n+1} < \dfrac{1}{n},$$

因此,$\forall \varepsilon > 0$ 要使 $|x_n - a| < \dfrac{1}{n} < \varepsilon$,取 $N = \left[\dfrac{1}{\varepsilon}\right]$,则当 $n > N$ 时,成立

$$\left|\dfrac{\sin n}{(n+1)^2} - 0\right| < \dfrac{1}{n} < \varepsilon.$$

故

$$\lim_{n\to\infty} x_n = 0.$$

例 3 设 $0 < |q| < 1$,证明 $\{q^n\}$ 的极限是 0.

证明 $\forall \varepsilon > 0$(不妨设 $\varepsilon < 1$),要使

$$|q^n - 0| = |q|^n < \varepsilon,$$

对上式两边取自然对数,即得

$$n\ln|q| < \ln\varepsilon.$$

由 $|q| < 1$,$\ln|q| < 0$ 得

$$n > \dfrac{\ln\varepsilon}{\ln|q|}.$$

取 $N = \left[\dfrac{\ln\varepsilon}{\ln|q|}\right]$,则当 $n > N$ 时,成立

$$|q^n - 0| < \varepsilon,$$

即

$$\lim_{n\to\infty} q^n = 0.$$

注 根据数列极限的定义来证明某一数列的极限为 a,其关键是

对任意给定的 $\varepsilon > 0$，寻找自然数 N，在上面的两个例题中，都是通过解不等式 $|x_n - a| < \varepsilon$ 而得出的，但在大多数情况下，这个不等式并不容易解，实际上，数列极限的定义并不要求取到最小的或最佳的自然数 N，所以在证明中常常对 $|x_n - a|$ 适当地做一些放大或缩小处理，这是一种常用的技巧.

例 4 证明 $\lim\limits_{n\to\infty} \dfrac{n^2+1}{2n^2-7n} = \dfrac{1}{2}$.

证明 因为 $\left|\dfrac{n^2+1}{2n^2-7n} - \dfrac{1}{2}\right| = \left|\dfrac{7n+2}{2n(2n-7)}\right|$，所以，当 $n > 6$ 时，有

$$\left|\dfrac{7n+2}{2n(2n-7)}\right| < \dfrac{8n}{2n^2} = \dfrac{4}{n},$$

因此，$\forall \varepsilon > 0$，要使 $\left|\dfrac{n^2+1}{2n^2-7n} - \dfrac{1}{2}\right| < \dfrac{4}{n} < \varepsilon$，只要

$$n > \dfrac{4}{\varepsilon}.$$

取 $N = \max\left\{6, \left[\dfrac{4}{\varepsilon}\right]\right\}$，则当 $n > N$ 时，成立

$$\left|\dfrac{n^2+1}{2n^2-7n} - \dfrac{1}{2}\right| < \varepsilon,$$

即

$$\lim_{n\to\infty} \dfrac{n^2+1}{2n^2-7n} = \dfrac{1}{2}.$$

二、收敛数列的性质

1. 极限的惟一性

定理 1（极限的惟一性） 收敛数列的极限值必惟一.

证明 用反证法，假设 $\{x_n\}$ 有两个极限值 a 与 b. 由于 $\lim\limits_{n\to\infty} x_n = a$，所以，对于 $\forall \varepsilon > 0$，$\exists$ 正整数 N_1，当 $n > N_1$ 时，成立

$$|x_n - a| < \frac{\varepsilon}{2} \qquad (2)$$

同理,由于 $\lim\limits_{n\to\infty} x_n = b$,对于上述 $\varepsilon > 0$,∃ 正整数 N_2,当 $n > N_2$ 时,成立

$$|x_n - b| < \frac{\varepsilon}{2} \qquad (3)$$

取 $N = \max\{N_1, N_2\}$,则当 $n > N$ 时,(2)式与(3)式同时成立,利用三角不等式,

$$|a - b| = |a - x_n + x_n - b| \leqslant |x_n - a| + |x_n - b|$$

得

$$|a - b| < \frac{\varepsilon}{2} + \frac{\varepsilon}{2} = \varepsilon$$

由于 ε 可以任意接近于 0,常数 a 与常数 b 可以无限接近,所以只能 $a = b$.

例5 证明数列 $\{x_n\} = \{(-1)^{n+1}\}$ $(n \in \mathbf{N}^+)$ 是发散的.

证明 反证法,如果数列收敛于 a,即 $\lim\limits_{n\to\infty} x_n = a$,按数列极限的定义,对于 $\varepsilon = \frac{1}{2}$,∃ 正整数 N,当 $n > N$ 时,$|x_n - a| < \frac{1}{2}$ 成立. 即当 $n > N$ 时,x_n 都在开区间 $\left(a - \frac{1}{2}, a + \frac{1}{2}\right)$ 内,但这是不可能的,因为 $n \to \infty$ 时,x_n 重复取得 1 和 -1 两个数,而这两个数不可能同时属于长度为 1 的开区间 $\left(a - \frac{1}{2}, a + \frac{1}{2}\right)$ 内,因此这数列发散.

2. 数列的有界性

对于数列 $\{x_n\}$,如果存在实数 M,使得对于一切 x_n 都满足不等式

$$x_n \leqslant M \quad (n \in \mathbf{N}^+),$$

则称 M 是数列 $\{x_n\}$ 的上界. 如果存在实数 m,使得对于一切 x_n 都满足不等式

$$m \leqslant x_n \quad (n \in \mathbf{N}^+),$$

则称 m 是数列 $\{x_n\}$ 的下界.

若一个数列 $\{x_n\}$ 既有上界又有下界,则称此数列为有界数列. 数列 $\{x_n\}$ 有界可等价定义为:存在正实数 M,使得对于一切 x_n 都满足不等式

$$|x_n| \leqslant M \quad (n \in \mathbf{N}^+)$$

对于数列 $\{x_n\}$,如果上述的正实数 M 不存在,则称数列 $\{x_n\}$ 是无界的.

例如,数列 $\{x_n\} = \left\{\dfrac{n}{n+1}\right\}$ $(n \in \mathbf{N}^+)$ 是有界的,显然,取 $M = 1$ 时,有

$$\left|\dfrac{n}{n+1}\right| \leqslant 1 \quad (n \in \mathbf{N}^+)$$

成立.

而数列 $\{x_n\} = \{n^2\}$ $(n \in \mathbf{N}^+)$ 是无界的,因为当 n 无限增大时,x_n 可超过任何确定的正实数.

定理 2 收敛数列必是有界数列.

证明 设数列 $\{x_n\}$ 收敛,极限为 a,由极限的定义,取 $\varepsilon = 1$,则 $\exists$ 正整数 N,当 $n > N$ 时,不等式

$$|x_n - a| < 1$$

成立,于是,当 $n > N$ 时,

$$|x_n| = |x_n - a + a| \leqslant |x_n - a| + |a| < 1 + |a|$$

取 $M = \max\{|x_1|, |x_2|, \cdots, |x_N|, |a|+1\}$,则对数列 $\{x_n\}$ 中的所有 x_n 满足不等式

$$|x_n| \leqslant M.$$

即证明了数列 $\{x_n\}$ 是有界的.

根据上述定理,如果数列 $\{x_n\}$ 无界,那么数列 $\{x_n\}$ 一定发散. 但是,如果数列 $\{x_n\}$ 有界,并不能判定数列 $\{x_n\}$ 一定收敛. 例如数列

$$\{(-1)^n\}: -1, 1, -1, \cdots, (-1)^n, \cdots$$

是有界数列,但前面已证明其是发散的.

3. 收敛数列的保号性

定理 3　如果 $\lim\limits_{n\to\infty} x_n = a$,且 $a > 0$(或 $a < 0$),则存在正整数 $N > 0$,当 $n > N$ 时,都有 $x_n > 0$(或 $x_n < 0$).

证明　仅证 $a > 0$ 的情形. 由于 $\lim\limits_{n\to\infty} x_n = a$,故取 $\varepsilon = \dfrac{a}{2} > 0$,∃ 正整数 $N > 0$,当 $n > N$ 时,有

$$|x_n - a| < \frac{a}{2},$$

从而

$$x_n > a - \frac{a}{2} = \frac{a}{2} > 0.$$

推论　如果数列 $\{x_n\}$ 从某项起有 $x_n \geqslant 0$(或 $x_n \leqslant 0$),且 $\lim\limits_{n\to\infty} x_n = a$,则 $a \geqslant 0$(或 $a \leqslant 0$).

证明　设数列 $\{x_n\}$ 从第 N_1 项起,即当 $n > N_1$ 时,有 $x_n \geqslant 0$.

现在用反证法证明,假设 $\lim\limits_{n\to\infty} x_n = a < 0$,由定理 3 知,∃ 正整数 $N_2 > 0$,当 $n > N_2$ 时,有 $x_n < 0$. 现取 $N = \max\{N_1, N_2\}$,当 $n > N$ 时,故有 $x_n < 0$,此与已知条件矛盾. 假设不能成立,所以必有 $a \geqslant 0$ 成立.

同理,可类似证明数列 $\{x_n\}$ 从某项起有 $x_n \leqslant 0$ 的情形.

4. 收敛数列与其子数列间的关系

为了更深入地讨论极限,现在来介绍一个很重要的概念,就是所谓的子数列(或子列):若在数列

$$x_1, x_2, \cdots, x_n, \cdots$$

中,保持原来次序自左往右任意选取无穷多个项,如

$$x_3, x_7, x_{15}, \cdots, x_{27}, \cdots,$$

这种数列称为 $\{x_n\}$ 的子数列(或称子列). 为简便起见,在选出的子列

中,我们记第一项为 x_{n_1},第 k 项为 x_{n_k},于是数列 $\{x_n\}$ 的子数列可表示为

$$x_{n_1}, x_{n_2}, \cdots, x_{n_k}, \cdots.$$

很明显,对每一个 k,有 $n_k \geqslant k$。k 表示 x_{n_k} 在子列 $\{x_{n_k}\}$ 中为第 k 项,n_k 表示 x_{n_k} 在原数列中为第 n_k 项。

对给定的一个收敛数列 $\{x_n\}$,它的任何子列是否也收敛呢?子列的极限与原数列的极限有什么关系?下面的定理回答了上述问题。

定理 4 如果数列 $\{x_n\}$ 收敛于 a,则它的任一子数列也收敛于 a,即

$$\lim_{n\to\infty} x_n = a \Rightarrow \lim_{k\to\infty} x_{n_k} = a.$$

证明 由 $\lim\limits_{n\to\infty} x_n = a$,则 $\forall \varepsilon > 0$,$\exists$ 正整数 N,当 $n > N$ 时,成立

$$|x_n - a| < \varepsilon.$$

取 $K = N$,于是当 $k > K$ 时,$n_k > n_K = n_N \geqslant N$,因而成立

$$|x_{n_k} - a| < \varepsilon,$$

即 $\lim\limits_{k\to\infty} x_{n_k} = a$。证毕。

定理 4 经常被用来判断一个数列的发散。如果数列 $\{x_n\}$ 的两个子数列收敛于不同的极限,则数列 $\{x_n\}$ 必定发散。例如,在例 5 中数列 $\{(-1)^{n+1}\}$ 的子数列 $\{x_{2k-1}\}$ 收敛于 1,而子数列 $\{x_{2k}\}$ 收敛于 -1。因此数列 $\{(-1)^{n+1}\}$ 是发散的。

习题 1-2(A)

1. 设数列 $\{x_n\}$ 的一般项为 x_n,观察下述数列 $\{x_n\}$ 的变化趋势,并写出数列的第 $(n+1)$ 项及它们的极限:

(1) $x_n = \dfrac{1}{2^n}$;   (2) $x_n = (-1)^n \dfrac{1}{n}$;

(3) $x_n = \dfrac{n-1}{n+1}$;   (4) $x_n = n \cdot (-1)^n$;

(5) $x_n = \dfrac{1}{n^2} + \dfrac{2}{n^2} + \cdots + \dfrac{n}{n^2}$;   (6) $x_n = (-1)^{\frac{n(n+1)}{2}}$.

2. 设数列 $\{x_n\} = \left\{\dfrac{2n^2+3}{n^2}\right\}$ $(n \in \mathbf{N}^+)$,

(1) 求 N,使当 $n > N$ 时,$|x_n - 2| < 10^{-2}$;

(2) 求 N,使当 $n > N$ 时,$|x_n - 2| < 0.005$;

(3) 求 N,使当 $n > N$ 时,$|x_n - 2| < \varepsilon$,其中 ε 是任意指定的正数,由此说明此数列的极限为 2.

3. 设 $x_n = \dfrac{\cos\dfrac{n\pi}{2}}{n}$,问 $\lim\limits_{n\to\infty} x_n = ?$ 求出 N,当 $n \geqslant N$ 时,使 x_n 与其极限之差的绝对值小于正数 ε.

4. 根据数列极限的定义证明:

(1) $\lim\limits_{n\to\infty} \dfrac{1}{n^2} = 0$;   (2) $\lim\limits_{n\to\infty} \dfrac{3n+1}{2n+1} = \dfrac{3}{2}$;

(3) $\lim\limits_{n\to\infty} \dfrac{\sqrt{n^2+a^2}}{n} = 1$;   (4) $\lim\limits_{n\to\infty} \dfrac{2+(-1)^n}{n} = 0$.

5. 若 $\lim\limits_{n\to\infty} x_n = a$,证明 $\lim\limits_{n\to\infty} |x_n| = |a|$,并举例说明反过来未必成立.

6. 设数列 $\{x_n\}$ 有界,又 $\lim\limits_{n\to\infty} y_n = 0$,证明 $\lim\limits_{n\to\infty} x_n y_n = 0$.

习题 1-2(B)

1. 根据数列极限的定义证明:

(1) $\lim\limits_{n\to\infty} \sqrt[n]{a} = 1$ $(a > 0)$;   (2) $\lim\limits_{n\to\infty} \dfrac{\sqrt{n^2-n}}{n} = 1$;

(3) $\lim\limits_{n\to\infty} \dfrac{1+e^{-\frac{1}{n}}}{n} = 0$.

2. 若 $x_n \leqslant q x_{n-1}$,其中 $x_n > 0$,$0 < q < 1$,则 $\lim\limits_{n\to\infty} x_n = 0$.

3. 对于数列 $\{x_n\}$,若 $x_{2k} \to a$ $(k \to \infty)$,$x_{2k+1} \to a$ $(k \to \infty)$,证明 $x_n \to a$ $(n \to \infty)$.

第三节 函数的极限

在第二节中我们讨论了数列的极限. 由于数列 $\{x_n\}$ 可以看作自变量为正整数 n 的函数 $x_n = f(n)$,所以数列的极限也是函数极限的一种类型,即当自变量 n 取正整数且无限增大(即 $n \to \infty$)时函数 $x_n =$

$f(n)$ 的极限. 本节要讲述自变量的变化过程为其他情形时函数 $f(x)$ 的极限,主要研究两种情形:

(1) 自变量 x 趋于有限值 x_0(记作 $x \to x_0$)时,对应函数值 $f(x)$ 的变化情形;

(2) 自变量 x 的绝对值 $|x|$ 趋于无穷大(记作 $x \to \infty$)时,对应函数值 $f(x)$ 的变化情形.

一、函数极限的定义

1. 自变量趋于有限值时函数的极限

先看一个例,在半径为 r 的圆上任取一小段圆弧,记其所对应的圆心角的弧度为 $2x$,则圆弧长度为 $2xr$,而圆弧所对应的弦的长度为 $2r\sin x$,弦长与弧长的比值 y 是 x 的函数,其关系式为 $y = \dfrac{\sin x}{x}$. 现问当 x 趋于 0 时,y 是否趋于某个固定值?

如果我们分别取 x 为 0.5,0.1,0.05,0.01,$\cdots$,可求出 y 的相应值分别为 0.96,0.998,0.9996,0.9998,$\cdots$. 可以看出,随着 x 越来越接近于 0,$y = \dfrac{\sin x}{x}$ 的值也越来越接近于 1. 后面我们将对这一极限给出证明.

必须注意,在 x 趋于 0 的过程中,我们不取 $x = 0$(事实上,当 $x = 0$ 时,函数 $\dfrac{\sin x}{x}$ 没有意义). 我们关心的是 x 趋于 0 的过程中,函数 $y = \dfrac{\sin x}{x}$ 的变化趋势. 而对函数在 $x = 0$ 处是否有意义,有意义的话取何值等诸如此类的问题,暂时都不予考虑.

下面我们给出函数极限的严格定义.

定义 1 设函数 $f(x)$ 在点 x_0 的某个去心邻域内有定义,如果存在常数 A,对于任意给定的 $\varepsilon > 0$,存在 $\delta > 0$,使得当 x 满足不等式 $0 < |x - x_0| < \delta$ 时,成立
$$|f(x) - A| < \varepsilon,$$

则称 A 是函数 $f(x)$ 当 $x \to x_0$ 时的极限(或 A 是函数 $f(x)$ 在点 x_0 处的极限),记为

$$\lim_{x \to x_0} f(x) = A,$$

或

$$f(x) \to A \quad (x \to x_0).$$

如果函数 $f(x)$ 在 x_0 的某个去心邻域内不存在具有上述性质的常数 A,则称函数 $f(x)$ 在点 x_0 处的极限不存在.

函数 $f(x)$ 在 x_0 处的极限的几何解释如下:任意给定一正数 ε,作介于平行于 x 轴的两条直线 $y = A + \varepsilon$ 和 $y = A - \varepsilon$ 之间的带形区域. 根据定义,对于给定的 ε,存在着 x_0 的一个去心 δ 邻域 $\overset{\circ}{U}(x_0, \delta) = (x_0 - \delta, x_0 + \delta) \setminus \{x_0\}$,当 $y = f(x)$ 的图像上的点的横坐标 x 落在邻域 $\overset{\circ}{U}(x_0, \delta)$ 内时,这些点的纵坐标 $f(x)$ 满足不等式

$$|f(x) - A| < \varepsilon, \text{或} A - \varepsilon < f(x) < A + \varepsilon,$$

即这些点落在上面所作的带形区域内(图1-19).

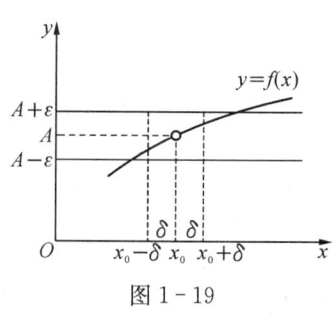

图 1-19

极限定义中的 ε 既是任意的,又是给定的. 一方面,只有当 ε 给定时,才能确定正数 δ;另一方面,由于 ε 具有任意性,也就是说图1-19中上下两条横线的距离可以任意收缩,但无论收缩得多么小,都能找到正数 δ,使得 x 落在 $(x_0 - \delta, x_0 + \delta)$ 内,且 $x \neq x_0$ 时,$f(x)$ 落在由这两条直线界定的范围内. 将这两方面结合起来,就不难理解,A 是 $x \to x_0$ 时 $f(x)$ 的极限值.

上述函数极限的定义可用符号表述为:

$$\lim_{x \to x_0} f(x) = A \Leftrightarrow \forall \varepsilon > 0, \exists \delta > 0, \text{当} 0 < |x - x_0| < \delta \text{时,成立}$$

$$|f(x) - A| < \varepsilon.$$

例1 证明 $\lim_{x \to x_0} C = C$,其中 C 为一常数.

证明 由于 $|f(x)-A|=|C-C|=0$，因此 $\forall \varepsilon>0$，可任取 $\delta>0$，当 $0<|x-x_0|<\delta$ 时，成立

$$|f(x)-A|=|C-C|=0<\varepsilon,$$

所以 $\lim\limits_{x\to x_0} C=C$.

例 2 证明 $\lim\limits_{x\to 1}(3x-1)=2$.

证明 $\forall \varepsilon>0$，要使

$$|f(x)-A|=|(3x-1)-2|=3|x-1|<\varepsilon,$$

只要

$$|x-1|<\frac{\varepsilon}{3},$$

取 $\delta=\dfrac{\varepsilon}{3}$，则当 x 满足不等式

$$0<|x-1|<\delta$$

时，有

$$|f(x)-2|=|(3x-1)-2|<\varepsilon,$$

即

$$\lim_{x\to 1}(3x-1)=2.$$

例 3 证明 $\lim\limits_{x\to 2}\dfrac{x^2-4}{x-2}=4$.

证明 函数在点 $x=2$ 处没有定义，但是当 $x\to 2$ 时函数极限是否存在与该函数在点 $x=2$ 是否有定义并无关系。对于 $\forall \varepsilon>0$，要使

$$\left|\frac{x^2-4}{x-2}-4\right|=\left|\frac{(x-2)^2}{x-2}\right|=|x-2|<\varepsilon,$$

取 $\delta=\varepsilon$，则当 $0<|x-2|<\delta$ 时，有

$$\left|\frac{x^2-4}{x-2}-4\right|<\varepsilon,$$

即
$$\lim_{x \to 2} \frac{x^2-4}{x-2} = 4.$$

例 4 证明 $\lim\limits_{x \to 1} \frac{x(x-1)}{x^2-1} = \frac{1}{2}$.

证明 因为
$$\left| \frac{x(x-1)}{x^2-1} - \frac{1}{2} \right| = \frac{|x-1|}{2|x+1|},$$

由于 $x \to 1$,我们保留 $|x-1|$,而将因子 $\frac{1}{2|x+1|}$ 放大. 并且将 x 限制在 $x_0 = 1$ 附近,不妨令 x 满足
$$0 < |x-1| < 1,$$

即 $0 < x < 2$,有 $1 < x+1 < 3$,因此
$$\frac{1}{2|x+1|} < \frac{1}{2},$$

$\forall \varepsilon > 0$,要使
$$\left| \frac{x(x-1)}{x^2-1} - \frac{1}{2} \right| < \frac{|x-1|}{2} < \varepsilon,$$

只需
$$|x-1| < 2\varepsilon,$$

取 $\delta = \min\{1, 2\varepsilon\}$,当 $0 < |x-1| < \delta$ 时,有
$$\left| \frac{x(x-1)}{x^2-1} - \frac{1}{2} \right| < \varepsilon,$$

即
$$\lim_{x \to 1} \frac{x(x-1)}{x^2-1} = \frac{1}{2}.$$

2. 单侧极限

在函数极限 $\lim_{x \to x_0} f(x) = A$ 的定义中，x 既可从 x_0 的左侧也可从 x_0 的右侧趋于 x_0. 更有甚者，$f(x)$ 只在 x_0 的一侧（左侧或右侧）有定义. 或者需要分别研究 $f(x)$ 在 x_0 两侧的性态，故有必要引入单侧极限的概念.

定义 2 设函数 $f(x)$ 在 $(x_0 - \rho, x_0)$ 有定义 ($\rho > 0$)，如果存在常数 B，对于任意给定的 $\varepsilon > 0$，存在 $\delta > 0$，使得当 $-\delta < x - x_0 < 0$ 时，成立

$$|f(x) - B| < \varepsilon,$$

则称 B 是函数 $f(x)$ 在 x_0 处的左极限，记为

$$\lim_{x \to x_0^-} f(x) = B, \quad \text{或} \quad f(x_0^-) = B.$$

类似地，设函数 $f(x)$ 在 $(x_0, x_0 + \rho)$ 有定义 ($\rho > 0$)，如果存在常数 C，对于任意给定的 $\varepsilon > 0$，存在 $\delta > 0$，使得当 $0 < x - x_0 < \delta$ 时，成立

$$|f(x) - C| < \varepsilon,$$

则称 C 是函数 $f(x)$ 在 x_0 处的右极限，记为

$$\lim_{x \to x_0^+} f(x) = C, \quad \text{或} \quad f(x_0^+) = C.$$

左极限与右极限统称为单侧极限.

可以证明，函数 $f(x)$ 在 x_0 处极限存在的充分必要条件是 $f(x)$ 在 x_0 处的左极限与右极限存在并且相等，即

$$\lim_{x \to x_0} f(x) = A \Leftrightarrow \lim_{x \to x_0^-} f(x) = \lim_{x \to x_0^+} f(x) = A.$$

因此，即使 $\lim_{x \to x_0^-} f(x)$ 和 $\lim_{x \to x_0^+} f(x)$ 都存在，但不相等，极限 $\lim_{x \to x_0} f(x)$ 也不存在.

例 5 函数

$$f(x) = \operatorname{sgn} x = \begin{cases} 1, & x > 0; \\ 0, & x = 0; \\ -1, & x < 0. \end{cases}$$

当 $x \to 0$ 时 $f(x)$ 的极限不存在(见图 1-4).

解 由于 $\lim\limits_{x \to 0^-} f(x) = \lim\limits_{x \to 0^-} (-1) = -1$,

$\lim\limits_{x \to 0^+} f(x) = \lim\limits_{x \to 0^+} 1 = 1$,

可得 $\lim\limits_{x \to 0^-} f(x) \neq \lim\limits_{x \to 0^+} f(x)$,从而 $\lim\limits_{x \to 0} f(x)$ 不存在.

例 6 函数 $f(x) = \mathrm{e}^{\frac{1}{x}}$,当 $x \to 0$ 时 $f(x)$ 的极限不存在(图 1-20).

解 由 $\lim\limits_{x \to 0^-} f(x) = \lim\limits_{x \to 0^-} \mathrm{e}^{\frac{1}{x}} = 0$,

但 $f(x) = \mathrm{e}^{\frac{1}{x}}$ 在 0 的右侧邻域内无界,可知,在 $x = 0$ 处函数的右极限不存在,所以 $f(x)$ 在 $x = 0$ 处没有极限.

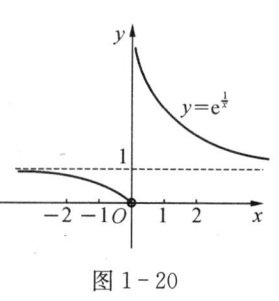

图 1-20

3. 自变量趋于无穷大时函数的极限

设函数 $f(x)$ 当 $|x| > M$ (M 为一正数)时有定义,如果在 $x \to \infty$ 的过程中,对应的函数值 $f(x)$ 无限接近于确定的数值 A,则称 A 为 $f(x)$ 当 $x \to \infty$ 时的极限. 精确定义给出如下:

定义 3 设函数 $f(x)$ 当 $|x|$ 大于某一正数时有定义,如果存在常数 A,对于任意给定的 $\varepsilon > 0$,存在 $X > 0$,当 x 满足不等式 $|x| > X$ 时,成立

$$|f(x) - A| < \varepsilon,$$

则称 A 是函数 $f(x)$ 当 $x \to \infty$ 时的极限,记为

$$\lim\limits_{x \to \infty} f(x) = A \text{ 或 } f(x) \to A \text{ (当 } x \to \infty).$$

定义 3 可简单表示为:

$\lim\limits_{x \to \infty} f(x) = A \Leftrightarrow \forall \varepsilon > 0, \exists X > 0,$ 当 $|x| > X$ 时,成立

$|f(x)-A|<\varepsilon.$

如果 $x>0$ 且无限增大(记作 $x\to +\infty$),则只要把上述定义中 $|x|>X$ 改为 $x>X$,就得到 $\lim\limits_{x\to +\infty}f(x)=A$ 的定义.同样地,$x<0$ 且 $|x|$ 无限增大(记作 $x\to -\infty$),则只要把 $|x|>X$ 改为 $x<-X$,就得 $\lim\limits_{x\to -\infty}f(x)=A$ 的定义.

$\lim\limits_{x\to \infty}f(x)=A$ 的几何解释:作两条平行直线 $y=A-\varepsilon$ 和 $y=A+\varepsilon$,则总有一个正数 X 存在,使得 $x<-X$ 或 $x>X$ 时,函数 $y=f(x)$ 的图像位于这两条平行直线之间(图1-21).

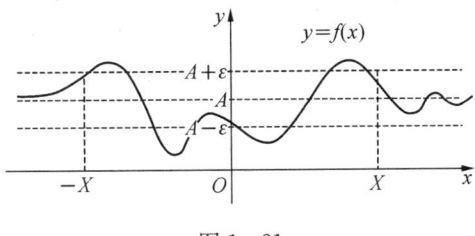

图1-21

例7 证明 $\lim\limits_{x\to \infty}\dfrac{1}{x}=0.$

证明 $\forall \varepsilon >0$,要使

$$\left|\dfrac{1}{x}-0\right|=\dfrac{1}{|x|}<\varepsilon,$$

或

$$|x|>\dfrac{1}{\varepsilon},$$

取 $X=\dfrac{1}{\varepsilon}$,当 $|x|>X$ 时,有

$$\left|\dfrac{1}{x}-0\right|<\varepsilon,$$

即

$$\lim\limits_{x\to \infty}\dfrac{1}{x}=0.$$

直线 $y=0$ 是函数 $y=\dfrac{1}{x}$ 的图像的水平渐近线.

一般地说,如果 $\lim\limits_{x\to\infty}f(x)=c$,则直线 $y=c$ 为函数 $y=f(x)$ 的图像的水平渐近线.

二、函数极限的性质

与数列极限的性质相对应,函数极限有一些相应的性质,它们可以由函数极限的定义,运用类似于证明数列极限性质的方法加以证明. 由于自变量变化过程有各种形式,现仅给出自变量 x 趋于 x_0 时的函数极限性质,对于其他形式的极限的性质及其证明,只要作一些相应的修改即可得出.

定理 1(惟一性) 若 $\lim\limits_{x\to x_0}f(x)$ 存在,则极限值是惟一的.

定理 2(局部有界性) 设 $\lim\limits_{x\to x_0}f(x)=A$,则存在常数 $M>0$ 和 $\delta>0$,使得当 $0<|x-x_0|<\delta$ 时,成立 $|f(x)|\leqslant M$.

证明 因为 $\lim\limits_{x\to x_0}f(x)=A$,则取 $\varepsilon=1$,$\exists\delta>0$,当 $0<|x-x_0|<\delta$ 时,有
$$|f(x)-A|<1,$$
于是
$$|f(x)|=|f(x)-A+A|\leqslant|f(x)-A|+|A|<1+|A|.$$
记 $M=1+|A|$,由有界的定义可知,定理 2 得证.

定理 3(局部保号性) 设 $\lim\limits_{x\to x_0}f(x)=A$,而且 $A>0$(或 $A<0$),则存在 $\delta>0$,当 $0<|x-x_0|<\delta$ 时成立
$$f(x)>0 \quad (\text{或 } f(x)<0).$$

证明 设 $A>0$. 因为 $\lim\limits_{x\to x_0}f(x)=A>0$,取 $\varepsilon=\dfrac{A}{2}>0$,则 $\exists\delta>0$,当 $0<|x-x_0|<\delta$ 时,成立

$$|f(x)-A|<\frac{A}{2},$$

于是

$$f(x)>A-\frac{A}{2}=\frac{A}{2}>0.$$

类似地可以证明 $A<0$ 的情形.

由上述证明过程可知,在定理 3 的条件下可得更强的结论: $f(x)>\frac{A}{2}>0.$

推论 设在 x_0 的某去心邻域内 $f(x)\geqslant 0$（或 $f(x)\leqslant 0$）,而且 $\lim\limits_{x\to x_0}f(x)=A$,则 $A\geqslant 0$（或 $A\leqslant 0$）.

定理 4（函数极限与数列极限的关系） 设 $\lim\limits_{x\to x_0}f(x)=A$,$\{x_n\}$ 为 D_f 内任一收敛于 x_0 的数列,且 $x_n\neq x_0(n\in \mathbf{N}^+)$,则相应的函数值数列 $\{f(x_n)\}$ 收敛,且 $\lim\limits_{n\to\infty}f(x_n)=A.$

证明 由于 $\lim\limits_{x\to x_0}f(x)=A$,故 $\forall \varepsilon>0$,$\exists \delta>0$,当 $0<|x-x_0|<\delta$ 时成立 $|f(x)-A|<\varepsilon.$

又因 $\lim\limits_{n\to\infty}x_n=x_0$,对上述 $\delta>0$,$\exists N$,当 $n>N$ 时,成立 $|x_n-x_0|<\delta.$

由假设 $x_n\neq x_0(n\in \mathbf{N}^+)$,于是当 $n>N$ 时,有 $0<|x_n-x_0|<\delta$,使得 $|f(x_n)-A|<\varepsilon$,即 $\lim\limits_{n\to\infty}f(x_n)=A.$

习题 1-3(A)

1. 根据函数极限的定义证明：

   (1) $\lim\limits_{x\to 2}(5x+2)=12$; (2) $\lim\limits_{x\to -\frac{1}{2}}\frac{1-4x^2}{2x+1}=2$;

   (3) $\lim\limits_{x\to 4}\sqrt{x}=2.$

2. 根据函数极限的定义证明：

   (1) $\lim\limits_{x\to\infty}\frac{1+x^3}{2x^3}=\frac{1}{2}$; (2) $\lim\limits_{x\to +\infty}\frac{\sin x}{\sqrt{x}}=0$;

(3) $\lim\limits_{x\to\infty}\dfrac{3x^2-1}{x^2+3}=3$; (4) $\lim\limits_{x\to\infty}\dfrac{\arctan x}{x}=0$.

3. 当 $x\to 2$ 时,$y=x^2\to 4$. 问 δ 等于多少,使当 $|x-2|<\delta$ 时,$|y-4|<0.001$?

4. 当 $x\to\infty$ 时,$y=\dfrac{x^2-1}{x^2+3}\to 1$. 问 X 等于多少,使当 $|x|>X$ 时,$|y-1|<0.01$?

5. 证明函数 $f(x)=|x|$ 当 $x\to 0$ 时极限为零.

6. 求 $f(x)=\dfrac{x}{x}$,$\varphi(x)=\dfrac{|x|}{x}$ 当 $x\to 0$ 时的左、右极限,并说明它们在 $x\to 0$ 时,极限是否存在?

习题 1-3(B)

1. 根据函数极限定义证明:

(1) $\lim\limits_{x\to 1}\dfrac{x-1}{\sqrt{x}-1}=2$; (2) $\lim\limits_{x\to\infty}\dfrac{3x-2}{2x-3}=\dfrac{3}{2}$.

2. 若 $x\to+\infty$ 及 $x\to-\infty$ 时,函数 $f(x)$ 的极限都存在且都等于 A,则 $\lim\limits_{x\to\infty}f(x)=A$.

3. 根据极限定义证明:函数 $f(x)$ 当 $x\to x_0$ 时极限存在的充分必要条件是左极限、右极限均存在并且相等.

4. 试给出 $x\to\infty$ 时函数极限的局部有界性定理,并加以证明.

第四节　无穷小与无穷大

本节介绍在理论与应用上都很重要的无穷小的概念及其性质.

一、无穷小

如果函数 $f(x)$ 当 $x\to x_0$ (或 $x\to\infty$) 时极限为零,那么函数 $f(x)$ 叫做 $x\to x_0$ (或 $x\to\infty$) 时的无穷小. 所以只要在上一节函数极限定义中令 $A=0$,就可得无穷小定义.

定义 1　如果当 $x\to x_0$ (或 $x\to\infty$) 时函数 $f(x)$ 的极限为零,则称 $f(x)$ 为当 $x\to x_0$ (或 $x\to\infty$) 时的无穷小.

特别地,如果数列$\{x_n\}$以零为极限,则称数列$\{x_n\}$为当$n \to \infty$时的无穷小.

例如,极限$\lim\limits_{x \to 1}(\sqrt{x}-1)=0$,故函数$\sqrt{x}-1$是当$x \to 1$时的无穷小. 又因为$\lim\limits_{x \to +\infty}\dfrac{1}{x^\alpha}=0\ (\alpha>0)$,所以函数$\dfrac{1}{x^\alpha}$是当$x \to +\infty$时的无穷小.

注意,无穷小是一个变量,是一个以零为极限的变量.除了常数0可作为无穷小外,其他任何常数,即使绝对值很小(例如百万分之一),都不是无穷小.我们用下面的定理说明无穷小与函数极限的关系.

定理 1 在自变量的同一变化过程$x \to x_0$(或$x \to \infty$)中,函数$f(x)$具有极限A的充分必要条件是$f(x)=A+\alpha$,其中α是$x \to x_0$(或$x \to \infty$)时的无穷小.

证明 以自变量$x \to x_0$时的情形来证明.

必要性:设$\lim\limits_{x \to x_0}f(x)=A$,则$\forall \varepsilon > 0, \exists \delta > 0$,使当$0 < |x-x_0| < \delta$时,有

$$|f(x)-A| < \varepsilon.$$

令$\alpha = f(x)-A$,有$|\alpha| < \varepsilon$,则α是$x \to x_0$时的无穷小,且

$$f(x)=A+\alpha.$$

此证明了$f(x)$当$x \to x_0$时可表示成其极限A与一个无穷小α之和.

充分性:设$f(x)=A+\alpha$,其中A是常数,α是$x \to x_0$时的无穷小,于是

$$|f(x)-A|=|\alpha|$$

由于α是$x \to x_0$时的无穷小,所以有$\forall \varepsilon > 0, \exists \delta > 0$,使当$0 < |x-x_0| < \delta$时,有

$$|\alpha| < \varepsilon,$$

即

$$|f(x)-A| < \varepsilon.$$

由函数极限定义可知:A是$f(x)$当$x \to x_0$时的极限.

类似地可证明 $x \to \infty$ 的情形.

二、无穷大

如果当 $x \to x_0$(或 $x \to \infty$)时,对应的函数值的绝对值 $|f(x)|$ 无限增大,则称函数 $f(x)$ 为当 $x \to x_0$(或 $x \to \infty$)时的无穷大,确切地,我们有如下定义.

定义 2 设函数 $f(x)$ 在 x_0 的某一去心邻域内有定义(或 $|x|$ 大于某一正数时有定义). 如果对于任意给定的正数 M(无论它多么大),存在正数 δ(或正数 X),使得当 $0 < |x - x_0| < \delta$(或 $|x| > X$)时,成立

$$|f(x)| > M,$$

则称函数 $f(x)$ 为当 $x \to x_0$(或 $x \to \infty$)时为的无穷大.

当 $x \to x_0$(或 $x \to \infty$)时为无穷大的函数 $f(x)$,按函数极限定义来说,极限是不存在的,但为了便于叙述函数的这一性态,我们也说"函数的极限是无穷大",并记作

$$\lim_{x \to x_0} f(x) = \infty \quad (或 \lim_{x \to \infty} f(x) = \infty).$$

如果在无穷大的定义中,把 $|f(x)| > M$ 换成 $f(x) > M$(或 $f(x) < -M$),则记作

$$\lim_{\substack{x \to x_0 \\ (x \to \infty)}} f(x) = +\infty \quad (或 \lim_{\substack{x \to x_0 \\ (x \to \infty)}} f(x) = -\infty)$$

必须注意,无穷大(∞)不是一个数,是一个变量.

例 证明 $\lim\limits_{x \to a} \dfrac{1}{x-a} = \infty$.

证明 设 $\forall M > 0$,要使

$$\left| \frac{1}{x-a} \right| > M,$$

只要

$$|x - a| < \frac{1}{M},$$

所以,取 $\delta = \dfrac{1}{M}$,则只要 x 适合不等式 $0 < |x-a| < \delta = \dfrac{1}{M}$,就有

$$\left|\dfrac{1}{x-a}\right| > M.$$

这就证明了 $\lim\limits_{x \to a} \dfrac{1}{x-a} = \infty$.

根据无穷大的图像特征,我们引入垂直渐近线的概念.

定义 3 如果 $\lim\limits_{x \to x_0} f(x) = \infty$,则称直线 $x = x_0$ 为曲线 $y = f(x)$ 的垂直渐近线.

例如,直线 $x = a$ 是函数 $y = \dfrac{1}{x-a}$ 的图像的垂直渐近线,如图 1-22 所示.

无穷大与无穷小之间存在一种简单的关系.

定理 2 在自变量的同一变化过程中,如果 $f(x)$ 为无穷大,则 $\dfrac{1}{f(x)}$ 为无穷小;反之,如果 $f(x)$ 为无穷小,且 $f(x) \neq 0$ 则 $\dfrac{1}{f(x)}$ 为无穷大.

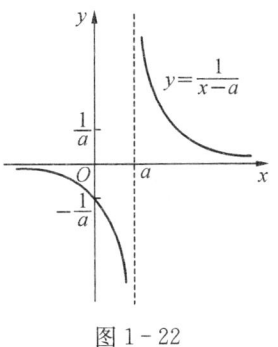

图 1-22

证明 设 $\lim\limits_{x \to x_0} f(x) = \infty$.

$\forall \varepsilon > 0$,根据无穷大的定义,对于 $M = \dfrac{1}{\varepsilon} > 0$,$\exists \delta > 0$,当 $0 < |x - x_0| < \delta$ 时,有

$$|f(x)| > M = \dfrac{1}{\varepsilon},$$

即

$$\left|\dfrac{1}{f(x)}\right| < \varepsilon,$$

所以 $\dfrac{1}{f(x)}$ 是当 $x \to x_0$ 时的无穷小.

反之,设 $\lim\limits_{x \to x_0} f(x) = 0$,且 $f(x) \neq 0$.

$\forall M > 0$,根据无穷小的定义,对于 $\varepsilon = \dfrac{1}{M}$,$\exists \delta > 0$,当 $0 < |x - x_0| < \delta$ 时,成立

$$\left| f(x) \right| < \varepsilon = \dfrac{1}{M},$$

由于当 $0 < |x - x_0| < \delta$ 时 $f(x) \neq 0$,从而

$$\left| \dfrac{1}{f(x)} \right| > M,$$

所以 $\dfrac{1}{f(x)}$ 是当 $x \to x_0$ 时的无穷大.

类似地可证 $x \to \infty$ 时的情形.

例如,$y = \dfrac{x}{x^2 - 1}$ 在 $x \to 1$ 时为无穷大,因为 $\lim\limits_{x \to 1} \dfrac{x^2 - 1}{x} = 0$.

习题 1-4(A)

1. 根据定义证明:

(1) $y = \dfrac{x}{1+x}$ 当 $x \to 0$ 时为无穷小;

(2) $y = x \sin \dfrac{1}{x}$ 当 $x \to 0$ 时为无穷小.

2. 根据定义证明:

(1) a^x ($|a| > 1$) 当 $x \to \infty$ 时为无穷大;

(2) 当 $x \to 3$ 时,$\dfrac{x}{x-3}$ 为无穷大.

3. 求下列极限:

(1) $\lim\limits_{x \to 0} x^2 \sin \dfrac{1}{x}$; (2) $\lim\limits_{x \to \infty} \dfrac{\sin x}{x}$;

(3) $\lim\limits_{x \to +\infty} \dfrac{\cos x}{e^x}$.

4. 问函数 $y = \dfrac{x+1}{x-1}$ 在什么时候为无穷小?什么时候为无穷大?

5. 根据函数极限定义,填写下表:

	$f(x) \to A$	$f(x) \to \infty$	$f(x) \to +\infty$	$f(x) \to -\infty$
$x \to x_0$	任给 $\varepsilon > 0$, 总存在 $\delta > 0$, 使得当 $0 < \|x - x_0\| < \delta$ 时,有 $\|f(x) - A\| < \varepsilon$.			
$x \to x_0 + 0$				
$x \to x_0 - 0$				
$x \to \infty$		任给 $M > 0$, 总存在 $X > 0$, 使当 $\|x\| > X$, 时即有 $\|f(x)\| > M$.		
$x \to +\infty$				
$x \to -\infty$				

习题 1-4(B)

1. 下列各种说法是否正确? 请说明理由:
(1) 无穷小是比任何数都小的数;
(2) 无穷小就是零;
(3) 无穷小在变化过程中是越变越小.

2. 有限个无穷小的积为什么仍为无穷小? 试举例说明 n 个无穷小的和,当 $n \to \infty$ 时,其结果为(1) 无穷小;(2) 常数.

3. 函数 $y = x\cos x$ 在 $(-\infty, +\infty)$ 内是否有界? 这个函数是否为 $x \to +\infty$ 时的无穷大? 为什么?

4. 证明: 函数 $y = \dfrac{1}{x} \sin \dfrac{1}{x}$ 在区间 $(0, 1]$ 上无界,但这函数不是 $x \to 0^+$ 时的无穷大.

5. 设 $f(x) = \dfrac{ax^3 + (b-1)x^2 + 2}{x^2 + 1}$, 当 $x \to \infty$ 时, a、b 为何值时 $f(x)$ 为无穷小? a、b 为何值时, $f(x)$ 为无穷大?

第五节　极限运算法则

本节主要讨论极限的计算. 建立极限的四则运算法则和复合函数的极限运算法则,利用这些法则,我们可以计算某些函数的极限. 以后我们还将介绍计算极限的其他方法.

在下面的讨论中,记号"lim"下面没有标明自变量的变化过程,表明下面的定理对 $x \to x_0$ 及 $x \to \infty$ 都是成立的. 在论证时,我们只证明了 $x \to x_0$ 的情形,只要把 δ 改成 X,把 $0<|x-x_0|<\delta$ 改成 $|x|>X$,就可得 $x \to \infty$ 情形的证明.

首先考察函数极限值为零时的极限运算.

定理 1　(1) 有限个无穷小之和是无穷小.
　　　　　(2) 有界函数与无穷小之乘积是无穷小.

证明　(1) 考虑两个无穷小的和.

设 α 及 β 是当 $x \to x_0$ 时的两个无穷小,而

$$\gamma = \alpha + \beta$$

$\forall \varepsilon > 0$,由于 $\lim\limits_{x \to x_0} \alpha = 0$,则对于 $\dfrac{\varepsilon}{2} > 0$, $\exists \delta_1 > 0$,当 $0<|x-x_0|<\delta_1$ 时,成立

$$|\alpha| < \frac{\varepsilon}{2}.$$

又由于 $\lim\limits_{x \to x_0} \beta = 0$,则对于 $\dfrac{\varepsilon}{2} > 0$, $\exists \delta_2 > 0$,当 $0<|x-x_0|<\delta_2$ 时,成立

$$|\beta| < \frac{\varepsilon}{2}.$$

取 $\delta = \min\{\delta_1, \delta_2\}$,则当 $0<|x-x_0|<\delta$ 时,同时成立

$$|\alpha| < \frac{\varepsilon}{2} \text{ 及 } |\beta| < \frac{\varepsilon}{2},$$

从而
$$|\gamma|=|\alpha+\beta|\leqslant|\alpha|+|\beta|<\frac{\varepsilon}{2}+\frac{\varepsilon}{2}=\varepsilon.$$
故证明了 γ 也是当 $x\to x_0$ 时的无穷小.

有限个无穷小之和的情形可以通过数学归纳法证明.

(2) 设函数 u 在 x_0 的某一去心邻域 $\overset{\circ}{U}(x_0,\delta_1)$ 内是有界的,即 $\exists M>0$,当 $x\in\overset{\circ}{U}(x_0,\delta_1)$ 时,$|u|\leqslant M$.

又设 α 是当 $x\to x_0$ 时的无穷小,即 $\forall\varepsilon>0$,$\exists\delta_2>0$,当 $x\in\overset{\circ}{U}(x_0,\delta_2)$ 时,有
$$|\alpha|<\frac{\varepsilon}{M}.$$

取 $\delta=\min\{\delta_1,\delta_2\}$,则当 $x\in\overset{\circ}{U}(x_0,\delta)$ 时,同时成立
$$|u|\leqslant M \text{ 及 } |\alpha|<\frac{\varepsilon}{M},$$
从而
$$|u\alpha|=|u||\alpha|<M\cdot\frac{\varepsilon}{M}=\varepsilon,$$
即证明了 $u\alpha$ 是当 $x\to x_0$ 时的无穷小.

推论 1 常数与无穷小的乘积是无穷小.

推论 2 有限个无穷小的乘积是无穷小.

例 1 求极限 $\lim\limits_{x\to 0}x\sin\dfrac{1}{x}$.

解 由于 $\left|\sin\dfrac{1}{x}\right|\leqslant 1\ (x\neq 0)$,因此 $\sin\dfrac{1}{x}$ 在 $\overset{\circ}{U}(0,\delta)$ 内有界;又 $\lim\limits_{x\to 0}x=0$,由定理 1 的(2)可知 $x\sin\dfrac{1}{x}$ 是无穷小. 即
$$\lim_{x\to 0}x\sin\frac{1}{x}=0.$$

下面讨论一般的函数极限的运算.

定理 2 如果 $\lim f(x) = A$,$\lim g(x) = B$,那么

(1) $\lim[f(x) \pm g(x)] = \lim f(x) \pm \lim g(x) = A \pm B$;

(2) $\lim[f(x) \cdot g(x)] = \lim f(x) \cdot \lim g(x) = A \cdot B$;

(3) 设 $B \neq 0$,则

$$\lim \frac{f(x)}{g(x)} = \frac{\lim f(x)}{\lim g(x)} = \frac{A}{B}.$$

证明 先证(1).

因 $\lim f(x) = A$,$\lim g(x) = B$,由第四节定理 1 有

$$f(x) = A + \alpha, \quad g(x) = B + \beta,$$

其中 α 及 β 为无穷小. 于是

$$f(x) \pm g(x) = (A + \alpha) \pm (B + \beta) = (A \pm B) + (\alpha \pm \beta).$$

由本节定理 1 及其推论知 $\alpha \pm \beta$ 是无穷小,从而得

$$\lim[f(x) \pm g(x)] = A \pm B = \lim f(x) \pm \lim g(x).$$

关于(2)的证明,作为练习建议读者自行证明.

再证(3).

由 $\lim f(x) = A$,$\lim g(x) = B$,有

$$f(x) = A + \alpha, \quad g(x) = B + \beta,$$

其中 α 及 β 为无穷小. 设

$$\gamma = \frac{f(x)}{g(x)} - \frac{A}{B},$$

则

$$\gamma = \frac{A + \alpha}{B + \beta} - \frac{A}{B} = \frac{1}{B(B+\beta)}(B\alpha - A\beta)$$

上式表示,γ 可看作两个函数的乘积,其中函数 $B\alpha - A\beta$ 是无穷小(由定理 1 及推论知). 下面我们证明另一个函数 $\frac{1}{B(B+\beta)}$ 在点 x_0 的某一去

心邻域内有界.

根据第三节定理 3,由于 $\lim g(x) = B \neq 0$,则 $\exists \overset{\circ}{U}(x_0)$,$\forall x \in \overset{\circ}{U}(x_0)$ 有 $|g(x)| > \dfrac{|B|}{2}$,从而 $\left|\dfrac{1}{g(x)}\right| < \dfrac{2}{|B|}$. 于是

$$\left|\frac{1}{B(B+\beta)}\right| = \frac{1}{|B|} \cdot \left|\frac{1}{g(x)}\right| < \frac{1}{|B|} \cdot \frac{2}{|B|} = \frac{2}{|B|^2}.$$

即证明了 $\dfrac{1}{B(B+\beta)}$ 在 $\overset{\circ}{U}(x_0)$ 内有界.

因此,根据定理 1,γ 是无穷小. 因而

$$\frac{f(x)}{g(x)} = \frac{A}{B} + \gamma,$$

所以由第四节定理 1,得

$$\lim \frac{f(x)}{g(x)} = \frac{A}{B} = \frac{\lim f(x)}{\lim g(x)}.$$

证毕.

定理 2 事实上表述了极限的四则运算法则. 综合其中的 (1) 和 (2),我们有如下的推论.

推论 1 如果 $\lim f(x) = A$,$\lim g(x) = B$,C_1、C_2 是两个常数,则

$$\lim[C_1 f(x) + C_2 g(x)] = C_1 \lim f(x) + C_2 \lim g(x)$$
$$= C_1 A + C_2 B.$$

此为极限的线性运算性质. 这个性质也可推广到有限个函数的情形.

推论 2 如果 $\lim f(x)$ 存在,而 n 是正整数,则

$$\lim[f(x)]^n = [\lim f(x)]^n.$$

这是因为

$$\lim[f(x)]^n = \lim[f(x) \cdot f(x) \cdot f(x) \cdots f(x)]$$
$$= \lim f(x) \cdot \lim f(x) \cdot \lim f(x) \cdots \lim f(x)$$

$$= [\lim f(x)]^n.$$

值得指出是,关于数列也有类似的极限四则运算法则,这里不再赘述.

例 2 求下列函数的极限:

(1) $\lim\limits_{x \to 1}(ax + b)$ (其中 a、b 为常数);

(2) $\lim\limits_{x \to x_0}(a_0 x^n + a_1 x^{n-1} + \cdots + a_n)$ (其中 $a_0, a_1, \cdots, a_n$ 为常数).

解 (1) $\lim\limits_{x \to 1}(ax + b) = a \lim\limits_{x \to 1} x + \lim\limits_{x \to 1} b = a + b;$

(2) $\lim\limits_{x \to x_0}(a_0 x^n + a_1 x^{n-1} + \cdots + a_n)$

$= a_0 \lim\limits_{x \to x_0} x^n + a_1 \lim\limits_{x \to x_0} x^{n-1} + \cdots + \lim\limits_{x \to x_0} a_n$

$= a_0 (\lim\limits_{x \to x_0} x)^n + a_1 (\lim\limits_{x \to x_0} x)^{n-1} + \cdots + a_n$

$= a_0 x_0^n + a_1 x_0^{n-1} + \cdots + a_n.$

从例 2 的(2)可见,求多项式 $P_n(x)$ 在 $x \to x_0$ 时的极限,只要把 x_0 代替多项式中的 x 就可以了,即 $\lim\limits_{x \to x_0} P_n(x) = P_n(x_0).$

又设有理分式函数

$$\frac{P_n(x)}{Q_m(x)},$$

其中 $P_n(x) = a_0 x^n + a_1 x^{n-1} + \cdots + a_n$ $(a_0 \neq 0)$, $Q_m(x) = b_0 x^m + b_1 x^{m-1} + \cdots + b_m$ $(b_0 \neq 0)$.

首先,讨论极限 $\lim\limits_{x \to x_0} \frac{P_n(x)}{Q_m(x)}$. 由于

$$\lim\limits_{x \to x_0} P_n(x) = P_n(x_0), \lim\limits_{x \to x_0} Q_m(x_0) = Q_m(x_0),$$

如果 $Q_m(x_0) \neq 0$, 则

$$\lim\limits_{x \to x_0} \frac{P_n(x)}{Q_m(x)} = \frac{\lim\limits_{x \to x_0} P_n(x)}{\lim\limits_{x \to x_0} Q_m(x)} = \frac{P_n(x_0)}{Q_m(x_0)};$$

如果 $Q_m(x_0) = 0$, $P_n(x_0) \neq 0$, 不能应用商的极限的运算法则,但是

因为

$$\lim_{x \to x_0} \frac{Q_m(x)}{P_n(x)} = \frac{\lim\limits_{x \to x_0} Q_m(x)}{\lim\limits_{x \to x_0} P_n(x)} = \frac{Q_m(x_0)}{P_n(x_0)} = 0,$$

所以由第四节定理 2 得

$$\lim_{x \to x_0} \frac{P_n(x)}{Q_m(x)} = \infty;$$

如果 $Q_m(x_0) = 0, P_n(x_0) = 0$,则需要特别考虑.下面我们举属于这种情形的例题.

例 3 求 $\lim\limits_{x \to 2} \dfrac{x-2}{x^2-4}$.

解 当 $x \to 2$ 时,分子及分母的极限都是零.但分子及分母有公因子 $x-2$,而 $x \to 2$ 时,$x-2 \neq 0$,可约去这个不为零的公因子,所以

$$\lim_{x \to 2} \frac{x-2}{x^2-4} = \lim_{x \to 2} \frac{1}{x+2} = \frac{1}{4}.$$

其次,讨论极限 $\lim\limits_{x \to \infty} \dfrac{P_n(x)}{Q_m(x)}$.

当 $n = m$ 时,

$$\lim_{x \to \infty} \frac{P_n(x)}{Q_m(x)} = \lim_{x \to \infty} \frac{x^n \left(a_0 + \dfrac{a}{x} + \cdots + \dfrac{a_n}{x^n}\right)}{x^m \left(b_0 + \dfrac{b_1}{x} + \cdots + \dfrac{b_m}{x^m}\right)} = \frac{a_0}{b_0};$$

当 $n < m$ 时,

$$\lim_{x \to \infty} \frac{P_n(x)}{Q_m(x)} = \lim_{x \to \infty} \frac{1}{x^{m-n}} \cdot \frac{\left(a_0 + \dfrac{a_1}{x} + \cdots + \dfrac{a_n}{x^n}\right)}{\left(b_0 + \dfrac{b_1}{x} + \cdots + \dfrac{b_m}{x^m}\right)} = 0;$$

当 $n > m$ 时,由于

故
$$\lim_{x\to\infty}\frac{Q_m(x)}{P_n(x)} = \lim_{x\to\infty}\frac{1}{x^{n-m}}\frac{\left(b_0+\frac{b_1}{x}+\cdots+\frac{b_m}{x^m}\right)}{\left(a_0+\frac{a_1}{x}+\cdots+\frac{a_n}{x^n}\right)} = 0.$$

$$\lim_{x\to\infty}\frac{P_n(x)}{Q_m(x)} = \infty.$$

所以,当 $a_0 \neq 0, b_0 \neq 0, m$ 和 n 为非负整数时,有

$$\lim_{x\to\infty}\frac{P_n(x)}{Q_m(x)} = \begin{cases} 0, & n < m; \\ \dfrac{a_0}{b_0}, & n = m; \\ \infty, & n > m. \end{cases}$$

例如 $\lim\limits_{x\to\infty}\dfrac{3x^3+2x^2-5}{8x^3-5x^2+3} = \dfrac{3}{8}$,$\lim\limits_{x\to\infty}\dfrac{(2x+1)^{10}(3x-2)^{20}}{(5x-7)^{30}} = \dfrac{2^{10}\cdot 3^{20}}{5^{30}}$.

例 4 如果 $f(x) \geqslant g(x)$,且 $\lim f(x) = a$,$\lim g(x) = b$,证明 $a \geqslant b$.

证明 令 $h(x) = f(x) - g(x)$,则 $h(x) \geqslant 0$,由四则运算法则有
$$\lim h(x) = \lim[f(x) - g(x)]$$
$$= \lim f(x) - \lim g(x) = a - b.$$

由第三节定理 3 的推论,有 $\lim h(x) \geqslant 0$,即 $a - b \geqslant 0$,所以 $a \geqslant b$.

定理 3(复合函数的极限运算法则) 设函数 $u = g(x)$ 在 $x = x_0$ 处极限存在且等于 u_0,即 $\lim\limits_{x\to x_0} g(x) = u_0$,在某个 $\overset{\circ}{U}(x_0)$ 内有 $g(x) \neq u_0$,$\lim\limits_{u\to u_0} f(u) = A$,则

$$\lim_{x\to x_0} f(g(x)) = \lim_{u\to u_0} f(u) = A.$$

证明 由于 $\lim\limits_{u\to u_0} f(u) = A$,则 $\forall \varepsilon > 0, \exists \eta > 0$,当 $0 < |u - u_0| < \eta$ 时,成立 $|f(u) - A| < \varepsilon$.

又由于 $\lim\limits_{x\to x_0} g(x) = u_0$,对于上述的 $\eta > 0, \exists \delta_1 > 0$,当 $0 < |x - $

$x_0 \mid < \delta_1$ 时,成立 $\mid g(x) - u_0 \mid < \eta$.

由假设, $x \in \overset{\circ}{U}(x_0, \delta_0)$ 时, $g(x) \neq u_0$, 取 $\delta = \min\{\delta_0, \delta_1\}$, 则当 $0 < \mid x - x_0 \mid < \delta$ 时,同时成立 $\mid g(x) - u_0 \mid < \eta$ 及 $\mid g(x) - u_0 \mid \neq 0$, 即有 $0 < \mid g(x) - u_0 \mid < \eta$, 从而成立

$$\mid f(g(x)) - A \mid = \mid f(u) - A \mid < \varepsilon.$$

这就证明了 $\lim\limits_{x \to x_0} f(g(x)) = \lim\limits_{u \to u_0} f(u) = A$. 证毕.

在定理 3 中, 将 $\lim\limits_{x \to x_0} g(x) = u_0$ 换成 $\lim\limits_{x \to x_0} g(x) = \infty$ 或 $\lim\limits_{x \to \infty} g(x) = \infty$, 而将 $\lim\limits_{u \to u_0} f(u) = A$ 换成 $\lim\limits_{u \to \infty} f(u) = A$, 可得类似的定理.

定理 3 也表示,如果函数 $f(u)$ 和 $g(x)$ 满足定理的条件,那么可作代换 $u = g(x)$ 把求 $\lim\limits_{x \to x_0} f(g(x))$ 转化为求 $\lim\limits_{u \to u_0} f(u)$, 这里 $u_0 = \lim\limits_{x \to x_0} g(x)$.

习题 1-5(A)

1. 计算下列极限:

(1) $\lim\limits_{x \to -1} \dfrac{x+1}{x-1}$;

(2) $\lim\limits_{x \to 2} \dfrac{2x^2 - 1}{x^2 + x - 1}$;

(3) $\lim\limits_{x \to 2} \dfrac{x-2}{x^2 - 3x + 2}$;

(4) $\lim\limits_{x \to 5} \dfrac{x^2 - 7x + 10}{x^2 - 25}$;

(5) $\lim\limits_{x \to a} \dfrac{x^2 - (a+1)x + a}{x^3 - a^3}$;

(6) $\lim\limits_{h \to 0} \dfrac{(x+h)^3 - x^3}{h}$;

(7) $\lim\limits_{x \to 1} \dfrac{x^4 - 1}{x^3 - 1}$;

(8) $\lim\limits_{x \to 1} \left(\dfrac{1}{1-x} - \dfrac{3}{1-x^3} \right)$.

2. 计算下列极限:

(1) $\lim\limits_{x \to \infty} \dfrac{3x^2 + 2}{1 - 4x^2}$;

(2) $\lim\limits_{x \to \infty} \dfrac{3x^2 + 2}{1 - 4x^3}$;

(3) $\lim\limits_{x \to \infty} \dfrac{3x^3 + 2}{1 - 4x^2}$;

(4) $\lim\limits_{x \to \infty} \dfrac{(x-1)(x-2)(x-3)}{(1-4x)^3}$;

(5) $\lim\limits_{x \to \infty} \dfrac{(2x-3)^{20}(3x+2)^{30}}{(5x+1)^{50}}$;

(6) $\lim\limits_{x \to \infty} \left(\dfrac{x^3}{2x^2 - 1} - \dfrac{x^2}{2x - 1} \right)$.

3. 计算下列极限:

(1) $\lim\limits_{n\to\infty}\dfrac{1-a^n}{1+a^n}$;

(2) $\lim\limits_{n\to\infty}\dfrac{2^{n+1}+3^{n+1}}{2^n+3^n}$;

(3) $\lim\limits_{n\to\infty}\dfrac{1+\dfrac{1}{2}+\dfrac{1}{4}+\cdots+\dfrac{1}{2^n}}{1+\dfrac{1}{3}+\dfrac{1}{9}+\cdots+\dfrac{1}{3^n}}$;

(4) $\lim\limits_{n\to\infty}\left(\dfrac{1+2+3+\cdots+n}{n+2}-\dfrac{n}{2}\right)$.

4. 计算下列极限：

(1) $\lim\limits_{x\to 0}\dfrac{(1+x)^5-(1+5x)}{x^2+x^5}$;

(2) $\lim\limits_{x\to 0}\dfrac{(1+mx)^n-(1+nx)^m}{x^2}$ (m、n 为自然数);

(3) $\lim\limits_{x\to 1}\dfrac{x^m-1}{x^n-1}$ (m, n 为自然数);

(4) $\lim\limits_{n\to\infty}\dfrac{\sqrt[3]{n^2}\sin n!}{n+1}$;

(5) $\lim\limits_{n\to\infty}\left[\dfrac{1}{1\cdot 2}+\dfrac{1}{2\cdot 3}+\cdots+\dfrac{1}{n(n+1)}\right]$;

(6) $\lim\limits_{n\to\infty}\left(1-\dfrac{1}{2^2}\right)\left(1-\dfrac{1}{3^2}\right)\cdots\left(1-\dfrac{1}{n^2}\right)$;

(7) $\lim\limits_{n\to\infty}\left[\left(\dfrac{3}{4}\right)^n+\dfrac{3n^7-1}{4n^7+n^6}\right]$;

(8) $\lim\limits_{n\to\infty}\sqrt{n}(\sqrt{n+1}-\sqrt{n})$.

习题 1-5(B)

1. 计算下列极限：

(1) $\lim\limits_{x\to\infty}\dfrac{2x+2\cos x}{x+\cos 2x}$;

(2) $\lim\limits_{x\to\infty}\dfrac{\sin x-x}{2x+\cos x}$;

(3) $\lim\limits_{x\to 7}\dfrac{2-\sqrt{x-3}}{x^2-49}$;

(4) $\lim\limits_{x\to a^-}\dfrac{\sqrt{a^2+ax+x^2}-\sqrt{a^2-ax+x^2}}{\sqrt{a+x}-\sqrt{a-x}}$ ($a>0$);

(5) $\lim\limits_{x\to 1}\dfrac{\sqrt{1+x}-1}{\sqrt[3]{1+x}-1}$;

(6) $\lim\limits_{n\to\infty}\left(\dfrac{1}{n^k}+\dfrac{3}{n^k}+\cdots+\dfrac{2n-1}{n^k}\right)$ (k 为常数);

(7) $\lim\limits_{n\to\infty}(\sqrt{n+3\sqrt{n}}-\sqrt{n-\sqrt{n}})$;

(8) 若 $\lim\limits_{x\to\infty}f(x)=2$, 求 $\lim\limits_{x\to\infty}(\sqrt{x^2+1}-\sqrt{x^2-1})f(x)$.

2. 已知 $\lim\limits_{x\to\infty}\left(\dfrac{x^2+1}{x+1}-\alpha x-\beta\right)=0$, 试确定 α、β 的值.

3. 已知 $\lim\limits_{x\to+\infty}(3x-\sqrt{ax^2-x+1})=\dfrac{1}{6}$,求 a 值.

4. 若 $f(x)=\begin{cases}x\sin\dfrac{1}{x}-b,\ x>0\\ a+x^2,\ x<0\end{cases}$,且 $\lim\limits_{x\to 0}f(x)=1$,求 a、b 值.

5. 若 $\lim\limits_{x\to x_0}f(x)=0$,是否一定有 $\lim\limits_{x\to x_0}f(x)\cdot g(x)=\lim\limits_{x\to x_0}f(x)\cdot\lim\limits_{x\to x_0}g(x)=0$.

6. 若 $\lim\limits_{x\to x_0}f(x)$ 存在,$\lim\limits_{x\to x_0}g(x)$ 不存在,问 $\lim\limits_{x\to x_0}[f(x)\pm g(x)]$ 是否一定存在. 若存在,请证明之;若不存在,举例说明.

第六节 极限存在准则、两个重要极限

本节介绍极限存在的两个准则以及由这两个准则推导所得的两个重要极限: $\lim\limits_{x\to 0}\dfrac{\sin x}{x}=1$ 及 $\lim\limits_{x\to\infty}\left(1+\dfrac{1}{x}\right)^x=e$.

一、夹逼准则

准则 I 如果数列 $\{x_n\}$、$\{y_n\}$ 及 $\{z_n\}$ 满足下列条件:

(1) $y_n\leqslant x_n\leqslant z_n(n\in\mathbf{N}^+)$;

(2) $\lim\limits_{n\to\infty}y_n=a$,$\lim\limits_{n\to\infty}z_n=a$,

则数列 $\{x_n\}$ 的极限存在,且 $\lim\limits_{n\to\infty}x_n=a$.

证明 因为 $\lim\limits_{n\to\infty}y_n=a$,所以 $\forall\varepsilon>0$,$\exists$ 正整数 N_1,当 $n>N_1$ 时,有 $|y_n-a|<\varepsilon$;又因为 $\lim\limits_{n\to\infty}z_n=a$,所以,对上述 $\varepsilon>0$,$\exists$ 正整数 N_2,当 $n>N_2$ 时,有 $|z_n-a|<\varepsilon$. 现在取 $N=\max\{N_1,N_2\}$,则当 $n>N$ 时,有

$$|y_n-a|<\varepsilon,\quad |z_n-a|<\varepsilon$$

同时成立,即

$$a-\varepsilon<y_n<a+\varepsilon,\ a-\varepsilon<z_n<a+\varepsilon$$

同时成立,又因 x_n 介于 y_n 和 z_n 之间,所以当 $n>N$ 时,有

$$a-\varepsilon < y_n \leqslant x_n \leqslant z_n < a+\varepsilon,$$

即

$$|x_n - a| < \varepsilon.$$

成立. 这就证明了 $\lim\limits_{n\to\infty} x_n = a$.

上述数列极限存在准则可以推广到函数的极限.

准则 I′ 设

(1) 当 $x \in \mathring{U}(x_0, r)$ (或 $|x| > M$) 时,

$$g(x) \leqslant f(x) \leqslant h(x);$$

(2) $\lim\limits_{\substack{x\to x_0 \\ (x\to\infty)}} g(x) = A$, $\lim\limits_{\substack{x\to x_0 \\ (x\to\infty)}} h(x) = A$,

那么, $\lim\limits_{\substack{x\to x_0 \\ (x\to\infty)}} f(x)$ 存在, 且等于 A.

准则 I 及准则 I′ 称为夹逼准则.

下面由夹逼准则 I′ 来证明下述重要极限:

$$\lim_{x\to 0} \frac{\sin x}{x} = 1. \tag{1}$$

首先注意到, 函数 $\frac{\sin x}{x}$ 对于一切 $x \neq 0$ 都有定义.

在图 1-23 所示的单位圆中, 设圆心角 $\angle AOB = x$, x 取弧度 $\left(0 < x < \frac{\pi}{2}\right)$, 过点 A 作切线与 OB 的延长线相交于 D, 又 $BC \perp OA$, 则

$$BC = \sin x, \widehat{AB} = x, AD = \tan x$$

因为

△AOB 的面积 < 扇形 AOB 的面积

< △AOD 的面积,

所以, 有

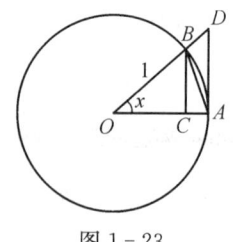

图 1-23

$$\frac{1}{2}\sin x < \frac{1}{2}x < \frac{1}{2}\tan x,$$

即

$$\sin x < x < \tan x.$$

不等式各边都除以 $\sin x$，就有

$$1 < \frac{x}{\sin x} < \frac{1}{\cos x}.$$

取倒数

$$\cos x < \frac{\sin x}{x} < 1. \tag{2}$$

因为 $\cos x$ 与 $\frac{\sin x}{x}$ 为偶函数，不等式(2)在 $\left(-\frac{\pi}{2}, 0\right)$ 内也成立，由于当 $|x| < \frac{\pi}{2}$ 时

$$0 \leqslant 1 - \cos x = 2\sin^2 \frac{x}{2} \leqslant 2\left|\frac{x}{2}\right|^2 = \frac{|x|^2}{2},$$

则由夹逼准则 I′ 知 $\lim\limits_{x \to 0} \cos x = 1$，又 $\lim\limits_{x \to 0} 1 = 1$，由不等式(2)及夹逼准则 I′ 可得

$$\lim_{x \to 0} \frac{\sin x}{x} = 1.$$

例 1 求 $\lim\limits_{x \to 0} \frac{\tan x}{x}$.

解 $\lim\limits_{x \to 0} \frac{\tan x}{x} = \lim\limits_{x \to 0}\left(\frac{\sin x}{x} \cdot \frac{1}{\cos x}\right) = \lim\limits_{x \to 0} \frac{\sin x}{x} \cdot \lim\limits_{x \to 0} \frac{1}{\cos x} = 1.$

例 2 求 $\lim\limits_{x \to 0} \frac{1 - \cos x}{x^2}$.

解 $\lim\limits_{x \to 0} \frac{1 - \cos x}{x^2} = \lim\limits_{x \to 0} \frac{2\sin^2 \frac{x}{2}}{x^2} = \frac{1}{2} \lim\limits_{x \to 0} \frac{\sin^2 \frac{x}{2}}{\left(\frac{x}{2}\right)^2}$

$$= \frac{1}{2} \lim_{x \to 0} \left(\frac{\sin \frac{x}{2}}{\frac{x}{2}}\right)^2 = \frac{1}{2}.$$

例 3 求 $\lim\limits_{x \to 0} \dfrac{\arcsin x}{x}$.

解 令 $u = \arcsin x$,则 $x = \sin u$. 当 $x \to 0$ 时,$u \to 0$,

$$\lim_{x \to 0} \frac{\arcsin x}{x} = \lim_{u \to 0} \frac{u}{\sin u} = 1.$$

利用复合函数的极限运算法则,可把公式(1)写成另一种形式. 在公式(1)中作代换 $u = \dfrac{1}{x}$,则当 $x \to 0$ 时,$u \to \infty$,因此由复合函数的极限运算法则得

$$1 = \lim_{x \to 0} \frac{\sin x}{x} = \lim_{u \to \infty} \frac{\sin \dfrac{1}{u}}{\dfrac{1}{u}} = \lim_{u \to \infty} u \sin \frac{1}{u}.$$

将最后等式中的 u 改写为 x,得公式(1)的另一种形式

$$\lim_{x \to \infty} x \sin \frac{1}{x} = 1.$$

例 4 用夹逼准则证明 $\lim\limits_{n \to \infty} \sqrt[n]{n} = 1$.

证明 当 $n > 1$ 时,$n^{\frac{1}{n}} > 1$,可令 $n^{\frac{1}{n}} = 1 + a_n (a_n > 0)$,所以 $n = (1 + a_n)^n$. 由牛顿二项公式展开,得

$$n = (1 + a_n)^n = 1 + n a_n + \frac{n(n-1)}{2} a_n^2 + \cdots + a_n^n > \frac{n(n-1)}{2} a_n^2$$

变形可得

$$a_n^2 < \frac{2n}{n(n-1)} = \frac{2}{n-1},$$

即

$$0 < a_n < \sqrt{\frac{2}{n-1}},$$

由于 $\lim\limits_{n \to \infty} 0 = 0$,$\lim\limits_{n \to \infty} \sqrt{\dfrac{2}{n-1}} = 0$. 根据夹逼准则得

$$\lim_{n\to\infty} a_n = 0.$$

所以
$$\lim_{n\to\infty} \sqrt[n]{n} = \lim_{n\to\infty}(1+a_n) = 1.$$

由这个极限,利用不等式 $[x] \leqslant x < [x]+1$($[x]$ 为取整函数)以及夹逼准则,我们可以得到更一般性的结果:

$$\lim_{x\to+\infty} x^{\frac{1}{x}} = 1.$$

二、单调有界收敛准则

准则 Ⅱ 单调有界数列必有极限.

如果数列 $\{x_n\}$ 满足条件

$$x_1 \leqslant x_2 \leqslant x_3 \leqslant \cdots \leqslant x_n \leqslant x_{n+1} \leqslant \cdots,$$

则称数列 $\{x_n\}$ 是单调增加的;如果数列 $\{x_n\}$ 满足条件

$$x_1 \geqslant x_2 \geqslant x_3 \geqslant \cdots \geqslant x_n \geqslant x_{n+1} \geqslant \cdots,$$

则称数列 $\{x_n\}$ 是单调减少的.单调增加和单调减少的数列统称为单调数列.

在第二节中曾证明:收敛的数列一定有界,有界的数列不一定收敛.现在准则 Ⅱ 表明:如果数列有界,并且是单调的,那么这数列的极限必定存在,即单调有界数列一定收敛.

对准则 Ⅱ 我们不予证明,仅给出几何解释.

从数轴上看,对应于单调数列的点 x_n 只可能向一个方向移动;或者点 x_n 沿数轴趋向无穷远($x_n \to +\infty$ 或 $x_n \to -\infty$);或者点 x_n 趋向于某一定点 A(图 1-24).但现在假设数列是有界的,表示数列的点 x_n 都落在数轴上某个区间 $[-M, M]$ 内,这就表示这个数列只能趋向于一个定点,也就是数列 $\{x_n\}$ 趋于一个极限.

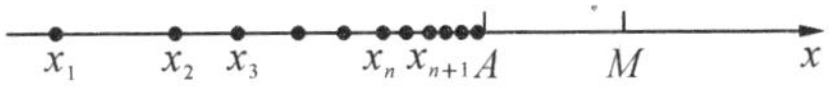

图 1-24

在具体应用时,准则 II 可简化为:若单调增加的数列 $\{x_n\}$ 有上界,则 $\lim\limits_{n\to\infty} x_n$ 存在;若单调减少的数列 $\{x_n\}$ 有下界,则 $\lim\limits_{n\to\infty} x_n$ 存在.

利用准则 II,我们讨论另一个重要极限

$$\lim_{x\to\infty}\left(1+\frac{1}{x}\right)^x.$$

下面考虑 x 取正整数 n 而趋于 $+\infty$ 的情形.

设 $x_n=\left(1+\frac{1}{n}\right)^n$,我们来证数列 $\{x_n\}$ 单调增加并且有界,由牛顿二项公式,有

$$\begin{aligned} x_n &= \left(1+\frac{1}{n}\right)^n \\ &= 1+\frac{n}{1!}\cdot\frac{1}{n}+\frac{n(n-1)}{2!}\cdot\frac{1}{n^2}+\frac{n(n-1)(n-2)}{3!}\cdot\frac{1}{n^3}+\cdots \\ &\quad +\frac{n(n-1)\cdots(n-n+1)}{n!}\cdot\frac{1}{n^n} \\ &= 1+1+\frac{1}{2!}\left(1-\frac{1}{n}\right)+\frac{1}{3!}\left(1-\frac{1}{n}\right)\left(1-\frac{2}{n}\right)+\cdots \\ &\quad +\frac{1}{n!}\left(1-\frac{1}{n}\right)\left(1-\frac{2}{n}\right)\cdots\left(1-\frac{n-1}{n}\right) \end{aligned}$$

类似地

$$\begin{aligned} x_{n+1} &= 1+1+\frac{1}{2!}\left(1-\frac{1}{n+1}\right)+\frac{1}{3!}\left(1-\frac{1}{n+1}\right)\left(1-\frac{2}{n+1}\right)+\cdots \\ &\quad +\frac{1}{n!}\left(1-\frac{1}{n+1}\right)\left(1-\frac{2}{n+1}\right)\cdots\left(1-\frac{n-1}{n+1}\right) \\ &\quad +\frac{1}{(n+1)!}\left(1-\frac{1}{n+1}\right)\left(1-\frac{2}{n+1}\right)\cdots\left(1-\frac{n}{n+1}\right). \end{aligned}$$

比较 x_n、x_{n+1} 的表达式,可以看出除前两项外,x_n 的每一项都小于 x_{n+1} 的对应项,并且 x_{n+1} 还多了最后的一项,其值大于 0,因此可知

$$x_n < x_{n+1},$$

这说明数列$\{x_n\}$是单调增加的. 此外该数列还是有界的. 因为,在x_n的表达式中各项括号内的数均小于数 1,可得不等式

$$x_n < 1 + 1 + \frac{1}{2!} + \frac{1}{3!} + \cdots + \frac{1}{n!} < 1 + 1 + \frac{1}{2} + \frac{1}{2^2} + \cdots + \frac{1}{2^{n-1}}$$

$$= 1 + \frac{1 - \frac{1}{2^n}}{1 - \frac{1}{2}} = 3 - \frac{1}{2^{n-1}} < 3,$$

说明数列$\{x_n\}$是有界的. 根据极限存在准则 II,该数列$\{x_n\}$的极限存在,通常用字母 e 来表示,即

$$\lim_{n \to +\infty} \left(1 + \frac{1}{n}\right)^n = \text{e}.$$

可以证明,当 x 取实数而趋于 $+\infty$ 或 $-\infty$ 时,函数$\left(1 + \frac{1}{x}\right)^x$的极限都存在且都等于 e[①]. 因此,

---

① 设 $n \leqslant x < n+1$ 时,则

$$\left(1 + \frac{1}{n+1}\right)^n < \left(1 + \frac{1}{x}\right)^x < \left(1 + \frac{1}{n}\right)^{n+1}.$$

当 $x \to +\infty$ 时,$n \to \infty$. 由于

$$\lim_{n \to \infty} \left(1 + \frac{1}{n+1}\right)^n = \lim_{n \to \infty} \frac{\left(1 + \frac{1}{n+1}\right)^{n+1}}{1 + \frac{1}{n+1}} = \text{e},$$

$$\lim_{n \to \infty} \left(1 + \frac{1}{n}\right)^{n+1} = \lim_{n \to \infty} \left[\left(1 + \frac{1}{n}\right)^n \cdot \left(1 + \frac{1}{n}\right)\right] = \text{e},$$

应用夹逼准则 I,可得

$$\lim_{x \to +\infty} \left(1 + \frac{1}{x}\right)^x = \text{e}.$$

当 $x \to -\infty$ 时,令 $x = -(t+1)$,则 $x \to -\infty$ 时,$t \to +\infty$,于是

$$\lim_{x \to -\infty} \left(1 + \frac{1}{x}\right)^x = \lim_{t \to +\infty} \left(1 - \frac{1}{t+1}\right)^{-(t+1)} = \lim_{t \to +\infty} \left(\frac{t}{t+1}\right)^{-(t+1)}$$

$$= \lim_{t \to +\infty} \left(1 + \frac{1}{t}\right)^{t+1} = \lim_{t \to +\infty} \left[\left(1 + \frac{1}{t}\right)^t \cdot \left(1 + \frac{1}{t}\right)\right]$$

$$= \text{e}.$$

$$\lim_{x\to\infty}\left(1+\frac{1}{x}\right)^x = e \qquad (3)$$

这个数 e 是无理数,它的值是

$$e = 2.718\ 281\ 828\ 459\ 045\cdots.$$

在第一节中提到的指数函数 $y = e^x$ 以及自然对数 $y = \ln x$ 中的底数 e 就是这个常数.

在(3)中令 $x = \dfrac{1}{u}$,则当 $x \to \infty$ 时,$u \to 0$,因此由复合函数的极限运算法则得

$$e = \lim_{x\to\infty}\left(1+\frac{1}{x}\right)^x = \lim_{u\to 0}(1+u)^{\frac{1}{u}}.$$

将最后等式中 u 改为 x,得公式(3)的另一种形式

$$\lim_{x\to 0}(1+x)^{\frac{1}{x}} = e \qquad (4)$$

例 5 求 $\lim\limits_{x\to\infty}\left(1-\dfrac{1}{x}\right)^x$.

解
$$\lim_{x\to\infty}\left(1-\frac{1}{x}\right)^x = \lim_{x\to\infty}\left[1+\left(\frac{1}{-x}\right)\right]^x$$

$$= \lim_{x\to\infty}\left\{\left[1+\frac{1}{(-x)}\right]^{-x}\right\}^{\frac{x}{-x}} = e^{-1}.$$

相应于单调有界数列必有极限的准则 II,函数极限也有类似的准则,对于自变量的不同变化过程($x \to x_0^-$,$x \to x_0^+$,$x \to -\infty$,$x \to +\infty$),准则有不同的形式,现以 $x \to x_0^-$ 为例,将相应的准则叙述如下:

准则 II′ 设函数 $f(x)$ 在点 x_0 的某个左邻域内单调并且有界,则 $f(x)$ 在 x_0 的左极限 $f(x_0^-)$ 必定存在.

三、柯西(Cauchy)极限存在准则

我们知道收敛数列不一定是单调的,因此,准则Ⅱ所给出的单调有界这条件,是数列收敛的充分条件,而不是必要条件,当然,其中的有界这一条件对数列的收敛性来说是必要的. 下面给出了数列收敛的充分必要条件.

柯西极限存在准则(数列$\{x_n\}$收敛的充分必要条件) 对于任意给定的正数ε,存在着这样的正整数N,使得当$m>N, n>N$时,有
$$|x_n - x_m| < \varepsilon.$$

证明 必要性. 设$\lim\limits_{n\to\infty} x_n = a$,则$\forall \varepsilon > 0$,由数列极限的定义,∃正整数$N$,当$n>N$时,有
$$|x_n - a| < \frac{\varepsilon}{2};$$

同样地,当$m>N$时,也有
$$|x_m - a| < \frac{\varepsilon}{2}.$$

因此,当$m>N, n>N$时,有
$$|x_n - x_m| = |(x_n - a) - (x_m - a)|$$
$$\leq |x_n - a| + |x_m - a| < \frac{\varepsilon}{2} + \frac{\varepsilon}{2} = \varepsilon,$$

所以条件是必要的.

充分性的证明从略.

柯西极限存在准则有时也称作柯西审敛原理.

习题 1-6(A)

1. 计算下列极限:

(1) $\lim\limits_{x\to 0} \dfrac{\tan 2x}{x}$;   (2) $\lim\limits_{x\to 0} \dfrac{\sin 3x}{\sin x}$;

(3) $\lim\limits_{x \to -1} \dfrac{\sin(x+1)}{2(x+1)}$;

(4) $\lim\limits_{x \to \pi} \dfrac{\sin x}{\pi - x}$;

(5) $\lim\limits_{x \to a} \dfrac{\sin x - \sin a}{x - a}$;

(6) $\lim\limits_{x \to 1} \dfrac{1 - x^2}{\sin \pi x}$;

(7) $\lim\limits_{x \to \frac{\pi}{2}} \dfrac{\cos x}{\frac{\pi}{2} - x}$;

(8) $\lim\limits_{x \to 0^+} \dfrac{x}{\sqrt{1 - \cos x}}$;

(9) $\lim\limits_{x \to 0} x \cdot \cot x$;

(10) $\lim\limits_{n \to \infty} 2^n \sin \dfrac{x}{2^n}$.

2. 计算下列极限：

(1) $\lim\limits_{x \to 0} \left(1 - \dfrac{x}{3}\right)^{\frac{1}{x}}$;

(2) $\lim\limits_{x \to \infty} \left(1 + \dfrac{2}{x}\right)^{x+3}$;

(3) $\lim\limits_{x \to 0} (1 - \sin x)^{\frac{2}{x}}$;

(4) $\lim\limits_{x \to 0} \sqrt[x]{1 - 2x}$;

(5) $\lim\limits_{x \to \infty} \left(\dfrac{2x - 1}{2x + 1}\right)^x$;

(6) $\lim\limits_{x \to \infty} \left(\dfrac{1 + x}{x}\right)^{2x}$.

习题 1-6(B)

1. 计算下列极限：

(1) $\lim\limits_{x \to 0} \dfrac{\tan x - \sin x}{x^3}$;

(2) $\lim\limits_{x \to 1} (1 - x) \tan \dfrac{\pi x}{2}$;

(3) $\lim\limits_{x \to 0} \dfrac{\sin x + 4x^2 \cos \dfrac{1}{x}}{\tan x}$;

(4) $\lim\limits_{x \to 0} \dfrac{\sin 3x - \sin 5x + 2\sin x}{x}$;

(5) $\lim\limits_{x \to 0} \left(x^2 \csc x \sin \dfrac{1}{x}\right)$;

(6) $\lim\limits_{x \to 0} \left(\dfrac{2 + e^{\frac{1}{x}}}{1 + e^{\frac{4}{x}}} + \dfrac{\sin x}{|x|}\right)$;

(7) $\lim\limits_{x \to \frac{\pi}{4}} (\tan x)^{\tan 2x}$.

2. 利用极限存在准则：

(1) 证明：$\lim\limits_{n \to \infty} n\left(\dfrac{1}{n^2 + \pi} + \dfrac{1}{n^2 + 2\pi} + \cdots + \dfrac{1}{n^2 + n\pi}\right) = 1$;

(2) 证明：$\lim\limits_{n \to \infty} \left(\dfrac{1}{n^2 + n + 1} + \dfrac{2}{n^2 + n + 2} + \cdots + \dfrac{n}{n^2 + n + n}\right) = \dfrac{1}{2}$;

(3) 证明数列 $\sqrt{2}, \sqrt{2 + \sqrt{2}}, \sqrt{2 + \sqrt{2 + \sqrt{2}}}, \cdots$ 极限存在；

(4) 设 $x_1 = 10$，$x_{n+1} = \sqrt{6 + x_n}$ $(n = 1, 2, \cdots)$.
试证数列 $\{x_n\}$ 极限存在，并求此极限；

(5) 已知 $x_1 = 1$, $x_2 = 1 + \dfrac{x_1}{1+x_1}$, $\cdots$, $x_n = 1 + \dfrac{x_{n-1}}{1+x_{n-1}}$, $\cdots$, 证明数列 $\{x_n\}$ 极限存在,并求其极限值.

3. 设 x_0, $y_0 > 0$, $x_{n+1} = \sqrt{x_n y_n}$, $y_{n+1} = \dfrac{x_n + y_n}{2}$, 证明：$\lim\limits_{n\to\infty} x_n = \lim\limits_{n\to\infty} y_n$.

第七节　无穷小的比较及应用

我们知道,有限个无穷小的和、差及乘积仍旧是无穷小,但是,两个无穷小的商,会出现不同的情况,例如

$$\lim_{x\to 0} \frac{x^2}{5x} = 0, \quad \lim_{x\to 0} \frac{5x}{x^2} = \infty, \quad \lim_{x\to 0} \frac{\sin x}{x} = 1.$$

两个无穷小之比的极限的各种不同情况,反映了不同的无穷小趋于零的"快慢"程度,就上面几个例子而言,在 $x \to 0$ 的过程中,$x^2 \to 0$ 比 $5x \to 0$ "快些",反过来 $5x \to 0$ 比 $x^2 \to 0$ "慢些",而 $\sin x \to 0$ 与 $x \to 0$ "快慢"一样.

一、无穷小的比较

我们就无穷小之比的极限存在或为无穷大时,在两个无穷小 α 和 β 之间作比较.应当注意,α 及 β 都是在同一个自变量的变化过程中的无穷小,且 $\alpha \neq 0$,则 $\lim \dfrac{\beta}{\alpha}$ 表示在这个变化过程中的极限.

定义

(1) 如果 $\lim \dfrac{\beta}{\alpha} = 0$,则称 β 是比 α 高阶的无穷小,记作 $\beta = o(\alpha)$.

(2) 如果 $\lim \dfrac{\beta}{\alpha} = \infty$,则称 β 是比 α 低阶的无穷小.

(3) 如果 $\lim \dfrac{\beta}{\alpha} = c \neq 0$,则称 β 与 α 是同阶无穷小;

特别地,如果 $\lim \dfrac{\beta}{\alpha} = 1$,就称 β 与 α 是等价无穷小,记作 $\alpha \sim \beta$.

(4) 如果 $\lim \dfrac{\beta}{\alpha^k} = c \neq 0, k > 0$,则称 β 是关于 α 的 k 阶无穷小.

下面举一些例子:

因为 $\lim\limits_{x \to 0} \dfrac{5x^2}{x} = 0$,所以当 $x \to 0$ 时,$5x^2$ 是比 x 高阶的无穷小,即 $5x^2 = o(x)\ (x \to 0)$.

因为 $\lim\limits_{n \to \infty} \dfrac{\frac{1}{n}}{\frac{1}{n^2}} = \infty$,所以当 $n \to \infty$ 时,$\dfrac{1}{n}$ 是比 $\dfrac{1}{n^2}$ 低阶的无穷小.

因为 $\lim\limits_{x \to 2} \dfrac{x^2 - 4}{x - 2} = 4$,所以当 $x \to 2$ 时,$x^2 - 4$ 与 $x - 2$ 是同阶无穷小.

因为 $\lim\limits_{x \to 0} \dfrac{1 - \cos x}{x^2} = \dfrac{1}{2}$,所以当 $x \to 0$ 时,$1 - \cos x$ 与 x^2 是同阶无穷小.

因为 $\lim\limits_{x \to 0} \dfrac{\sin x}{x} = 1$,所以当 $x \to 0$ 时,$\sin x$ 与 x 是等价无穷小,即 $\sin x \sim x\ (x \to 0)$.

下面再举一个常用的等价无穷小的例子.

例1 证明:当 $x \to 0$ 时,$\sqrt[n]{1+x} - 1 \sim \dfrac{1}{n}x\ (n \in \mathbf{N}^+)$.

证明 因为

$$\lim_{x \to 0} \dfrac{\sqrt[n]{1+x} - 1}{\dfrac{1}{n}x} = \lim_{x \to 0} \dfrac{(\sqrt[n]{1+x})^n - 1}{\dfrac{1}{n}x[\sqrt[n]{(1+x)^{n-1}} + \sqrt[n]{(1+x)^{n-2}} + \cdots + 1]}$$

$$= \lim_{x \to 0} \dfrac{n}{\sqrt[n]{(1+x)^{n-1}} + \sqrt[n]{(1+x)^{n-2}} + \cdots + 1} = 1,$$

所以 $\sqrt[n]{1+x} - 1 \sim \dfrac{1}{n}x\ (x \to 0)$.

进一步可证:当 $x \to 0$ 时,$(1+x)^\alpha - 1 \sim \alpha x\ (\alpha \in \mathbf{R}^*)$.

二、等价无穷小

关于等价无穷小,有下面两个定理.

定理 1 β 与 α 是等价无穷小的充分必要条件为
$$\beta = \alpha + o(\alpha).$$

证明 必要性. 设 $\alpha \sim \beta$,则
$$\lim \frac{\beta - \alpha}{\alpha} = \lim \left(\frac{\beta}{\alpha} - 1 \right) = \lim \frac{\beta}{\alpha} - 1 = 0,$$

因此 $\beta - \alpha = o(\alpha)$,即 $\beta = \alpha + o(\alpha)$.

充分性. 设 $\beta = \alpha + o(\alpha)$,则
$$\lim \frac{\beta}{\alpha} = \lim \frac{\alpha + o(\alpha)}{\alpha} = \lim \left(1 + \frac{o(\alpha)}{\alpha} \right) = 1,$$

因此 $\alpha \sim \beta$. 证毕.

由本节的例可知,当 $x \to 0$ 时,$\sin x \sim x$,$\tan x \sim x$,$\arcsin x \sim x$,$1 - \cos x \sim \frac{1}{2} x^2$,所以当 $x \to 0$ 时有

$$\sin x = x + o(x), \quad \tan x = x + o(x), \quad \arcsin x = x + o(x),$$

$$1 - \cos x = \frac{1}{2} x^2 + o(x^2), \quad (1+x)^{\frac{1}{n}} - 1 = \frac{1}{n} x + o(x).$$

定理 2 设 $\alpha \sim \alpha'$,$\beta \sim \beta'$,且 $\lim \frac{\beta'}{\alpha'}$ 存在,则

$$\lim \frac{\beta}{\alpha} = \lim \frac{\beta'}{\alpha'}.$$

证明 $\lim \frac{\beta}{\alpha} = \lim \left(\frac{\beta}{\beta'} \cdot \frac{\beta'}{\alpha'} \cdot \frac{\alpha'}{\alpha} \right)$

$$= \lim \frac{\beta}{\beta'} \cdot \lim \frac{\beta'}{\alpha'} \cdot \lim \frac{\alpha'}{\alpha} = \lim \frac{\beta'}{\alpha'}.$$

定理 2 表明,在求极限时,两个无穷小之比的极限式中的分子及分

母都可用适当的等价无穷小来代替,可以使计算简化.但须注意,表达式为若干因子的乘积时,则可对其中任一个或 n 个无穷小因子作等价无穷小的极限代换,而不会改变原式的极限.

例2 求 $\lim\limits_{x\to 0}\dfrac{\sin x}{x^3+3x}$.

解 当 $x\to 0$ 时,$\sin x \sim x$,无穷小 x^3+3x 与本身显然是等价的,所以

$$\lim_{x\to 0}\frac{\sin x}{x^3+3x}=\lim_{x\to 0}\frac{x}{x(x^2+3)}=\frac{1}{3}.$$

例3 求 $\lim\limits_{x\to 0}\dfrac{(1+x^2)^{\frac{1}{3}}-1}{(\arcsin x)^2}$.

解 当 $x\to 0$ 时,$(1+x^2)^{\frac{1}{3}}-1\sim\dfrac{1}{3}x^2$,$\arcsin x \sim x$,所以

$$\lim_{x\to 0}\frac{(1+x^2)^{\frac{1}{3}}-1}{(\arcsin x)^2}=\lim_{x\to 0}\frac{\frac{1}{3}x^2}{x^2}=\frac{1}{3}.$$

例4 求 $\lim\limits_{x\to 0^+}(\cos\sqrt{x})^{\frac{1}{\ln(1+x)}}$.

解 $\lim\limits_{x\to 0^+}(\cos\sqrt{x})^{\frac{1}{\ln(1+x)}}=\lim\limits_{x\to 0^+}\left\{[1+(\cos\sqrt{x}-1)]^{\frac{1}{\cos\sqrt{x}-1}}\right\}^{\frac{\cos\sqrt{x}-1}{\ln(1+x)}}$,

由 $\lim\limits_{x\to 0^+}[1+(\cos\sqrt{x}-1)]^{\frac{1}{\cos\sqrt{x}-1}}=\mathrm{e}$,

当 $x\to 0$ 时,$\cos\sqrt{x}-1\sim -\dfrac{(\sqrt{x})^2}{2}$,$\ln(1+x)\sim x$,

$$\lim_{x\to 0^+}\frac{\cos\sqrt{x}-1}{\ln(1+x)}=\lim_{x\to 0^+}\frac{-\dfrac{(\sqrt{x})^2}{2}}{x}=-\frac{1}{2}.$$

最后可得

$$\lim_{x\to 0^+}(\cos\sqrt{x})^{\frac{1}{\ln(1+x)}}=\mathrm{e}^{-\frac{1}{2}}.$$

最后,我们列出常用的等价无穷小:

当 $x \to 0$ 时,
$x \sim \sin x \sim \tan x \sim \arcsin x \sim \arctan x \sim \ln(1+x) \sim e^x - 1$;
$1 - \cos x \sim \dfrac{x^2}{2}$;
$(1+x)^\alpha - 1 \sim \alpha x$ $(\alpha \in \mathbf{R}^*)$;
$a^x - 1 \sim x \ln a$ $(a > 0, a \neq 1)$.

习题 1-7(A)

1. 当 $x \to 0$ 时,$x^2 + x^3$ 与 $x^4 - x^3$ 相比,哪一个是高阶无穷小?

2. 当 $x \to 1$ 时,无穷小 $1-x$ 与 (1) $1-x^3$;(2) $\dfrac{1}{2}(1-x^2)$ 是否同阶?是否等价?

3. 当 $x \to 0$ 时,若 $x - x\cos x$ 与 $\sin(ax^3)$ 等价,求 a 值.

4. 试证:当 $x \to 1$ 时,$1-x$ 与 $a(1-\sqrt[m]{x})$ $(a \neq 0, m$ 是正整数$)$是同阶无穷小. 又问当 a 为何值时,它们是等价无穷小.

5. 证明:当 $x \to 0$ 时,下列各对无穷小是等价的:

(1) $\arctan x \sim x$;

(2) $1 - \cos x \sim \dfrac{x^2}{2}$;

(3) $\sqrt{1+x} - 1 \sim \dfrac{1}{2}x$;

(4) $\arctan x \sim \arcsin x$.

6. 利用等价无穷小的性质,求下列极限:

(1) $\lim\limits_{x \to 0} \dfrac{\tan 3x}{2x}$;

(2) $\lim\limits_{x \to 0} \dfrac{\sin(x^n)}{(\sin x)^m}$ (n, m 为正整数);

(3) $\lim\limits_{x \to 0} \dfrac{1 - \cos x}{\sin x^2}$;

(4) $\lim\limits_{x \to 0} \dfrac{\tan x - \sin x}{\sin^3 x}$;

(5) $\lim\limits_{x \to 0} \dfrac{\sin ax + x^2}{\tan bx}$;

(6) $\lim\limits_{x \to 0} \dfrac{\sqrt{1+x+x^2} - 1}{\sin 2x}$.

习题 1-7(B)

1. 求下列极限:

(1) $\lim\limits_{x \to 0} \dfrac{\ln(1+2x)}{\sin 3x}$;

(2) $\lim\limits_{x \to 1} \dfrac{e^x - e}{(x+1)(x-1)}$;

(3) $\lim\limits_{x \to +\infty} x[\ln(2x+1) - \ln(2x)]$;

(4) $\lim\limits_{x \to 0}(1 - \cos x)\cot x$;

(5) $\lim\limits_{x\to 0}\dfrac{2-2\cos x^2}{x^2\sin x^2}$;

(6) $\lim\limits_{x\to 0}\dfrac{\cos^2 x-\cos x}{2x^2}$;

(7) $\lim\limits_{x\to\infty}x^2(e^{\frac{1}{x}}-1)$;

(8) $\lim\limits_{x\to 0}\dfrac{e^{\sin x}-e^x}{\sin x-x}$.

2. 设 $x\to x_0$ 时，$\alpha(x)\to 0$，$\beta(x)\to 0$，并且 $\alpha(x)\sim\beta(x)$，试证：

(1) $[1+\alpha(x)]^m-1\sim[1+\beta(x)]^m-1$；

(2) $\ln[1+\alpha(x)]\sim\ln[1+\beta(x)]$；

(3) $e^{\alpha(x)}-1\sim e^{\beta(x)}-1$.

3. 设当 $x\to x_0$ 时，α 是比无穷小 β 高阶的无穷小，且 $\beta\sim\beta_1$，试证：$\alpha+\beta\sim\beta_1$.

4. 设 $\alpha(x)$、$\beta(x)$ 是当 $x\to x_0$ 时的无穷小，且 $\lim\limits_{x\to x_0}\dfrac{\alpha(x)}{\beta(x)}=A(\neq 1)$，且 $\alpha(x)\sim\alpha_1(x)$，$\beta(x)\sim\beta_1(x)$，试证：

$$\alpha(x)-\beta(x)\sim\alpha_1(x)-\beta_1(x).$$

5. 设 $P(x)$ 是多项式，且 $\lim\limits_{x\to\infty}\dfrac{P(x)-2x^3}{x^2}=1$，$\lim\limits_{x\to 0}\dfrac{P(x)}{x}=3$，求 $P(x)$.

6. 设 $\lim\limits_{x\to 0}\dfrac{\ln\left(1+\dfrac{f(x)}{x}\right)}{a^x-1}=A$ ($a>0$, $a\neq 1$, A 为常数). 求 $\lim\limits_{x\to 0}\dfrac{f(x)}{x^2}$.

第八节 函数的连续性与间断点

本节应用极限概念来定义函数的连续性，讨论连续函数的运算性质．

一、函数的连续性

1. 函数在一点处连续的定义

自然界中有许多现象，如气温的变化、河水的流动、植物的生长等等，都是连续地变化着的．这种现象在函数关系上的反映，就是函数的连续性．例如就气温的变化来看，当时间变动很微小时，气温的变化也很微小，这种特点就是所谓的连续性．下面我们先引入增量的概念，然后来描述连续性，并引出函数的连续性的定义．

设变量 u 从它的一个初值 u_1 变到终值 u_2，终值与初值的差 u_2-u_1 就叫做变量 u 的增量，记作 Δu，即

$$\Delta u = u_2 - u_1.$$

增量 Δu 可以是正的,也可以是负的.在 Δu 为正的情形,变量 u 从 u_1 变到 $u_2 = u_1 + \Delta u$ 时是增大的;当 Δu 为负时,变量 u 是减小的.

现在假定函数 $y = f(x)$ 在点 x_0 的某一个邻域内是有定义的.当自变量 x 在这邻域内从 x_0 变到 $x_0 + \Delta x$ 时,函数 y 相应地从 $f(x_0)$ 变到 $f(x_0 + \Delta x)$,因此函数 y 的对应增量为

$$\Delta y = f(x_0 + \Delta x) - f(x_0).$$

这个关系式的几何解释如图 1-25 所示.

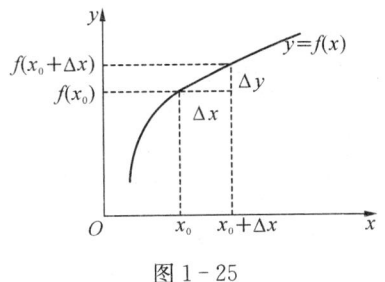

图 1-25

假设在 x_0 处自变量 x 的增量 Δx 变化,一般说来,函数 y 的增量 Δy 也随之变化.现在我们对连续性的概念可以这样描述:如果当 Δx 趋于零时,函数 y 的对应增量 Δy 也趋于零,即

$$\lim_{\Delta x \to 0} \Delta y = 0$$

或

$$\lim_{\Delta x \to 0} [f(x_0 + \Delta x) - f(x_0)] = 0, \tag{1}$$

那么就称函数 $y = f(x)$ 在点 x_0 处是连续的,即有下述定义:

定义 1 设函数 $y = f(x)$ 在点 x_0 的某一个邻域内有定义,如果

$$\lim_{\Delta x \to 0} \Delta y = \lim_{\Delta x \to 0} [f(x_0 + \Delta x) - f(x_0)] = 0,$$

那么就称函数 $y = f(x)$ 在点 x_0 连续.

为了应用方便起见,下面把函数 $y = f(x)$ 在点 x_0 连续的定义用

另一种方式来叙述.

设 $x = x_0 + \Delta x$,则 $\Delta x \to 0$ 就是 $x \to x_0$. 又由于
$$\Delta y = f(x_0 + \Delta x) - f(x_0) = f(x) - f(x_0),$$
可见 $\Delta y \to 0$ 就是 $f(x) \to f(x_0)$,因此(1)式与
$$\lim_{x \to x_0} f(x) = f(x_0)$$
等价. 所以,函数 $y = f(x)$ 在点 x_0 连续有如下定义:

定义 2 设函数 $y = f(x)$ 在点 x_0 的某一邻域内有定义,如果
$$\lim_{x \to x_0} f(x) = f(x_0), \tag{2}$$
那么就称函数 $f(x)$ 在点 x_0 连续.

函数 $f(x)$ 在 x_0 处连续的定义也可用"ε-δ"语言表述如下:

$f(x)$ 在点 x_0 连续 $\Leftrightarrow \forall \varepsilon > 0, \exists \delta > 0$,当 x 满足不等式 $|x - x_0| < \delta$ 时,有 $|f(x) - f(x_0)| < \varepsilon$.

下面说明左连续及右连续的概念.

如果 $\lim_{x \to x_0^-} f(x)$ 存在且等于 $f(x_0)$,那么就称函数 $f(x)$ 在点 x_0 左连续. 如果 $\lim_{x \to x_0^+} f(x)$ 存在且等于 $f(x_0)$,那么就称函数 $f(x)$ 在点 x_0 右连续.

由于 $\lim_{x \to x_0} f(x)$ 存在的充分必要条件是 $\lim_{x \to x_0^-} f(x) = \lim_{x \to x_0^+} f(x)$,因此根据连续函数的定义,我们可推出结论:如果 $f(x)$ 在 x_0 的某邻域内有定义,则它在 x_0 处连续的充分必要条件是它在 x_0 左连续并且右连续.

2. 区间上的连续函数

在区间上每一点都连续的函数,叫做在该区间上的连续函数,或者说函数在该区间上连续. 如果区间包括端点,那么函数在右端点连续是指左连续,在左端点连续是指右连续.

从几何上看,连续函数的图像是一条连续而不间断的曲线.

在第五节中,我们曾经证明:如果 $f(x)$ 是有理整函数(多项式),

则对于任意的实数 x_0,都有 $\lim\limits_{x \to x_0} f(x) = f(x_0)$,因此有理整函数在区间 $(-\infty, +\infty)$ 内是连续的. 对于有理分式函数 $\dfrac{P_n(x)}{Q_m(x)}$,只要 $Q_m(x_0) \neq 0$,就有 $\lim\limits_{x \to x_0} \dfrac{P_n(x)}{Q_m(x)} = \dfrac{P_n(x_0)}{Q_m(x_0)}$,因此有理分式函数在其定义域的每一点都是连续的.

例 1 证明:函数 $y = \sin x$ 在区间 $(-\infty, +\infty)$ 内是连续的.

证明 设 x 是区间 $(-\infty, +\infty)$ 内任意取定的一点,当 x 有增量 Δx 时,对应的函数的增量为

$$\Delta y = \sin(x + \Delta x) - \sin x = 2\sin\dfrac{\Delta x}{2}\cos\left(x + \dfrac{\Delta x}{2}\right),$$

由于

$$\left|\cos\left(x + \dfrac{\Delta x}{2}\right)\right| \leqslant 1,$$

因此

$$|\Delta y| \leqslant 2\left|\sin\dfrac{\Delta x}{2}\right|.$$

又因为

$$|\sin \alpha| < |\alpha| \quad (\alpha \neq 0),$$

所以

$$0 \leqslant |\Delta y| < |\Delta x|,$$

因此,当 $\Delta x \to 0$ 时,由夹逼准则得 $|\Delta y| \to 0$,这就证明了 $y = \sin x$ 对于 $\forall x \in (-\infty, +\infty)$ 是连续的.

类似地可以证明,函数 $y = \cos x$ 在区间 $(-\infty, +\infty)$ 内是连续的.

二、函数的间断点

按照连续性定义,函数 $f(x)$ 在点 x_0 连续必须满足三个条件:

(1) 函数 $f(x)$ 在点 x_0 有定义,即 $f(x_0)$ 为有限值;

(2) 函数 $f(x)$ 在点 x_0 的极限 $\lim\limits_{x \to x_0} f(x)$ 存在;

(3) 函数 $f(x)$ 在点 x_0 的极限值与 $f(x)$ 在点 x_0 的函数值相等.

三者缺一不可. 否则,就称点 x_0 是函数 $f(x)$ 的不连续点,亦称间断点.

通常将间断点分成两类：设 x_0 是函数 $f(x)$ 的间断点，

(1) 若函数 $f(x)$ 在点 x_0 的左右极限都存在，则称间断点 x_0 为函数 $f(x)$ 的第一类间断点. 特别地，若左右极限存在且相等，则称间断点 x_0 为可去间断点；若左右极限存在但不相等，则称间断点 x_0 为跳跃间断点.

(2) 非第一类间断点的任何间断点，即至少有一个单侧极限不存在的间断点，称为第二类间断点.

下面举例来说明函数间断点的类型.

例2 函数 $y = e^{\frac{1}{x}}$ 在 $x = 0$ 处没有定义，所以 $x = 0$ 是函数 $e^{\frac{1}{x}}$ 的间断点. 因为

$$\lim_{x \to 0^-} e^{\frac{1}{x}} = 0, 但 \lim_{x \to 0^+} e^{\frac{1}{x}} = +\infty.$$

所以称 $x = 0$ 为函数 $y = e^{\frac{1}{x}}$ 的第二类间断点(见图1-20).

例3 函数 $y = \sin \frac{1}{x}$ 在点 $x = 0$ 没有定义；当 $x \to 0$ 时，函数值在 -1 与 $+1$ 之间变动无限多次(图1-26)，所以点 $x = 0$ 称为函数 $\sin \frac{1}{x}$ 的振荡间断点，是第二类间断点.

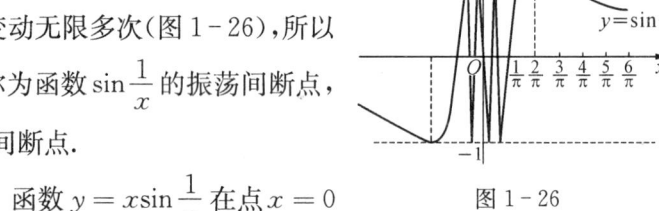

图1-26

例4 函数 $y = x\sin \frac{1}{x}$ 在点 $x = 0$ 没有定义，所以函数在 $x = 0$ 不连续，但

$$\lim_{x \to 0} x\sin \frac{1}{x} = 0.$$

如果补充定义：令 $x = 0$ 时，$y = 0$，则所给函数在 $x = 0$ 成为连续. 所以 $x = 0$ 称为该函数的可去间断点，属于第一类间断点.

例5 函数

$$y = f(x) = \begin{cases} x, & x \neq 1; \\ \dfrac{1}{2}, & x = 1. \end{cases}$$

这里 $\lim\limits_{x \to 1} f(x) = \lim\limits_{x \to 1} x = 1$,但 $f(1) = \dfrac{1}{2}$,所以

$$\lim_{x \to 1} f(x) \neq f(1).$$

因此,点 $x = 1$ 是函数 $f(x)$ 的间断点(图 1-27),但如果改变函数 $f(x)$ 在 $x = 1$ 处的定义:令 $f(1) = 1$,则 $f(x)$ 在 $x = 1$ 成为连续.所以 $x = 1$ 也称为该函数的可去间断点.

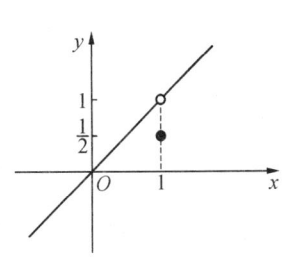

图 1-27

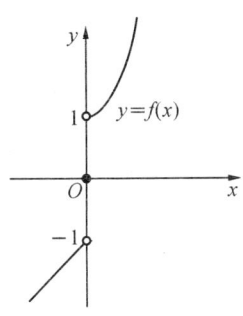

图 1-28

例 6 函数

$$f(x) = \begin{cases} x - 1, & x < 0; \\ 0, & x = 0; \\ x^2 + 1, & x > 0. \end{cases}$$

这里,当 $x \to 0$ 时,

$$\lim_{x \to 0^-} f(x) = \lim_{x \to 0^-} (x - 1) = -1,$$

$$\lim_{x \to 0^+} f(x) = \lim_{x \to 0^+} (x^2 + 1) = 1.$$

左极限与右极限虽然都存在,但不相等,故极限 $\lim\limits_{x \to 0} f(x)$ 不存在,所以

点 $x=0$ 是函数 $f(x)$ 的间断点(图 1-28). 因 $y=f(x)$ 的图像在 $x=0$ 处产生跳跃现象,我们称 $x=0$ 为函数 $f(x)$ 的跳跃间断点,属于第一类间断点.

习题 1-8(A)

1. 设 $f(x)=\begin{cases}\dfrac{\cos x}{x+2}, & x\geqslant 0; \\ \dfrac{\sqrt{a}-\sqrt{a-x}}{x}, & x<0\ (a>0).\end{cases}$

问 a 为什么值时,$f(x)$ 在 $x=0$ 处连续?

2. 讨论函数

$$f(x)=\begin{cases}e^{\frac{1}{x}}, & x<0; \\ 0, & x=0; \\ x\sin\dfrac{1}{x}, & x>0\end{cases}$$

在 $x=0$ 处的连续性.

3. 下列函数在指出的点处间断,试说明这些点属于哪一类间断点,如果是可去间断点,则补充或改变函数的定义使它连续.

(1) $y=\dfrac{x^2-1}{x^2-3x+2}$, $x=1$, $x=2$;

(2) $y=\dfrac{x}{\tan x}$, $x=k\pi$, $x=k\pi+\dfrac{\pi}{2}$ $(k=0,\pm 1,\pm 2,\cdots)$;

(3) $y=\begin{cases}x-1, & x\leqslant 1, \\ 3-x, & x>1,\end{cases}$ $x=1$;

(4) $y=\cos^2\dfrac{1}{x}$, $x=0$.

4. 求下列函数的间断点,并确定其所属类型,如果是可去间断点,则补充定义使它连续.

(1) $y=\dfrac{x^2-1}{x^3-1}$;

(2) $y=\dfrac{1-\cos x}{x^2}$;

(3) $y=\dfrac{\cos\dfrac{\pi}{2}x}{x^2(x-1)}$;

(4) $y=\dfrac{x^2-2x}{|x|(x^2-4)}$;

(5) $y = \arctan \dfrac{1}{x}$; (6) $y = \dfrac{x-a}{|x-a|}$;

(7) $y = \dfrac{1}{1+e^{\frac{1}{1-x}}}$; (8) $y = \begin{cases} \dfrac{1}{1+x}, & x \leqslant 0, \\ \dfrac{\sin x}{x}, & x > 0. \end{cases}$

习题 1-8(B)

1. 讨论函数 $f(x) = \lim\limits_{n \to \infty} \dfrac{1-x^{2n}}{1+x^{2n}}$ 的连续性. 若有间断点,试判别其类型.

2. 当 a 为何值时,
$$f(x) = \begin{cases} \dfrac{\cos 2x - \cos 3x}{x^2}, & x \neq 0; \\ a, & x = 0. \end{cases}$$
在 $x=0$ 处连续.

3. 当 a 为何值时,
$$f(x) = \begin{cases} \sin ax, & x < 1; \\ a(x-1) - 1, & x \geqslant 1 \end{cases}$$
在 $x=1$ 处连续.

4. 设
$$f(x) = \begin{cases} a + \arccos x, & -1 < x < 1; \\ b, & x = -1; \\ \sqrt{x^2-1}, & -\infty < x < -1. \end{cases}$$
试确定 a、b,使 $f(x)$ 在 $x=-1$ 处连续.

5. 试确定 a、b 的值,使
$$f(x) = \dfrac{e^x - b}{(x-a)(x-1)}$$

(1) 在 $x=0$ 处为无穷间断;
(2) 在 $x=1$ 处为可去间断.

第九节 连续函数的运算与初等函数的连续性

一、连续函数的和、差、积、商的连续性

由函数在某点连续的定义和极限的四则运算法则,立即可得出下面的定理.

定理 1 设函数 $f(x)$ 和 $g(x)$ 在点 x_0 连续,则它们的和(差) $f \pm g$、积 $f \cdot g$ 及商 $\dfrac{f}{g}$(当 $g(x_0) \neq 0$ 时)都在点 x_0 连续.

例 1 因 $\sin x$ 和 $\cos x$ 都在区间 $(-\infty, +\infty)$ 内连续(第八节),对 $\tan x = \dfrac{\sin x}{\cos x}$,$\cot x = \dfrac{\cos x}{\sin x}$,由定理 1 知 $\tan x$ 和 $\cot x$ 在它们的定义域内是连续的.

二、反函数与复合函数的连续性

复合函数和反函数的概念已经在第一节中讲过,这里来讨论它们的连续性.

定理 2 设函数 $y = f(x)$ 在区间 I_x 上单调增加(或单调减少)且连续,则它的反函数 $x = f^{-1}(y)$ 也在对应的区间 $I_y = \{y \mid y = f(x), x \in I_x\}$ 上单调增加(或单调减少)且连续.

证明从略.

例 2 由于 $y = \sin x$ 在闭区间 $\left[-\dfrac{\pi}{2}, \dfrac{\pi}{2}\right]$ 上单调增加且连续,所以它的反函数 $y = \arcsin x$ 在闭区间 $[-1, 1]$ 上也是单调增加且连续的.

同样,应用定理 2 可证:$y = \arccos x$ 在闭区间 $[-1, 1]$ 上单调减少且连续;$y = \arctan x$ 在区间 $(-\infty, +\infty)$ 内单调增加且连续;$y = \operatorname{arccot} x$ 在区间 $(-\infty, +\infty)$ 内单调减少且连续.

总之,反三角函数 $\arcsin x$,$\arccos x$,$\arctan x$,$\operatorname{arccot} x$ 在它们的

定义域内都是连续的.

定理 3 设函数 $y = f(u)$ 在 $u = u_0$ 处连续,$u = g(x)$ 在 x_0 处极限存在且为 u_0,即 $\lim\limits_{u \to u_0} f(u) = f(u_0)$,$\lim\limits_{x \to x_0} g(x) = u_0$,则复合函数 $y = f(g(x))$ 在 x_0 处极限存在,其中 $\overset{\circ}{U}(x_0) \subset D_{f \circ g}$,且有 $\lim\limits_{x \to x_0} f(g(x)) = \lim\limits_{u \to u_0} f(u) = f(u_0)$.

证明 由于 $\lim\limits_{u \to u_0} f(u) = f(u_0)$,故 $\forall \varepsilon > 0$,$\exists \eta > 0$,当 $|u - u_0| < \eta$ 时成立

$$|f(u) - f(u_0)| < \varepsilon,$$

又 $\lim\limits_{x \to x_0} g(x) = u_0$,对上述 $\eta > 0$,$\exists \delta > 0$,当 $0 < |x - x_0| < \delta$ 时成立

$$|g(x) - u_0| < \eta,$$

于是,当 $x \in \overset{\circ}{U}(x_0)$ 时,$\forall \varepsilon > 0$,$\exists \delta > 0$,当 $0 < |x - x_0| < \delta$ 时,同时满足 $|u - u_0| < \eta$,有

$$|f(g(x)) - f(u_0)| = |f(u) - f(u_0)| < \varepsilon.$$

证毕.

例 3 求 $\lim\limits_{x \to 4} \sqrt{\dfrac{x-4}{x^2-16}}$.

解 $y = \sqrt{\dfrac{x-4}{x^2-16}}$,由 $y = \sqrt{u}$ 与 $u = \dfrac{x-4}{x^2-16}$ 复合而成,因为 $\lim\limits_{x \to 4} \dfrac{x-4}{x^2-16} = \dfrac{1}{8}$,而函数 $y = \sqrt{u}$ 在点 $u = \dfrac{1}{8}$ 连续,所以,$\lim\limits_{x \to 4} \sqrt{\dfrac{x-4}{x^2-16}} = \sqrt{\lim\limits_{x \to 4} \dfrac{x-4}{x^2-16}} = \sqrt{\dfrac{1}{8}} = \dfrac{\sqrt{2}}{4}$.

定理 4 设函数 $y = f(u)$ 在 $u = u_0$ 处连续,$u = g(x)$ 在 x_0 处连续,则复合函数 $y = f(g(x))$ 在 x_0 处连续,其中 $U(x_0) \subset D_{f \circ g}$.

证明 只要在定理 3 中令 $u_0 = g(x_0)$,它表示 $g(x)$ 在点 x_0 连续,

于是由(1)式得
$$\lim_{x \to x_0} f(g(x)) = f(u_0) = f(g(x_0)).$$

这就证明了复合函数 $f(g(x))$ 在点 x_0 连续.

例 4 讨论函数 $y = \sin \dfrac{1}{x}$ 的连续性.

解 函数 $y = \sin \dfrac{1}{x}$,由 $y = \sin u$ 及 $u = \dfrac{1}{x}$ 复合而成的. $\sin u$ 当 $-\infty < u < +\infty$ 时是连续的,$u = \dfrac{1}{x}$ 当 $-\infty < x < 0$ 和 $0 < x < +\infty$ 时是连续的. 根据定理 4,函数 $\sin \dfrac{1}{x}$ 在无限区间 $(-\infty, 0)$ 和 $(0, +\infty)$ 内是连续的.

三、初等函数的连续性

前面讨论了三角函数及反三角函数在它们的定义域内是连续的.

指数函数 $a^x (a > 0, a \neq 1)$ 对于一切实数 x 都有定义,且在区间 $(-\infty, +\infty)$ 内是单调的和连续的,它的值域为 $(0, +\infty)$.

由指数函数的单调性和连续性,用定理 2 可得:对数函数 $\log_a x$ $(a > 0, a \neq 1)$ 在区间 $(0, +\infty)$ 内单调且连续.

幂函数 $y = x^\mu (\mu \neq 0)$ 的定义域随 μ 的值而异,但无论 μ 为何值,在区间 $(0, +\infty)$ 内幂函数总是有定义的,并在 $(0, +\infty)$ 内幂函数是连续的. 事实上,设 $x > 0$,则
$$y = x^\mu = a^{\mu \log_a x},$$

因此,幂函数 x^μ 可看作是由 $y = a^u$, $u = \mu \log_a x$ 复合而成的,由此,根据定理 4,它在 $(0, +\infty)$ 内连续. 如果对于 μ 取各种不同值加以分别讨论,可以证明(证明从略)幂函数在它的定义域内是连续的.

综合起来得到:**基本初等函数在它们的定义域内都是连续的.**

最后,根据第一节中关于初等函数的定义,由基本初等函数的连续性以及本节定理 1、4 可得下列重要结论:**一切初等函数在其定义区间**

内都是连续的. 所谓定义区间,就是包含在定义域内的区间.

根据函数 $f(x)$ 在点 x_0 连续的定义,如果已知 $f(x)$ 在点 x_0 连续,则有

$$\lim_{x \to x_0} f(x) = f(x_0).$$

因此计算 $f(x)$ 在连续点 x_0 的极限,只要计算出 $f(x)$ 在 x_0 的值,即可由上述结论,对初等函数 $f(x)$,只要 $x_0 \in D_f$,则求 $\lim\limits_{x \to x_0} f(x)$ 时,只须计算函数值 $f(x_0)$.

例 5 求 $\lim\limits_{x \to 0} \sqrt{1-x^2}$.

解 $f(x) = \sqrt{1-x^2}$ 是初等函数,定义区间为 $[-1, 1]$,$0 \in [-1, 1]$,所以 $\lim\limits_{x \to 0} \sqrt{1-x^2} = \sqrt{1-x^2}\big|_{x=0} = 1.$

例 6 求 $\lim\limits_{x \to \frac{\pi}{2}} \ln\sin x$.

解 $g(x) = \ln\sin x$ 是初等函数,$(0, \pi)$ 是其定义区间,$\frac{\pi}{2} \in (0, \pi)$,所以 $\lim\limits_{x \to \frac{\pi}{2}} \ln\sin x = \ln\sin x\big|_{x=\frac{\pi}{2}} = \ln\sin \frac{\pi}{2} = 0.$

例 7 求 $\lim\limits_{x \to 0} \dfrac{a^x - 1}{x}$ (其中 $a > 0, a \neq 1$).

解 令 $a^x - 1 = t$,则 $x = \log_a(1+t)$,$x \to 0$ 时 $t \to 0$,于是

$$\lim_{x \to 0} \frac{a^x - 1}{x} = \lim_{t \to 0} \frac{t}{\log_a(1+t)} = \lim_{t \to 0} \frac{1}{\log_a(1+t)^{\frac{1}{t}}}$$

$$= \frac{1}{\log_a e} = \ln a.$$

习题 $1-9$(A)

1. 求函数 $f(x) = \dfrac{x^3 + 3x^2 - x - 3}{x^2 + x - 6}$ 的连续区间,并求极限 $\lim\limits_{x \to 0} f(x)$,$\lim\limits_{x \to -3} f(x)$,$\lim\limits_{x \to 2} f(x)$.

2. 求 $f(x) = \begin{cases} \dfrac{\sqrt{x+1}-1}{\sin x}, & x > 0; \\ 2x^2 - 1, & -1 \leqslant x \leqslant 0; \\ \dfrac{\sin(x+1)}{x+1}, & x \leqslant -1; \end{cases}$ 的连续区间.

3. 求下列极限:

(1) $\lim\limits_{x \to \pi} e^{\cos\frac{x}{2}} \sin\dfrac{3x}{2}$;

(2) $\lim\limits_{x \to +\infty} \dfrac{e^{\sqrt{1+x}}}{e^{\sqrt{x}}}$;

(3) $\lim\limits_{x \to +\infty} x[\ln(x+h) - \ln x]$;

(4) $\lim\limits_{x \to \infty} x(1 - e^{\frac{1}{x}})$;

(5) $\lim\limits_{x \to \frac{\pi}{4}} \dfrac{\sin 2x}{2\cos(\pi - x)}$;

(6) $\lim\limits_{x \to 0} \dfrac{x^2}{1 - \sqrt{1+x^2}}$;

(7) $\lim\limits_{x \to +\infty} (\sqrt{x^2 + x} - \sqrt{x^2 - x})$;

(8) $\lim\limits_{x \to 0} e^{\frac{1}{x}}$;

(9) $\lim\limits_{x \to 0} \left(\dfrac{a^x + b^x}{2}\right)^{\frac{1}{x}}$;

(10) $\lim\limits_{x \to 0} (1 + 5x + 6x^2)^{\frac{1}{x}}$;

(11) $\lim\limits_{x \to -\infty} \dfrac{\sqrt{x^2 - 2x}}{x}$;

(12) $\lim\limits_{x \to 0} \dfrac{x + \ln(1+x)}{2x - \ln(1+x)}$.

4. 设函数

$$f(x) = \begin{cases} e^x, & x < 0; \\ x + a, & x \geqslant 0. \end{cases}$$

试确定数 a, 使 $f(x)$ 在 $(-\infty, +\infty)$ 内连续.

5. 设函数

$$f(x) = \begin{cases} e^{-x}, & x < 0; \\ \ln(a + x), & x \geqslant 0. \end{cases}$$

试问 a 为何值时, $f(x)$ 在数轴上处处连续?

习题 1-9(B)

1. 研究下列函数的连续性, 若有间断点, 判别其类型:

(1) $f(x) = \dfrac{2^{\frac{1}{x}} - 1}{2^{\frac{1}{x}} + 1}$;

(2) $f(x) = \begin{cases} \cos\dfrac{\pi}{2}x, & |x| \leqslant 1, \\ |x - 1|, & |x| > 1; \end{cases}$

(3) $f(x) = \begin{cases} \dfrac{1}{1 + 2^{\frac{1}{x}}}, & x \neq 0, \\ 3, & x = 0; \end{cases}$

(4) $f(x) = \lim\limits_{n \to \infty} \dfrac{1 - x^{2n}}{1 + x^{2n}} x$;

(5) $f(x) = \lim\limits_{n\to\infty} \sqrt[n]{1+x^{2n}}$.

2. 试确定 a、b，使 $f(x) = \lim\limits_{n\to\infty} \dfrac{x^{2n-1}+ax^2+bx}{x^{2n}+1}$ 为连续函数.

3. 计算下列极限：

(1) $\lim\limits_{x\to 1} x^{\frac{1}{1-x}}$;

(2) $\lim\limits_{x\to 0}(\cos x)^{\cot^2 x}$;

(3) $\lim\limits_{x\to a}\left(\dfrac{\sin x}{\sin a}\right)^{\frac{1}{x-a}}$;

(4) $\lim\limits_{x\to +\infty}(\sin\sqrt{x+1}-\sin\sqrt{x})$;

(5) $\lim\limits_{x\to +\infty}[\sin\ln(x+1)-\sin\ln x]$;

(6) $\lim\limits_{x\to 1}\dfrac{\sin(1-x)}{\sqrt{x}-1}$;

(7) $\lim\limits_{x\to 0}\dfrac{\sqrt{1+\tan x}-\sqrt{1+\sin x}}{x\sqrt{1+\sin^2 x}-x}$;

(8) $\lim\limits_{x\to 0}\left[\dfrac{\pi}{4x}-\dfrac{\pi}{2x(\mathrm{e}^{\pi x}+1)}\right]$.

4. 已知 $\lim\limits_{n\to\infty}(2n+1)a_n = 1$. 求 $\lim\limits_{n\to\infty} na_n$.

第十节　闭区间上连续函数的性质

前面已说明了函数在区间上连续的概念，如果函数 $f(x)$ 在开区间 (a,b) 内连续，在右端点 b 左连续，在左端点 a 右连续，那么函数 $f(x)$ 就是在闭区间 $[a,b]$ 上连续的. 在闭区间上连续的函数有一些重要的性质，它们在今后的学习中有重要的应用.

一、有界性定理

定理 1(有界性定理)　设函数 $f(x)$ 在闭区间 $[a,b]$ 上连续，则它在 $[a,b]$ 上有界.

即 $\exists K > 0$，$\forall x \in [a,b]$ 有
$$|f(x)| \leqslant K.$$

证明从略.

开区间上的连续函数就不一定是有界的. 例如，函数 $f(x) = \dfrac{1}{x}$ 在开区间 $(0,1)$ 上连续，但显然是无界的.

二、最大值和最小值定理

先说明最大值和最小值的概念. 对于在区间 I 上有定义的函数 $f(x)$,如果有 $x_0 \in I$,使得对于任一 $x \in I$ 都有

$$f(x) \leqslant f(x_0) \quad (f(x) \geqslant f(x_0)),$$

则称 $f(x_0)$ 是函数 $f(x)$ 在区间 I 上的最大值(最小值).

例如,函数 $f(x) = \sin x$ 在区间 $[0, 2\pi]$ 上有最大值 1 和最小值 -1. 又例如,函数 $f(x) = \operatorname{sgn} x$ 在区间 $(-\infty, +\infty)$ 内有最大值 1 和最小值 -1.

定理 2(最大值和最小值定理) 设函数 $f(x)$ 在闭区间 $[a, b]$ 上连续,则它在 $[a, b]$ 上必能取到最大值和最小值,即存在 $\xi, \eta \in [a, b]$,对于一切 $x \in [a, b]$ 成立

$$f(\xi) \leqslant f(x) \leqslant f(\eta).$$

证明从略,从图 1-29 上可直观了解.

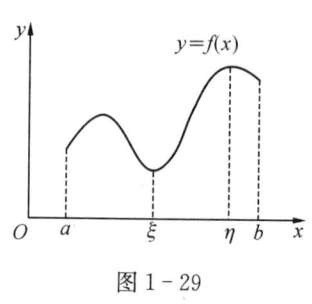

图 1-29

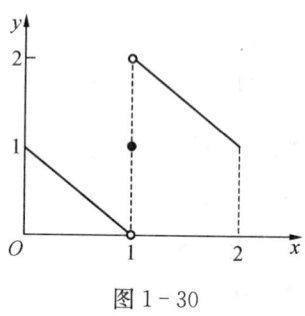

图 1-30

定理 2 可简述为:
$f \in C[a, b] \Rightarrow \exists \xi, \eta \in [a, b]$,使得

$$\max_{x \in [a,b]} \{f(x)\} = f(\eta), \quad \min_{x \in [a,b]} \{f(x)\} = f(\xi).$$

如果函数在开区间内连续,或函数在闭区间上有间断点,那么函数在该区间上不一定有最大值或最小值. 例如,$f(x) = x$ 在 $(0, 1)$ 连续

而且有界,但是在(0,1)内没有最大值和最小值. 又如函数

$$y = f(x) = \begin{cases} -x+1, & 0 \leqslant x < 1; \\ 1, & x = 1; \\ -x+3, & 1 < x \leqslant 2. \end{cases}$$

在闭区间$[0,2]$上有间断点$x=1$,这函数$f(x)$在闭区间$[0,2]$上虽然有界,但是既无最大值又无最小值(图 1-30).

三、零点存在定理

如果$f(x_0) = 0$,则x_0称为函数$f(x)$的零点.

定理 3(零点存在定理) 设函数$f(x)$在闭区间$[a,b]$上连续,且$f(a) \cdot f(b) < 0$,则至少存在一点$\xi \in (a,b)$,使$f(\xi) = 0$.

证明从略.

从几何上看,定理表示:如果连续曲线$y = f(x)$的两个端点位于x轴的两侧,那么这段曲线与x轴至少有一个交点(图 1-31).

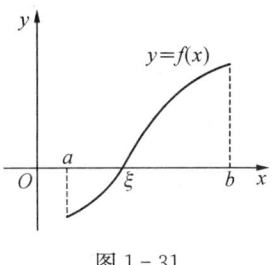

图 1-31

四、中间值定理

定理 4(中间值定理) 设函数$f(x)$在闭区间$[a,b]$上连续,则它一定能取到最大值M和最小值m之间的任何一个值.

证明 由最大值、最小值定理,存在$\xi, \eta \in [a,b]$,使得

$$f(\xi) = m, f(\eta) = M.$$

不妨设$\xi < \eta$,对任何一个中间值$c, m < c < M$,考察辅助函数

$$\varphi(x) = f(x) - c.$$

因为$\varphi(x)$在闭区间$[\xi, \eta]$上连续,$\varphi(\xi) = f(\xi) - c < 0$,$\varphi(\eta) = f(\eta) - c > 0$,由零点存在定理,必有$\zeta \in (\xi, \eta)$,使得

$$\varphi(\zeta) = 0,$$

即 $f(\zeta) = c.$

定理 4 的几何意义是,连续曲线 $y = f(x)$ 与水平直线 $y = c$ 至少相交于一点(图 1-32).

例 1 证明方程 $2x^3 - 3x^2 - 3x + 2 = 0$ 在 $(0, 1)$ 内至少有一个根.

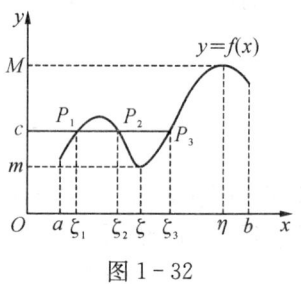

图 1-32

证明 由于函数 $f(x) = 2x^3 - 3x^2 - 3x + 2$ 在闭区间 $[0, 1]$ 上连续,又

$$f(0) = 2 > 0, \quad f(1) = -2 < 0,$$

所以由零点存在定理,在 $(0, 1)$ 内至少存在一点 ξ,使得

$$f(\xi) = 0,$$

即

$$2\xi^3 - 3\xi^2 - 3\xi + 2 = 0 \quad (0 < \xi < 1).$$

这个等式说明方程 $2x^3 - 3x^2 - 3x + 2 = 0$ 在区间 $(0, 1)$ 内至少有一个根.

五、一致连续性

函数 $f(x)$ 在区间 I 上连续,是指 $f(x)$ 在该区间上的每一点连续. 而 $f(x)$ 在一点 x_0 的连续,可以表述为:

$\forall \varepsilon > 0, \exists \delta > 0$,当 $|x - x_0| < \delta$ 时,成立 $|f(x) - f(x_0)| < \varepsilon$.

需要强调的是,这里 δ 的选取与两个因素有关:一是它依赖于 ε 的大小,二是它依赖于所讨论的点 x_0. 也就是说,即使对同一个 ε,在不同的 x_0 处,使 $|f(x) - f(x_0)| < \varepsilon$ 的 x 的允许取值范围是不同的,所以准确地说,δ 应表述为 $\delta = \delta(x_0, \varepsilon)$.

这样就产生一个问题,对任意给定的 $\varepsilon > 0$,能否找到一个只与 ε 有关,而对区间上一切点都适用的 $\delta = \delta(\varepsilon) > 0$,只要 x_1、x_2 满足 $|x_1 - x_2| < \delta$,就能保证不等式 $|f(x_1) - f(x_2)| < \varepsilon$ 成立?

这一问题的答案是不一定的. 但对于某些函数,却有这种情形.

定义 设函数 $f(x)$ 在区间 I 上有定义,如果对于任意给定的 $\varepsilon > 0$,存在 $\delta > 0$,只要 $x_1, x_2 \in I$ 满足 $|x_1 - x_2| < \delta$,就成立
$$|f(x_1) - f(x_2)| < \varepsilon,$$
则称函数 $f(x)$ 在区间 I 上一致连续.

一致连续性可表述为:不论在区间 I 上任何部分,只要变量的两个数值接近到一定程度,就可以使对应的函数值达到所指定的接近程度.

例 2 函数 $f(x) = \dfrac{1}{x}$ 在 $(0, 1)$ 内连续,但不是一致连续的.

证明 因为 $f(x) = \dfrac{1}{x}$ 是初等函数,它在 $(0, 1)$ 内有定义,所以在 $(0, 1)$ 内连续.

$\forall \varepsilon > 0 \ (0 < \varepsilon < 1)$,假设 $f(x) = \dfrac{1}{x}$ 在 $(0, 1)$ 内一致连续,应该存在 $\delta > 0$,对于 $(0, 1)$ 内的任意 x_1、x_2,当 $|x_1 - x_2| < \delta$ 时,应该有 $|f(x_1) - f(x_2)| < \varepsilon$.

现在取原点附近的两点
$$x_1 = \frac{1}{n},\ x_2 = \frac{1}{n+1},$$
其中 n 为正整数. 因为
$$|x_1 - x_2| = \left|\frac{1}{n} - \frac{1}{n+1}\right| = \frac{1}{n(n+1)},$$
所以只要 n 取得足够大,总能使 $|x_1 - x_2| < \delta$. 但这时有
$$|f(x_1) - f(x_2)| = \left|\frac{1}{\frac{1}{n}} - \frac{1}{\frac{1}{n+1}}\right| = |n - (n+1)| = 1 > \varepsilon,$$
不符合一致连续的定义,所以 $f(x) = \dfrac{1}{x}$ 在 $(0, 1)$ 内不是一致连续的.

上例说明,开区间上连续的函数不一定在该区间上一致连续. 但

是,有下面的定理.

定理 5(一致连续性定理) 设函数 $f(x)$ 在闭区间 $[a, b]$ 上连续,则它在该区间上一致连续.

证明从略.

习题 1-10(A)

1. 证明方程 $x^3 - 2x + 5 = 0$ 在 $(-3, -2)$ 内有根.

2. 证明方程 $x = a\sin x + b\ (a > 0, b > 0)$ 至少有一个正根,并且它不超过 $a + b$.

3. 证明方程 $x = \cos x$ 在 $\left(0, \dfrac{\pi}{2}\right)$ 内至少有一个实根.

4. 设 $f(x)$ 在 $[a, b]$ 上连续,$a < x_1 < x_2 < \cdots < x_n < b$,则在 $[x_1, x_n]$ 上必有 ξ,使 $f(\xi) = \dfrac{1}{n}\sum\limits_{i=1}^{n}f(x_i)$.

5. 设 $f(x)$ 在 $[a, b]$ 上连续,且 f 的值域 $f([a, b]) \subset [a, b]$. 证明至少存在一点 $\xi \in (a, b)$ 使得 $f(\xi) = \xi$ 成立.

习题 1-10(B)

1. 设 $f(x)$ 在 $(-\infty, +\infty)$ 内连续,且 $\lim\limits_{x \to \infty} f(x) = A$. 试证: $f(x)$ 在 $(-\infty, +\infty)$ 内有界.

2. 设 $f(x)$ 在 $[a, b]$ 上连续,且 $a < c < d < b$. 试证: 在 $[a, b]$ 上至少存在一点 ξ,使得对任意正数 $m、n$ 成立

$$mf(c) + nf(d) = (m+n)f(\xi).$$

3. 设函数 $f(x)$ 在 $[0, 1]$ 上非负连续,且 $f(0) = f(1) = 0$. 试证: 对 $\forall l \in (0, 1)$,必存在一点 $x_0 \in [0, 1-l]$,使

$$f(x_0) = f(x_0 + l).$$

4. 设 $f(x)$ 在 $[a, b]$ 上连续,$f(a) < a$,$f(b) > b$. 证明至少有一点 $c \in (a, b)$,使得 $f(c) = c$.

5. 设 $f(x)、g(x)$ 都是 $[a, b]$ 上的连续函数,且 $f(a) > g(a)$,$f(b) < g(b)$. 试证在 (a, b) 内至少存在一点 ξ,使 $f(\xi) = g(\xi)$ 成立.

6. 设 $f(x)$ 在 (a, b) 内连续,且 $f(a+0) = A$,$f(b-0) = B$,$A \cdot B < 0$. 证明

在 (a,b) 内至少存在一点 ξ,使 $f(\xi)=0$.

总 复 习 题 一

一、选择题

1. $f(x)=|x\sin x|\mathrm{e}^{\cos x}\ (-\infty<x<+\infty)$ 是( ).
   (A) 有界函数 (B) 单调函数
   (C) 周期函数 (D) 偶函数

2. 设数列 $\{x_n\}$ 与 $\{y_n\}$ 满足 $\lim\limits_{n\to\infty}x_ny_n=0$,则下列断言正确的是( ).
   (A) 若 $\{x_n\}$ 发散,则 $\{y_n\}$ 发散
   (B) 若 $\{x_n\}$ 无界,则 $\{y_n\}$ 必有界
   (C) 若 $\{x_n\}$ 有界,则 $\{y_n\}$ 必为无穷小
   (D) 若 $\left\{\dfrac{1}{x_n}\right\}$ 为无穷小,则 $\{y_n\}$ 必为无穷小

3. 当 $x\to 0$ 时,$\dfrac{1}{x^2}\sin\dfrac{1}{x}$ 是( ).
   (A) 无穷小 (B) 无穷大
   (C) 有界的,但不是无穷小 (D) 无界的,但不是无穷大

4. 设 $f(x)=2^x+3^x-2$,则当 $x\to 0$ 时,有( ).
   (A) $f(x)$ 与 x 是等价无穷小
   (B) $f(x)$ 与 x 同阶但非等价无穷小
   (C) $f(x)$ 是比 x 高阶的无穷小
   (D) $f(x)$ 是比 x 低阶的无穷小

5. 当 $x\to 0$ 时,$\mathrm{e}^{\tan x}-\mathrm{e}^x$ 与 x^n 是同阶无穷小,则 n 为( ).
   (A) 1 (B) 2 (C) 3 (D) 4

6. 当 $x\to 1$ 时,函数 $\dfrac{x^2-1}{x-1}\mathrm{e}^{\frac{1}{x-1}}$ 的极限为( ).
   (A) 2 (B) 0
   (C) ∞ (D) 不存在但不为 ∞

7. 设 $f(x)$ 和 $\varphi(x)$ 在 $(-\infty,+\infty)$ 内有定义，$f(x)$ 为连续函数，且 $f(x) \neq 0$，$\varphi(x)$ 有间断点，则（　　）.

(A) $\varphi(f(x))$ 必有间断点　　(B) $[\varphi(x)]^2$ 必有间断点

(C) $f(\varphi(x))$ 必有间断点　　(D) $\dfrac{\varphi(x)}{f(x)}$ 必有间断点

8. "对任意给定的 $\varepsilon \in (0,1)$，总存在正整数 N，当 $n \geqslant N$ 时，恒有 $|x_n - a| < 2\varepsilon$" 是数列 $\{x_n\}$ 收敛于 a 的（　　）.

(A) 充分条件但非必要条件　　(B) 必要条件但非充分条件

(C) 充分必要条件　　(D) 既非充分条件又非必要条件

9. 设 $f(x) = \dfrac{x^3 - x}{\sin \pi x}$，则（　　）.

(A) 有无穷多个第一类间断点　　(B) 只有一个可去间断点

(C) 有两个跳跃间断点　　(D) 有三个可去间断点

10. 设 $g(x) = \begin{cases} 2-x, & x \leqslant 0, \\ x+2, & x > 0; \end{cases}$ $f(x) = \begin{cases} x^2, & x < 0, \\ -x, & x \geqslant 0, \end{cases}$ 则 $g(f(x)) = ($　　$)$.

(A) $\begin{cases} 2+x^2, & x<0; \\ 2-x, & x \geqslant 0. \end{cases}$　　(B) $\begin{cases} 2-x^2, & x<0; \\ -x, & x \geqslant 0. \end{cases}$

(C) $\begin{cases} 2-x^2, & x<0; \\ 2-x, & x \geqslant 0. \end{cases}$　　(D) $\begin{cases} 2+x^2, & x<0; \\ 2+x, & x \geqslant 0. \end{cases}$

二、填空题

1. 设 $f(x) = \begin{cases} x^2, & x \leqslant 0, \\ x^2 + x, & x > 0, \end{cases}$ 则 $f(-x) = $ _____.

2. 已知 $f(x) = \sin x$，$f(\varphi(x)) = 1 - x^2$，则 $\varphi(x) = $ _____ 的定义域为 _____.

3. $\lim\limits_{x \to +0} \dfrac{1 - e^{\frac{1}{x}}}{x + e^{\frac{1}{x}}} = $ _____.

4. 数列 $\{x_n\}$ 有界是数列 $\{x_n\}$ 收敛的 _____ 条件，数列 $\{x_n\}$ 收敛是数列 $\{x_n\}$ 有界的 _____ 条件.

5. $f(x)$ 在 x_0 的某去心邻域内有界是 $\lim\limits_{x \to x_0} f(x)$ 存在的_____条件,$\lim\limits_{x \to x_0} f(x)$ 存在是 $f(x)$ 在 x_0 的某去心邻域内有界的_____条件.

6. $f(x)$ 当 $x \to x_0$ 时的右极限 $f(x_0^+)$ 及左极限 $f(x_0^-)$ 都存在且相等是 $\lim\limits_{x \to x_0} f(x)$ 存在的_____条件.

7. 设
$$f(x) = \begin{cases} a + bx^2, & x \leqslant 0; \\ \dfrac{\sin bx}{x}, & x > 0, \end{cases}$$
在 $x = 0$ 处连续,则常数 a 与 b 应满足的关系是_____.

8. $\lim\limits_{x \to \infty} \dfrac{3x^2 + 5}{5x + 3} \sin \dfrac{2}{x} = $ _____.

9. 设函数 $f(x) = \dfrac{1}{e^{\frac{x}{x-1}} - 1}$,则 $x = 0$ 是 $f(x)$ 的_____间断点,$x = 1$ 是 $f(x)$ 的_____间断点.

三、解答题和证明题

1. 设 $f(x^2 - 1) = \ln \dfrac{x^2}{x^2 - 2}$,且 $f(\varphi(x)) = \ln x$. 求 $\varphi(x)$.

2. 已知 $\lim\limits_{n \to \infty} \dfrac{n^\alpha}{n^\beta - (n-1)^\beta} = 2\,005$,求常数 α、β 的值.

3. 设 $x_1 = \sqrt{2}$,$x_n = \sqrt{2x_{n-1}}$ ($n \geqslant 2$). 试证明:$\{x_n\}$ 为收敛数列,并 $\lim\limits_{n \to \infty} x_n$.

4. 求 $\lim\limits_{x \to 0} \dfrac{\ln^2(1+x)(\sqrt{1+x} - 1)}{\arctan x \left(1 - \cos \dfrac{x}{2}\right)}$.

5. 求 $\lim\limits_{n \to \infty} \tan^n \left(\dfrac{\pi}{4} + \dfrac{1}{n}\right)$.

6. $\lim\limits_{x \to -\infty} x(\sqrt{x^2 + 100} + x)$.

7. 设 $f(x) = a^x$ $(a>0, a\neq 1)$,求 $\lim\limits_{n\to\infty}\dfrac{1}{n^2}\ln[f(1)f(2)\cdots f(n)]$.

8. 设
$$f(x) = \begin{cases} x^\alpha \sin\dfrac{1}{x}, & x>0, \\ e^x+\beta, & x\leqslant 0. \end{cases}$$

根据 α 和 β 的不同情况,讨论 $f(x)$ 在 $x=0$ 处的连续性.

9. 设 $a_0+a_1x+a_2x^2+\cdots+a_8x^8=(2x-1)^8$. 求 $a_1+a_2+\cdots+a_7$.

10. 证明 $xe^x = x+\cos\dfrac{\pi}{2}x$ 在 $(-\infty,+\infty)$ 内至少有一实根.

11. 设 $f(x)$ 在 $[a,b]$ 上连续,且 $f(x)$ 在 $[a,b]$ 上无零点,证明 $f(x)$ 在 $[a,b]$ 上不变号.

12. 设 $f(x)$ 在 $[0,a]$ 上连续 $(a>0)$,且 $f(0)=f(a)$,则方程 $f(x)=f\left(x+\dfrac{a}{2}\right)$ 在 $(0,a)$ 内至少有一实根.

第二章 导数与微分

微分学是微积分学的两大分支之一,它的基本概念是导数和微分.
本章中,我们主要讨论导数和微分的概念,以及它们的计算方法.至于微分学的基本理论和导数的应用,我们将在下一章介绍.

第一节 导数概念

一、引例

为了说明导数这个基本概念,我们先讨论两个问题:变速直线运动的速度问题和曲线的切线问题.这两个问题在历史上与导数概念的形成有密切的关系.

1. 变速直线运动的速度

设一个质点沿直线运动,质点在 t 时刻的位移可以用函数 $s=s(t)$ 来描述,那么如何来求出它在这一时刻的速度呢?

首先取从时刻 t_0 经过时间间隔 Δt,在 $[t_0, t_0+\Delta t]$ 这段时间内的位移为 $s(t_0+\Delta t)-s(t_0)$,当 Δt 很小的时候,它在 t 时刻的瞬时速度可以近似地用它在 $[t_0, t_0+\Delta t]$ 中的平均速度

$$\bar{v}(t) = \frac{s(t_0+\Delta t)-s(t_0)}{\Delta t}$$

来代替. $\bar{v}$ 是平均速度,而不是瞬时速度,如果时间间隔选得较短,这个比值在实践中可以用来说明 t_0 时刻的速度,但对质点在 t_0 时刻速度的精确概念来说,这是不够的. 真正的瞬时速度显然是:当 $\Delta t \to 0$ 时 $\bar{v}(t)$ 的极限值,即

$$v(t_0) = \lim_{\Delta t \to 0} \frac{s(t_0 + \Delta t) - s(t_0)}{\Delta t}. \quad (*)$$

由于在任一给定时刻,运动的速度总是一个有限的定值,因此上述极限必定存在,于是这个极限值 $v(t_0)$ 就称为质点在时刻 t_0 的(瞬时)速度.

2. 曲线的切线问题

我们首先定义什么是切线. 在中学的解析几何里,圆(椭圆)的切线定义是"若一条直线与圆(椭圆)只相交于一点,那么称这条直线为该圆(椭圆)的切线". 但是要将这个定义运用到一般的曲线上去是不行的. 例如,直线 $x = a$ (a 为常数)与抛物线 $y = x^2$ 只有一个交点,但它显然不是切线. 下面给出切线的定义.

设 $y = f(x)$ 的图像是平面上一条光滑的连续曲线 C, $M(x_0, f(x_0))$ 是曲线 C 上一定点,而 $N(x_0 + \Delta x, f(x_0 + \Delta x))$ 是曲线上一动点,显然过 M 和 N 两点可以惟一确定曲线的一条过点 M 的割线,并且,当点 N 在曲线 C 上变动时将引起割线位置的不断变化. 曲线的切线的定义应该是这样:如果点 $N(x_0 + \Delta x, f(x_0 + \Delta x))$ 沿着曲线无限趋近于点 $M(x_0, f(x_0))$(即 $\Delta x \to 0$)时,这些变化的割线存在着惟一的极限位置,处于这个极限位置的直线就被称为 $f(x)$ 在 x_0 处的切线(图 2-1).

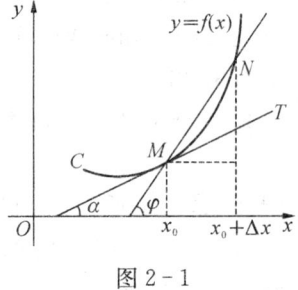

图 2-1

设过 $M(x_0, f(x_0))$ 的切线已经作出,我们来求它的斜率. 从图 2-1 中可以看出,割线的斜率为

$$\tan \varphi = \frac{f(x_0 + \Delta x) - f(x_0)}{\Delta x},$$

其中 φ 为割线的倾角. 当点 N 沿曲线 C 趋于点 M 时,有 $\Delta x \to 0$. 如果 $\Delta x \to 0$ 时,上式极限存在,且为 k,即

$$k = \lim_{\Delta x \to 0} \frac{f(x_0 + \Delta x) - f(x_0)}{\Delta x}, \quad (**)$$

则此极限 k 是割线斜率的极限,也就是切线的斜率. 这里 $k = \tan\alpha$,其中 α 是切线 MT 的倾角. 即:切线本身不是割线,它仅仅是割线的极限.

二、导数的定义

1. 函数在一点处的导数与导函数

求切线斜率与瞬时速度这两个问题,在数学上共同地被表示为一个函数在某点的增量与自变量增量之比的极限. 在科学和工程技术领域中还有大量有关变化率的问题,例如物理学中的线密度、电流强度;化学中的反应速度;经济学中的边际成本等等,都可以用形如式(∗)、(∗∗)的极限来描述,这就是我们要引入的导数.

定义 设函数 $y = f(x)$ 在 x_0 某邻域内有定义,当自变量 x 在 x_0 处有增量 Δx,相应地函数 y 有增量 $\Delta y = f(x_0 + \Delta x) - f(x_0)$,如果极限

$$\lim_{\Delta x \to 0} \frac{\Delta y}{\Delta x} = \lim_{\Delta x \to 0} \frac{f(x_0 + \Delta x) - f(x_0)}{\Delta x} \tag{1}$$

存在,则称 $f(x)$ 在点 x_0 处可导,这个极限值称为 $f(x)$ 在点 x_0 处的导数,记为 $f'(x_0)$ 或 $y'|_{x=x_0}$,$\dfrac{\mathrm{d}f(x)}{\mathrm{d}x}\Big|_{x=x_0}$,$\dfrac{\mathrm{d}y}{\mathrm{d}x}\Big|_{x=x_0}$.

导数的定义式(1)也可取不同的形式,常见的有

$$f'(x_0) = \lim_{h \to 0} \frac{f(x_0 + h) - f(x_0)}{h} \tag{2}$$

和

$$f'(x_0) = \lim_{x \to x_0} \frac{f(x) - f(x_0)}{x - x_0} \tag{3}$$

在实际中,需要讨论各种具有不同意义的变量的变化"快慢"问题,在数学上就是所谓函数的变化率问题,导数概念就是函数变化率这一概念的精确描述. 导数 $f'(x_0)$ 是因变量在点 x_0 处的变化率,它反映了因变量随自变量的变化而变化的快慢程度.

如果极限(1)不存在,就称函数 $f(x)$ 在点 x_0 处不可导. 如果不可导的原因是由于 $\Delta x \to 0$ 时,比式 $\frac{\Delta y}{\Delta x} \to \infty$,为了方便起见,就说函数 $f(x)$ 在点 x_0 处的导数为无穷大.

上面讲的是函数在一点处可导. 如果函数 $f(x)$ 在开区间 I 内的每点处都可导,就称函数 $f(x)$ 在开区间 I 内可导. 这时,对于 $\forall x \in I$,都对应着 $f(x)$ 的一个确定的导数值. 这样就构成了一个新的函数,这个函数称为 $f(x)$ 的导函数,记作 $f'(x)$、$\frac{\mathrm{d}f(x)}{\mathrm{d}x}$ 或 y'、$\frac{\mathrm{d}y}{\mathrm{d}x}$.

在(1)式或(2)式中把 x_0 换成 x,即得导函数的定义式

$$f'(x) = \lim_{\Delta x \to 0} \frac{f(x+\Delta x) - f(x)}{\Delta x}$$

或

$$f'(x) = \lim_{h \to 0} \frac{f(x+h) - f(x)}{h}.$$

显然,函数 $f(x)$ 在点 x_0 处的导数 $f'(x_0)$ 就是导函数 $f'(x)$ 在点 $x = x_0$ 处的函数值,即

$$f'(x_0) = f'(x)\mid_{x=x_0}.$$

导函数 $f'(x)$ 简称导数,而 $f'(x_0)$ 是 $f(x)$ 在 x_0 处的导数或导数 $f'(x)$ 在 x_0 处的值.

2. 求导数举例

下面根据导数的定义求一些简单函数的导数.

例1 求函数 $f(x) = c$ (c 为常数) 的导数.

解 $f'(x) = \lim\limits_{\Delta x \to 0} \dfrac{f(x+\Delta x) - f(x)}{\Delta x} = \lim\limits_{\Delta x \to 0} \dfrac{c-c}{\Delta x} = 0,$

即 $$c' = 0.$$

这就是说,常数的导数等于零.

例2 求幂函数 $f(x) = x^n$ ($n \in \mathbf{N}^+$) 的导数.

解 $f'(x) = \lim\limits_{\Delta x \to 0} \dfrac{f(x+\Delta x)-f(x)}{\Delta x} = \lim\limits_{\Delta x \to 0} \dfrac{(x+\Delta x)^n - x^n}{\Delta x}$

$= \lim\limits_{\Delta x \to 0} \dfrac{[x^n + C_n^1 x^{n-1}\Delta x + C_n^2 x^{n-2}(\Delta x)^2 + \cdots + C_n^n (\Delta x)^n] - x^n}{\Delta x}$

$= \lim\limits_{\Delta x \to 0}[C_n^1 x^{n-1} + C_n^2 x^{n-2}\Delta x + \cdots + C_n^n (\Delta x)^{n-1}]$

$= nx^{n-1},$

即 $$(x^n)' = nx^{n-1}.$$

更一般地,对幂函数 $f(x) = x^\alpha$(α 为常数),有
$$(x^\alpha)' = \alpha x^{\alpha-1}.$$

利用这个公式可求出幂函数的导数,例如
$$(\sqrt{x})' = \dfrac{1}{2\sqrt{x}}; \quad \left(\dfrac{1}{x}\right)' = -\dfrac{1}{x^2}.$$

例 3 求 $f(x) = \sin x$ 的导数.

解 $f'(x) = \lim\limits_{\Delta x \to 0} \dfrac{f(x+\Delta x) - f(x)}{\Delta x}$

$= \lim\limits_{\Delta x \to 0} \dfrac{\sin(x+\Delta x) - \sin x}{\Delta x}$

$= \lim\limits_{\Delta x \to 0} \dfrac{2\cos\left(x + \dfrac{\Delta x}{2}\right)\sin\dfrac{\Delta x}{2}}{\Delta x}$

$= \lim\limits_{\Delta x \to 0} \cos\left(x + \dfrac{\Delta x}{2}\right) \dfrac{\sin\dfrac{\Delta x}{2}}{\dfrac{\Delta x}{2}} = \cos x,$

即 $$(\sin x)' = \cos x.$$

这就是说,正弦函数的导数是余弦函数.

用类似的方法,可求得
$$(\cos x)' = -\sin x,$$

就是说,余弦函数的导数是负的正弦函数.

例 4 求指数函数 $f(x)=a^x(a>0, a\neq 1)$ 的导数.

解 $f'(x) = \lim\limits_{\Delta x \to 0} \dfrac{f(x+\Delta x)-f(x)}{\Delta x}$

$= \lim\limits_{\Delta x \to 0} \dfrac{a^{x+\Delta x}-a^x}{\Delta x}$

$= a^x \lim\limits_{\Delta x \to 0} \dfrac{a^{\Delta x}-1}{\Delta x}$

利用第一章第九节例 7 的结果,得

$$f'(x) = a^x \ln a,$$

即
$$(a^x)' = a^x \ln a.$$

特别地,当 $a=\mathrm{e}$ 时,因 $\ln \mathrm{e}=1$,因此有

$$(\mathrm{e}^x)' = \mathrm{e}^x.$$

上式表示,以 e 为底的指数函数的导数就是它自己,这是以 e 为底的指数函数的一个重要特性.

例 5 求对数函数 $f(x)=\log_a x\ (a>0, a\neq 1)$ 的导数.

解 $f'(x) = \lim\limits_{\Delta x \to 0} \dfrac{f(x+\Delta x)-f(x)}{\Delta x}$

$= \lim\limits_{\Delta x \to 0} \dfrac{\log_a(x+\Delta x)-\log x}{\Delta x}$

$= \lim\limits_{\Delta x \to 0} \dfrac{\log_a\left(1+\dfrac{\Delta x}{x}\right)}{\Delta x}$

$= \lim\limits_{\Delta x \to 0} \dfrac{1}{x} \dfrac{\log_a\left(1+\dfrac{\Delta x}{x}\right)}{\dfrac{\Delta x}{x}}$

$= \lim\limits_{\Delta x \to 0} \dfrac{1}{x} \log_a\left(1+\dfrac{\Delta x}{x}\right)^{\frac{x}{\Delta x}}$

$$= \frac{1}{x}\log_a e = \frac{1}{x\ln a},$$

即
$$(\log_a x)' = \frac{1}{x\ln a}.$$

特别地,当 $a = e$ 时,即得自然对数函数的导数公式

$$(\ln x)' = \frac{1}{x}.$$

例 6 考察函数 $f(x) = |x|$ 在 $x = 0$ 处的导数.

解 $\lim\limits_{\Delta x \to 0} \frac{f(0+\Delta x)-f(0)}{\Delta x} = \lim\limits_{\Delta x \to 0} \frac{|\Delta x|-0}{\Delta x} = \lim\limits_{\Delta x \to 0} \frac{|\Delta x|}{\Delta x}.$

当 $\Delta x < 0$ 时,$\frac{|\Delta x|}{\Delta x} = -1$,成立 $\lim\limits_{\Delta x \to 0^-} \frac{|\Delta x|}{\Delta x} = -1$;

当 $\Delta x > 0$ 时,$\frac{|\Delta x|}{\Delta x} = 1$,成立 $\lim\limits_{\Delta x \to 0^+} \frac{|\Delta x|}{\Delta x} = 1$,

所以 $\lim\limits_{\Delta x \to 0} \frac{f(0+\Delta x)-f(0)}{\Delta x}$ 不存在,即函数 $f(x) = |x|$ 在 $x = 0$ 处不可导.

3. 单侧导数

根据导数的定义式(1),它是一个极限

$$f'(x) = \lim\limits_{\Delta x \to 0} \frac{f(x+\Delta x)-f(x)}{\Delta x}.$$

由极限存在的充分必要条件是左、右极限都存在且相等,因此函数 $f(x)$ 在 x 处可导的充分必要条件是相应的左、右极限

$$f'_-(x) = \lim\limits_{\Delta x \to 0^-} \frac{f(x+\Delta x)-f(x)}{\Delta x} \tag{4}$$

和

$$f'_+(x) = \lim\limits_{\Delta x \to 0^+} \frac{f(x+\Delta x)-f(x)}{\Delta x} \tag{5}$$

存在并且相等,我们把它们分别称为 $f(x)$ 在 x 处的左导数和右导数.

这样我们有

定理 1 $f(x)$ 在点 x 处可导的充分必要条件是左导数 $f'_-(x)$ 和右导数 $f'_+(x)$ 都存在且相等.

在例 6 中,$f'_-(0)=-1, f'_+(0)=1$,左、右导数存在,但不相等,所以 $f(x)=|x|$ 在 $x=0$ 处不可导.

如果函数 $f(x)$ 在开区间 (a,b) 内可导,且 $f'_+(a)$ 及 $f'_-(b)$ 都存在,就说 $f(x)$ 在闭区间 $[a,b]$ 上可导.

三、导数的几何意义

由本节前面讨论的切线问题及导数的定义可知:函数 $y=f(x)$ 在点 x_0 处的导数 $f'(x_0)$ 在几何上表示曲线 $y=f(x)$ 在点 $M(x_0, f(x_0))$ 处的切线的斜率,即

$$f'(x_0) = \tan\alpha,$$

其中 α 是切线的倾角(图 2-2).

如果 $y=f(x)$ 在点 x_0 处的导数为无穷大,这时曲线 $y=f(x)$ 在点 $M(x_0, f(x_0))$ 处具有垂直于 x 轴的切线 $x=x_0$.

根据导数的几何意义并应用直线的点斜式方程,可写出曲线 $y=f(x)$ 在点 $M(x_0, y_0)$ ($y_0=f(x_0)$) 处的切线方程:

$$y-y_0 = f'(x_0)(x-x_0).$$

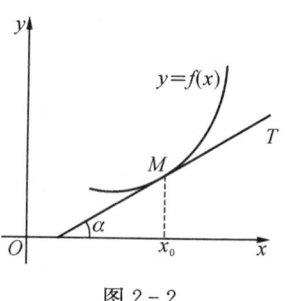

图 2-2

过切点 $M(x_0, y_0)$ 且与切线垂直的直线叫做曲线 $y=f(x)$ 在点 M 处的法线,如果 $f'(x_0) \neq 0$,法线的斜率为 $-\dfrac{1}{f'(x_0)}$,从而法线方程可写为

$$y-y_0 = -\frac{1}{f'(x_0)}(x-x_0).$$

例 7 求等边双曲线 $y=\dfrac{1}{x}$ 在点 $\left(\dfrac{1}{2}, 2\right)$ 处的切线的斜率,并写出

该点处的切线方程和法线方程.

解 根据导数的几何意义知道,所求切线的斜率为

$$k_1 = y'\big|_{x=\frac{1}{2}} = -\frac{1}{x^2}\bigg|_{x=\frac{1}{2}} = -4,$$

从而所求切线方程为

$$y - 2 = -4\left(x - \frac{1}{2}\right),$$

即

$$4x + y - 4 = 0.$$

所求法线的斜率为

$$k_2 = -\frac{1}{k_1} = \frac{1}{4},$$

于是所求法线方程为

$$y - 2 = \frac{1}{4}\left(x - \frac{1}{2}\right),$$

即

$$2x - 8y + 15 = 0.$$

例 8 求曲线 $y = x^{\frac{3}{2}}$ 通过点 $(0, -4)$ 的切线方程.

解 设切点为 (x_0, y_0),则切线的斜率为

$$f'(x_0) = \frac{3}{2}\sqrt{x}\bigg|_{x=x_0} = \frac{3}{2}\sqrt{x_0}.$$

于是所求切线方程可设为

$$y - y_0 = \frac{3}{2}\sqrt{x_0}(x - x_0). \tag{7}$$

切点 (x_0, y_0) 在曲线 $y = x^{\frac{3}{2}}$ 上,故有

$$y_0 = x_0^{\frac{3}{2}}. \tag{8}$$

切线(7)通过点(0, -4),故有

$$-4 - y_0 = \frac{3}{2}\sqrt{x_0}(0 - x_0) \tag{9}$$

求得方程(8)及(9)组成的方程组的解为 $x_0 = 4$,$y_0 = 8$,代入(7)式并化简,即得所求切线方程为

$$3x - y - 4 = 0.$$

四、函数可导性与连续性的关系

定理 2　如果 $f(x)$ 在点 x 处可导,则 $f(x)$ 在该点一定连续.

证明　设函数 $y = f(x)$ 在点 x 处可导,即

$$\lim_{\Delta x \to 0} \frac{\Delta y}{\Delta x} = f'(x)$$

存在,由函数极限与无穷小的关系可知

$$\frac{\Delta y}{\Delta x} = f'(x) + \alpha,$$

其中 α 为当 $\Delta x \to 0$ 时的无穷小,上式两边同乘以 Δx,得

$$\Delta y = f'(x)\Delta x + \alpha \Delta x.$$

从而

$$\lim_{\Delta x \to 0} \Delta y = 0.$$

即 $f(x)$ 在点 x 处连续.

反之,一个函数在某点连续却不一定在该点处可导,举例说明如下:

例如,函数 $y = f(x) = \sqrt[3]{x}$ 在区间 $(-\infty, +\infty)$ 内连续,但在点 $x = 0$ 处不可导. 这是由于

$$\lim_{h \to 0} \frac{f(0+h) - f(0)}{h} = \lim_{h \to 0} \frac{\sqrt[3]{h} - 0}{h} = \lim_{h \to 0} \frac{1}{h^{\frac{2}{3}}} = \infty,$$

即导数为无穷大(注意,导数不存在). 这事实在图像中表现为曲线 $y =$

$\sqrt[3]{x}$ 在原点 O 具有垂直于 x 轴的切线 $x=0$(图 2-3).

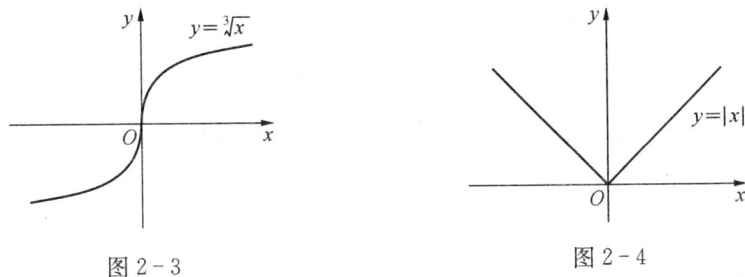

图 2-3　　　　　　　　　　图 2-4

又例如,$y=|x|$ 在 $(-\infty,+\infty)$ 内连续,但在例 6 中已经看到,这函数在 $x=0$ 处不可导,曲线 $y=|x|$ 在原点 O 没有切线(图 2-4).

综上所述,函数 $f(x)$ 在一点连续是它在该点可导的必要条件.

习题 2-1(A)

1. 设 $f(x)=\sqrt{x}$,试按定义求 $f'(3)$.

2. 设 $f(x)=ax^2+bx+c$,其中 a、b、c 为常数,试按定义证明 $f'(x)=2ax+b$.

3. 按定义证明 $(\cos x)'=-\sin x$.

4. 如果 $f'(x_0)$ 存在,按照导数定义指出 A 表示什么:

(1) $\lim\limits_{h \to 0} \dfrac{f(x_0+h)-f(x_0)}{h}=A$;

(2) $\lim\limits_{\Delta x \to 0} \dfrac{f(x_0-\Delta x)-f(x_0)}{\Delta x}=A$;

(3) $\lim\limits_{x \to 0} \dfrac{f(x)}{x}=A$,其中 $f(0)=0$,且 $f'(0)$ 存在;

(4) $\lim\limits_{\Delta x \to 0} \dfrac{f(x_0+\Delta x)-f(x_0-\Delta x)}{\Delta x}=A$.

5. 求下列函数的导数:

(1) $y=x^5$;　　　　　　　　(2) $y=\sqrt[3]{x^2}$;

(3) $y=x^{2.3}$;　　　　　　　(4) $y=\dfrac{1}{x^2}$;

(5) $y=x^3\sqrt{x}$;　　　　　　(6) $y=\dfrac{x\sqrt[5]{x}}{\sqrt{x^3}}$.

6. 重球在 $t=0$ 秒从静止突然松动,作自由下落运动.问

(1) 在前 2 秒球下落了多少米?

(2) $t=2$ 秒时,球的速度为多少?

7. 求曲线 $y=\cos x$ 在点 $\left(\dfrac{\pi}{6},\dfrac{\sqrt{3}}{2}\right)$ 处的切线方程和法线方程.

8. 在抛物线 $y=x^2$ 上求一点,使在该点的切线与直线 $4x-y-5=0$ 平行.

9. 讨论下列函数在点 $x=0$ 处的连续性与可导性:

(1) $f(x)=\begin{cases}\ln(x+1), & x\geqslant 0;\\ x, & x<0;\end{cases}$

(2) $f(x)=\begin{cases}x^2\sin\dfrac{1}{x}, & x\neq 0;\\ 0, & x=0.\end{cases}$

10. 已知函数 $f(x)=\begin{cases}x^2, & x\geqslant 0,\\ -x, & x<0,\end{cases}$ 求 $f'_+(0)$ 及 $f'_-(0)$,且说明 $f(x)$ 在 $x=0$ 处是否可导.

11. 设函数 $f(x)=\begin{cases}x^2, & x\leqslant 1;\\ ax+b, & x>1,\end{cases}$ 试确定 a、b 使函数 $f(x)$ 在点 $x=1$ 处连续且可导.

12. 设函数 $f(x)=\begin{cases}\mathrm{e}^{\frac{x}{a}}, & x\leqslant 0;\\ b+\sin 2x, & x>0,\end{cases}$ 试确定 a、b 使函数 $f(x)$ 在 $x=0$ 处可导.

13. 设函数 $f(x)=\begin{cases}\sin x, & x<0;\\ x, & x\geqslant 0,\end{cases}$ 求 $f'(x)$.

14. 设函数 $f(x)=\begin{cases}\dfrac{2}{3}x^3, & x\leqslant 1;\\ x^2, & x>1,\end{cases}$ 求 $f'(x)$.

15. 讨论函数 $f(x)=x^{\frac{2}{3}}\sin x$ 在点 $x=0$ 处的连续性和可导性.

习题 2-1(B)

1. 设 $f(x)=(x-a)\varphi(x)$,而 $\varphi(x)$ 在点 $x=a$ 处连续,证明 $f(x)$ 在点 $x=a$ 处导数存在且等于 $\varphi(a)$.

2. 如果 $f(x)$ 为偶函数,且 $f'(0)$ 存在,证明 $f'(0)=0$.

3. 按定义证明:可导的偶函数的导数是奇函数,而可导的奇函数的导数是偶

函数.

4. 若曲线 $y = x^n$ 上点 $(1, 1)$ 处的切线交 x 轴于点 $(\xi, 0)$,试求 $\lim\limits_{n \to \infty} y(\xi)$.

5. 设 $f'(x)$ 存在,试证:对常数 α、β 有
$$\lim_{h \to 0} \frac{f(x+\alpha h) - f(x - \beta h)}{h} = (\alpha + \beta) f'(x).$$

6. 证明:如果两个可导函数 $f(x)$ 和 $\varphi(x)$,满足 $f(0) = 0$,$\varphi(0) = 0$,且 $f'(0)$、$\varphi'(0)$ 存在,$\varphi'(0) \neq 0$,那么
$$\lim_{x \to 0} \frac{f(x)}{\varphi(x)} = \frac{f'(0)}{\varphi'(0)}.$$

7. 设 $f(x) = \begin{cases} \varphi(x) \cos \dfrac{1}{x}, & x \neq 0; \\ 0, & x = 0, \end{cases}$ 且 $\varphi(0) = \varphi'(0) = 0$,求 $f'(0)$.

8. 已知 $g(x)$ 在 $x = a$ 点处连续,讨论 $f(x) = |x - a| g(x)$ 在 $x = a$ 点处的可导性.

9. 设 $F(x) = \max\{f_1(x), f_2(x)\}$,$0 < x < 2$,其中 $f_1(x) = x$,$f_2(x) = x^2$,求 $F'(x)$.

10. 设 $f(x)$ 在 $x = 0$ 处可导,且 $f(0) = 0$,$f'(0) \neq 0$,又 $F(x)$ 在 $x = 0$ 点亦可导,证明 $F(f(x))$ 在 $x = 0$ 处可导.

第二节　函数的求导法则

在本节中,将介绍求导数的几个基本法则,利用这些法则和基本初等函数的导数公式,就能求出常见的初等函数的导数.

一、函数的和、差、积、商的求导法则

定理 1　如果函数 $u = u(x)$ 及 $v = v(x)$ 都在点 x 具有导数,那么它们的和、差、积、商(除分母为零的点外)都在点 x 具有导数,且

(1) $[u(x) \pm v(x)]' = u'(x) \pm v'(x)$;

(2) $[u(x) v(x)]' = u'(x) v(x) + u(x) v'(x)$;

(3) $\left[\dfrac{u(x)}{v(x)}\right]' = \dfrac{u'(x) v(x) - u(x) v'(x)}{v^2(x)}$　$(v(x) \neq 0)$.

证明 (1) $[u(x) \pm v(x)]'$
$$= \lim_{\Delta x \to 0} \frac{[u(x+\Delta x) \pm v(x+\Delta x)] - [u(x) \pm v(x)]}{\Delta x}$$
$$= \lim_{\Delta x \to 0} \frac{u(x+\Delta x) - u(x)}{\Delta x} \pm \lim_{\Delta x \to 0} \frac{v(x+\Delta x) - v(x)}{\Delta x}$$
$$= u'(x) \pm v'(x).$$

于是法则(1)获得证明.

(2) $[u(x)v(x)]' = \lim_{\Delta x \to 0} \frac{u(x+\Delta x)v(x+\Delta x) - u(x)v(x)}{\Delta x}$
$$= \lim_{\Delta x \to 0} \left[\frac{u(x+\Delta x) - u(x)}{\Delta x} \cdot v(x+\Delta x) \right.$$
$$\left. + u(x) \cdot \frac{v(x+\Delta x) - v(x)}{\Delta x} \right]$$
$$= \lim_{\Delta x \to 0} \frac{u(x+\Delta x) - u(x)}{\Delta x} \cdot \lim_{\Delta x \to 0} v(x+\Delta x)$$
$$+ u(x) \cdot \lim_{\Delta x \to 0} \frac{v(x+\Delta x) - v(x)}{\Delta x}$$
$$= u'(x)v(x) + u(x)v'(x).$$

其中,由于 $v'(x)$ 存在,因此 $v(x)$ 在点 x 连续,有 $\lim_{\Delta x \to 0} v(x+\Delta x) = v(x)$. 于是法则(2)获得证明.

(3) $\left[\frac{u(x)}{v(x)} \right]' = \lim_{\Delta x \to 0} \frac{\frac{u(x+\Delta x)}{v(x+\Delta x)} - \frac{u(x)}{v(x)}}{\Delta x}$
$$= \lim_{\Delta x \to 0} \frac{u(x+\Delta x)v(x) - u(x)v(x+\Delta x)}{v(x+\Delta x)v(x)\Delta x}$$
$$= \lim_{\Delta x \to 0} \frac{[u(x+\Delta x) - u(x)]v(x) - u(x)[v(x+\Delta x) - v(x)]}{v(x+\Delta x)v(x)\Delta x}$$
$$= \lim_{\Delta x \to 0} \frac{\frac{u(x+\Delta x) - u(x)}{\Delta x}v(x) - u(x)\frac{v(x+\Delta x) - v(x)}{\Delta x}}{v(x+\Delta x)v(x)}$$

$$= \frac{u(x)v(x) - u(x)v'(x)}{v^2(x)}.$$

于是法则(3)获得证明.

定理1中的法则(1)、(2)可推广到任意有限个可导函数的情形. 例如,设 $u = u(x)$, $v = v(x)$, $w = w(x)$ 均可导,则有
$$(u + v - w)' = u' + v' - w',$$
$$(uvw)' = [(uv) \cdot w]' = (uv)'w + (uv)w'$$
$$= (u'v + uv')w + uvw',$$

即
$$(uvw)' = u'vw + uv'w + uvw'.$$

在法则(2)中,当 $v(x) = c$ (c 为常数) 时,有 $(cu)' = cu'$.

在法则(3)中,当 $u(x) = 1$ 时,有 $\left(\dfrac{1}{v}\right)' = -\dfrac{v'}{v^2}$.

例1 $y = 4x^3 + 5x - \dfrac{7}{x} + 12$,求 y'.

解
$$y' = (4x^3)' + (5x)' - \left(\frac{7}{x}\right)' + (12)'$$
$$= 4 \cdot 3x^2 + 5 - 7\left(-\frac{1}{x^2}\right)$$
$$= 12x^2 + 5 + \frac{7}{x^2}.$$

例2 $f(x) = x^4 + 2\sin x + \cos\dfrac{\pi}{4}$,求 $f'(x)$ 及 $f'\left(\dfrac{\pi}{4}\right)$.

解
$$f'(x) = 4x^3 + 2\cos x,$$
$$f'\left(\frac{\pi}{4}\right) = \frac{\pi^3}{16} + \sqrt{2}.$$

例3 $y = e^x(\sin x + \cos x)$,求 y'.

解
$$y' = (e^x)'(\sin x + \cos x) + e^x(\sin x + \cos x)'$$
$$= e^x(\sin x + \cos x) + e^x(\cos x - \sin x)$$

$$= 2e^x \cos x.$$

例4 $y = \tan x$,求 y'.

解 $y' = (\tan x)' = \left(\dfrac{\sin x}{\cos x}\right)'$

$$= \dfrac{(\sin x)' \cos x - \sin x (\cos x)'}{\cos^2 x}$$

$$= \dfrac{\cos^2 x + \sin^2 x}{\cos^2 x} = \dfrac{1}{\cos^2 x} = \sec^2 x,$$

即 $(\tan x)' = \sec^2 x.$

这就是正切函数的导数公式.

例5 $y = \sec x$,求 y'.

解 $y' = (\sec x)' = \left(\dfrac{1}{\cos x}\right)' = -\dfrac{(\cos x)'}{\cos^2 x}$

$$= \dfrac{\sin x}{\cos^2 x} = \sec x \cdot \tan x,$$

即 $(\sec x)' = \sec x \cdot \tan x.$

这就是正割函数的求导公式.

用类似方法,可求得余切函数和余割函数的导数公式:

$$(\cot x)' = -\csc^2 x,$$

$$(\csc x)' = -\csc x \cdot \cot x.$$

二、反函数的求导法则

定理2 如果函数 $x = f(y)$ 在区间 I_y 内单调、可导且 $f'(y) \neq 0$,则它的反函数 $y = f^{-1}(x)$ 在区间 $I_x = \{x \mid x = f(y), y \in I_y\}$ 内也可导,且

$$[f^{-1}(x)]' = \dfrac{1}{f'(y)} \text{ 或 } \dfrac{dy}{dx} = \dfrac{1}{\dfrac{dx}{dy}}. \tag{1}$$

证明 由于 $x=f(y)$ 在 I_y 内单调、可导(从而连续),由反函数存在定理知道,它的反函数 $y=f^{-1}(x)$ 存在,且 $f^{-1}(x)$ 在 I_x 内也单调、连续.

任取 $x\in I_x$,给 x 以增量 $\Delta x(\Delta x\neq 0, x+\Delta x\in I_x)$,由 $y=f^{-1}(x)$ 的单调性可知

$$\Delta y=f^{-1}(x+\Delta x)-f^{-1}(x)\neq 0$$

于是有

$$\frac{\Delta y}{\Delta x}=\frac{1}{\frac{\Delta x}{\Delta y}}$$

因 $y=f^{-1}(x)$ 连续,所以当 $\Delta x\to 0$ 时,有

$$\lim_{\Delta x\to 0}\Delta y=0,$$

由于 $x=f(y)$ 在点 y 可导,且 $f'(y)\neq 0$,即 $\lim\limits_{\Delta y\to 0}\dfrac{\Delta x}{\Delta y}\neq 0$,从而

$$\lim_{\Delta x\to 0}\frac{\Delta y}{\Delta x}=\lim_{\Delta y\to 0}\frac{1}{\frac{\Delta x}{\Delta y}}=\frac{1}{f'(y)},$$

即

$$[f^{-1}(x)]'=\frac{1}{f'(y)}.$$

证毕.

上述结论可描述为:反函数的导数等于直接函数导数的倒数.

例 6 设 $f(x)=x^2, x\in[0,4]$,求其反函数 $g(x)=f^{-1}(x)$ 在 $x=2$ 处的导数.

解 由于 $f(\sqrt{2})=2$,因此有 $g(2)=\sqrt{2}$,又 $f'(x)=2x$,得 $f'(\sqrt{2})=2\sqrt{2}$,由公式(1)得

$$g'(2)=\frac{1}{f'(g(2))}=\frac{1}{f'(\sqrt{2})}=\frac{1}{2\sqrt{2}}.$$

下面用上述结论来求反三角函数及对数函数的导数.

例7 求 $y = \arcsin x$ 的导数.

设 $x = \sin y$, $y \in \left[-\dfrac{\pi}{2}, \dfrac{\pi}{2}\right]$ 为直接函数,函数 $x = \sin y$ 在开区间 $I_y = \left(-\dfrac{\pi}{2}, \dfrac{\pi}{2}\right)$ 内单调、可导,且

$$(\sin y)' = \cos y > 0,$$

满足定理条件,因此,由公式(1),在对应区间 $I_x = (-1, 1)$ 内有

$$(\arcsin x)' = \frac{1}{(\sin y)'} = \frac{1}{\cos y}.$$

但 $\cos y = \sqrt{1 - \sin^2 y} = \sqrt{1 - x^2}$ (因为当 $-\dfrac{\pi}{2} < y < \dfrac{\pi}{2}$ 时,$\cos y > 0$,所以根号前只取正号),从而得反正弦函数的导数公式:

$$(\arcsin x)' = \frac{1}{\sqrt{1-x^2}}, \quad |x| < 1. \tag{2}$$

用类似的方法可得反余弦函数的导数公式:

$$(\arccos x)' = -\frac{1}{\sqrt{1-x^2}}, \quad |x| < 1. \tag{3}$$

例8 求 $y = \arctan x$ 的导数.

设 $x = \tan y$ 是直接函数,$y \in I_y = \left(-\dfrac{\pi}{2}, \dfrac{\pi}{2}\right)$,函数 $x = \tan y$ 在 $I_y = \left(-\dfrac{\pi}{2}, \dfrac{\pi}{2}\right)$ 内单调、可导,且

$$(\tan y)' = \sec^2 y \neq 0.$$

满足定理条件,因此由公式(1),在对应区间 $I_x = (-\infty, +\infty)$ 内有

$$(\arctan x)' = \frac{1}{(\tan y)'} = \frac{1}{\sec^2 y}.$$

但 $\sec^2 y = 1 + \tan^2 y = 1 + x^2$,从而得反正切函数的导数公式:

$$(\arctan x)' = \frac{1}{1+x^2}, \quad x \in \mathbf{R}. \tag{4}$$

用类似的方法可得反余切函数的导数公式:

$$(\text{arccot}\, x)' = -\frac{1}{1+x^2}, \quad x \in \mathbf{R}. \tag{5}$$

三、复合函数的求导法则

到目前为止,对于

$$\ln \tan x, \ \mathrm{e}^{x^3}, \ \arcsin \frac{2x}{1+x^2}$$

那样的函数,我们还不知道它们是否可导,若可导的话,如何求它们的导数. 这些问题借助于下面的重要法则可以得到解决,从而使可求导数的函数的范围得到很大扩充.

定理3 如果 $u = g(x)$ 在点 x 可导,而 $y = f(u)$ 在点 $u = g(x)$ 可导,则复合函数 $y = f(g(x))$ 在点 x 可导,且其导数为

$$y'(x) = f'(u) \cdot g'(x) \ \text{或} \ \frac{\mathrm{d}y}{\mathrm{d}x} = \frac{\mathrm{d}y}{\mathrm{d}u} \cdot \frac{\mathrm{d}u}{\mathrm{d}x}. \tag{6}$$

我们称其为链式法则.

证明 由于 $y = f(u)$ 在点 u 可导, Δx 为自变量 x 的改变量

$$\Delta u = g(x + \Delta x) - g(x),$$
$$\Delta y = f(u + \Delta u) - f(u).$$
$$\lim_{\Delta u \to 0} \frac{\Delta y}{\Delta u} = f'(u).$$

我们根据函数极限与无穷小的关系有:

$$\frac{\Delta y}{\Delta u} = f'(u) + \alpha,$$

其中 α 是 $\Delta u \to 0$ 时的无穷小. 上式中 $\Delta u \neq 0$，用 Δu 乘上式两边，得

$$\Delta y = f'(u) \Delta u + \alpha \Delta u \qquad (7)$$

当 $\Delta u = 0$ 时，规定 $\alpha = 0$ [①]，这时因 $\Delta y = f(u+\Delta u) - f(u) = 0$，而 (7) 式右端亦为零，故 (7) 式对 $\Delta u = 0$ 也成立. 用 $\Delta x \neq 0$ 除 (7) 两边，得

$$\frac{\Delta y}{\Delta x} = f'(u) \frac{\Delta u}{\Delta x} + \alpha \frac{\Delta u}{\Delta x},$$

于是

$$\lim_{\Delta x \to 0} \frac{\Delta y}{\Delta x} = \lim_{\Delta x \to 0} \left[f'(u) \frac{\Delta u}{\Delta x} + \alpha \frac{\Delta u}{\Delta x} \right].$$

由于 $u = g(x)$ 在点 x 可导，故有

$$\lim_{\Delta x \to 0} \frac{\Delta u}{\Delta x} = g'(x),$$

且由 $g(x)$ 在点 x 可导，推知 $g(x)$ 在 x 点处连续，即

$$\lim_{\Delta x \to 0} \Delta u = \lim_{\Delta x \to 0} [g(x+\Delta x) - g(x)] = 0,$$

从而有

$$\lim_{\Delta x \to 0} \alpha = \lim_{\Delta u \to 0} \alpha = 0,$$

因此

$$\lim_{\Delta x \to 0} \frac{\Delta y}{\Delta x} = f'(u) \lim_{\Delta x \to 0} \frac{\Delta u}{\Delta x},$$

即

$$\frac{\mathrm{d}y}{\mathrm{d}x} = f'(u) g'(x).$$

公式 (6) 成立.

[①] $\alpha = \frac{\Delta y}{\Delta u} - f'(u)$ 是 Δu 的函数：$\alpha = \alpha(\Delta u)$，它在 $\Delta u = 0$ 时无定义，当 $\Delta u \to 0$ 时，$\alpha \to 0$，现规定 $\Delta u = 0$ 时 $\alpha = 0$，则它在 $\Delta u = 0$ 处连续.

例 9　$y = e^{x^3}$，求 $\dfrac{dy}{dx}$.

解　$y = e^{x^3}$ 可看作由 $y = e^u$，$u = x^3$ 复合而成，因此
$$\frac{dy}{dx} = \frac{dy}{du} \cdot \frac{du}{dx} = e^u \cdot 3x^2 = 3x^2 e^{x^3}.$$

例 10　$y = \arcsin\dfrac{2x}{1+x^2}$，求 $\dfrac{dy}{dx}$.

解　$y = \arcsin\dfrac{2x}{1+x^2}$ 可看作由 $y = \arcsin u$，$u = \dfrac{2x}{1+x^2}$ 复合而成，因为

$$\frac{dy}{du} = \frac{1}{\sqrt{1-u^2}} = \left[1 - \left(\frac{2x}{1+x^2}\right)^2\right]^{-\frac{1}{2}} = \left[\frac{(1-x^2)^2}{(1+x^2)^2}\right]^{-\frac{1}{2}}$$

$$= \frac{1+x^2}{|1-x^2|},$$

$$\frac{du}{dx} = 2\frac{(1+x^2) - x \cdot 2x}{(1+x^2)^2} = \frac{2(1-x^2)}{(1+x^2)^2},$$

所以

$$\frac{dy}{dx} = \frac{dy}{du} \cdot \frac{du}{dx} = \frac{1+x^2}{|1-x^2|} \cdot \frac{2(1-x^2)}{(1+x^2)^2} = \frac{2|1-x^2|}{1-x^4}.$$

从以上例子看出，应用复合函数求导法则时，首先分析所给函数能分解成哪些函数. 如果所给函数能分解成比较简单的函数，而这些简单函数的导数我们已经会求，那么应用复合函数求导法则就可以求出所给函数的导数了.

在熟悉了复合函数的分解后，就可以不再写出中间变量，而可以采用下列例题的方式来计算.

例 11　$y = \ln \tan x$，求 $\dfrac{dy}{dx}$.

解　$\dfrac{dy}{dx} = (\ln \tan x)' = \dfrac{1}{\tan x}(\tan x)' = \dfrac{\sec^2 x}{\tan x} = \sec x \csc x.$

例 12 $y = (x^3 - 1)^{\frac{1}{4}}$，求 $\dfrac{dy}{dx}$.

解 $\dfrac{dy}{dx} = [(x^3-1)^{\frac{1}{4}}]' = \dfrac{1}{4}(x^3-1)^{-\frac{3}{4}} \cdot (x^3-1)'$

$= \dfrac{1}{4}(x^3-1)^{-\frac{3}{4}} \cdot 3x^2 = \dfrac{3x^2}{4(x^3-1)^{\frac{3}{4}}}.$

复合函数的链式法则可以推广到多个中间变量的情形. 我们以两个中间变量为例，设 $y = f(u)$，$u = \varphi(v)$，$v = \psi(x)$，则复合函数 $y = f(\varphi(\psi(x)))$ 的导数为

$$\dfrac{dy}{dx} = \dfrac{dy}{du} \cdot \dfrac{du}{dv} \cdot \dfrac{dv}{dx}.$$

其中 f、φ、ψ 都可导.

例 13 $y = e^{\arctan\sqrt{x}}$，求 $\dfrac{dy}{dx}$.

解 所给函数可分解为 $y = e^u$，$u = \arctan v$，$v = \sqrt{x}$. 由于 $\dfrac{dy}{du} = e^u$，$\dfrac{du}{dv} = \dfrac{1}{1+v^2}$，$\dfrac{dv}{dx} = \dfrac{1}{2\sqrt{x}}$，所以

$\dfrac{dy}{dx} = \dfrac{dy}{du} \cdot \dfrac{du}{dv} \cdot \dfrac{dv}{dx} = e^u \cdot \dfrac{1}{1+v^2} \cdot \dfrac{1}{2\sqrt{x}}$

$= \dfrac{1}{2\sqrt{x}(1+x)} e^{\arctan\sqrt{x}}.$

例 14 $y = \ln\sin(e^x)$，求 y'.

解 $y' = \dfrac{1}{\sin(e^x)} \cdot [\sin(e^x)]' = \dfrac{1}{\sin(e^x)} \cos(e^x) \cdot (e^x)'$

$= \dfrac{1}{\sin(e^x)} \cos(e^x) \cdot (e^x) = \cot(e^x) \cdot e^x.$

例 15 $y = \sin nx \cdot \sin^n x$，求 y'.

解 $y' = (\sin nx)' \sin^n x + \sin nx \cdot (\sin^n x)'$

$$= n\cos nx \cdot \sin^n x + \sin nx \cdot n\sin^{n-1} x \cdot \cos x$$
$$= n\sin^{n-1} x(\cos nx \cdot \sin x + \sin nx \cdot \cos x)$$
$$= n\sin^{n-1} x \cdot \sin(n+1)x.$$

四、基本求导法则与导数公式

基本初等函数的导数公式与本节中所讨论的求导法则,在初等函数的求导运算中起着重要的作用,我们必须熟练地掌握它们,为了便于查阅,现在把这些导数公式和求导法则归纳如下:

1. 常数和基本初等函数的导数公式

(1) $(c)' = 0$;   (2) $(x^\mu)' = \mu x^{\mu-1}$;

(3) $(\sin x)' = \cos x$;   (4) $(\cos x)' = -\sin x$;

(5) $(\tan x)' = \sec^2 x$;   (6) $(\cot x)' = -\csc^2 x$;

(7) $(\sec x)' = \sec x \tan x$;   (8) $(\csc x)' = -\csc x \cot x$;

(9) $(a^x)' = a^x \ln a$;   (10) $(e^x)' = e^x$;

(11) $(\log_a x)' = \dfrac{1}{x \ln a}$;   (12) $(\ln x)' = \dfrac{1}{x}$;

(13) $(\arcsin x)' = \dfrac{1}{\sqrt{1-x^2}}$;   (14) $(\arccos x)' = -\dfrac{1}{\sqrt{1-x^2}}$;

(15) $(\arctan x)' = \dfrac{1}{1+x^2}$;   (16) $(\operatorname{arccot} x)' = -\dfrac{1}{1+x^2}$.

2. 函数的和、差、积、商的求导法则

设 $u = u(x)$, $v = v(x)$ 都可导,则

(1) $(u \pm v)' = u' \pm v'$;   (2) $(cu)' = cu'$ (c 为常数);

(3) $(uv)' = u'v + uv'$;   (4) $\left(\dfrac{u}{v}\right)' = \dfrac{u'v - uv'}{v^2}$ ($v \neq 0$);

3. 反函数的求导法则

设 $x = f(y)$ 在区间 I_y 内单调、可导且 $f'(y) \neq 0$,则它的反函数 $y = f^{-1}(x)$ 在 $I_x = f(I_y)$ 内也可导,且

$$[f^{-1}(x)]' = \frac{1}{f'(y)} \text{ 或 } \frac{\mathrm{d}y}{\mathrm{d}x} = \frac{1}{\dfrac{\mathrm{d}x}{\mathrm{d}y}}.$$

4. 复合函数的求导法则

设 $y=f(u)$，而 $u=g(x)$ 且 $f(u)$ 及 $g(x)$ 都可导，则复合函数 $y=f(g(x))$ 的导数为

$$\frac{\mathrm{d}y}{\mathrm{d}x}=\frac{\mathrm{d}y}{\mathrm{d}u}\frac{\mathrm{d}u}{\mathrm{d}x} \text{ 或 } y'(x)=f'(u)g'(x).$$

例 16 证明下列双曲函数及反双曲函数的导数公式：

$$(\sinh x)'=\cosh x,\ (\cosh x)'=\sinh x,\ (\tanh x)'=\frac{1}{\cosh^2 x},$$

$$(\text{arsinh}\, x)'=\frac{1}{\sqrt{1+x^2}},\ (\text{arcosh}\, x)'=\frac{1}{\sqrt{x^2-1}},$$

$$(\text{artanh}\, x)'=\frac{1}{1-x^2}.$$

证明 由定理 1 的(1)、(2)，我们有

$$(\sinh x)'=\left(\frac{\mathrm{e}^x-\mathrm{e}^{-x}}{2}\right)'=\frac{(\mathrm{e}^x)'-(\mathrm{e}^{-x})'}{2},$$

再利用 $(\mathrm{e}^x)'=\mathrm{e}^x$ 及定理 3，得 $(\mathrm{e}^{-x})'=-\mathrm{e}^{-x}$，于是

$$(\sinh x)'=\frac{(\mathrm{e}^x)'-(\mathrm{e}^{-x})'}{2}=\frac{\mathrm{e}^x+\mathrm{e}^{-x}}{2}=\cosh x.$$

同理可得

$$(\cosh x)'=\left(\frac{\mathrm{e}^x+\mathrm{e}^{-x}}{2}\right)'=\frac{\mathrm{e}^x-\mathrm{e}^{-x}}{2}=\sinh x.$$

由定理 1 的(3)及上述结果，有

$$(\tanh x)'=\left(\frac{\sinh x}{\cosh x}\right)'=\frac{(\sinh x)'\cosh x-\sinh x(\cosh x)'}{\cosh^2 x}$$

$$=\frac{\cosh^2 x-\sinh^2 x}{\cosh^2 x}=\frac{1}{\cosh^2 x}.$$

由 $\text{arsinh}\, x=\ln(x+\sqrt{1+x^2})$，应用复合函数求导法则及定理 1

的(1),有

$$(\operatorname{arsinh} x)' = \frac{1}{x+\sqrt{1+x^2}}(x+\sqrt{1+x^2})'$$
$$= \frac{1}{x+\sqrt{1+x^2}}\left(1+\frac{x}{\sqrt{1+x^2}}\right) = \frac{1}{\sqrt{1+x^2}}.$$

由 $\operatorname{arcosh} x = \ln(x+\sqrt{x^2-1})$,同理可得

$$(\operatorname{arcosh} x)' = \frac{1}{\sqrt{x^2-1}}, \quad x \in (1, +\infty).$$

由 $\operatorname{artanh} x = \frac{1}{2}\ln\frac{1+x}{1-x}$,可得

$$(\operatorname{artanh} x)' = \frac{1}{1-x^2}, \quad x \in (-1, 1).$$

习题 2-2(A)

1. 求下列函数的导数:

(1) $y = x^4 - 3x^2 + \frac{2}{x^2} + 5$;

(2) $y = (\sqrt{x}+1)\left(\frac{1}{\sqrt{x}}-1\right)$;

(3) $y = 3\sin x - 5\cos x$;

(4) $y = x^2 \sin x + \sec x$;

(5) $y = x\ln x$;

(6) $y = \sqrt{x}\tan x + \cot x$;

(7) $y = x^2 \log_2 x + \ln 3$;

(8) $y = (x-a)(x-b)$ (a、b 为常数);

(9) $y = \frac{1+\sin x}{1+\cos x}$;

(10) $y = \frac{\sin x}{x} + \frac{\sin a}{a}$;

(11) $y = \frac{\ln x}{x}$;

(12) $y = \frac{e^x}{x^2} + \ln 3$;

(13) $y = x^2 \ln x \cdot \cos x$;

(14) $y = x^2 \sin x + 2x\cos x - 2\sin x$.

2. 求下列函数在给定点处的导数:

(1) $y = x^2 \csc x$,求 $y'|_{x=\frac{\pi}{6}}$;

(2) $\rho = \theta\cos\theta + \sin\theta$,求 $\left.\frac{d\rho}{d\theta}\right|_{\theta=\frac{\pi}{4}}$;

(3) $f(x) = \frac{1-\sqrt{x}}{1+\sqrt{x}}$,求 $f'(4)$;

(4) $f(t) = \frac{3}{5-t} + \frac{t^2}{5}$,求 $f'(0)$ 和 $f'(2)$.

3. 已知物体的运动方程为 $s=2t^3-15t^2+36t+2$，问在哪一时刻的瞬时速度为零.

4. 求曲线 $y=2\sin x+x^2$ 上横坐标为 $x=0$ 的点处的切线方程和法线方程.

5. 当在细菌正在增长的营养液培养剂中注入杀菌剂时，细菌群体还会继续增长一会儿，但之后就停止增长而且细菌数开始减少. t 时刻(以小时计)细菌种群的大小为 $b=10^6+10^4t-10^3t^2$. 求在时刻(1) $t=0$ 小时；(2) $t=5$ 小时；(3) $t=10$ 小时的增长率.

*① 6. 设某产品的总成本函数为 $C(x)=400+3x+\dfrac{1}{2}x^2$，需求函数为 $p=\dfrac{100}{\sqrt{x}}$，其中 x 为产量，假设供销平衡，p 为价格，试求：(1) 边际成本；(2) 边际收益；(3) 边际利润；(4) 收益的价格弹性.

*7. 某商品的价格 p 关于需求量 Q 的函数为 $p=10-\dfrac{Q}{5}$，求：

(1) 总收益函数、平均收益函数和边际收益函数；

(2) 当 $Q=20$ 个单位时的总收益、平均收益和边际收益.

*8. 设某产品的需求量 Q 关于价格 p 的函数为 $Q=\mathrm{e}^{-\frac{p}{4}}$，求 $p=3$，$p=4$，$p=5$ 时的需求价格弹性，并说明其经济意义.

*9. 设某商品的需求量 Q 是价格 p 的函数，已知需求函数 $Q=f(p)=12-\dfrac{p}{2}$.

(1) 求需求对价格的弹性函数；

(2) $p=6$ 时需求弹性，其经济含义是什么？

(3) $p=6$ 时，若价格上涨 1%，总收益增加还是减少？变化了百分之几？

*10. 设某商品的供给函数 $Q=2+3p$，求：

(1) 供给量对价格 p 的供给价格弹性函数；

(2) $p=3$ 时的供给价格弹性为多少？

*11. 设生产某商品的固定成本为 60 000 元，变动成本每件为 20 元，价格函数 $p=60-\dfrac{x}{1\,000}$ (x 为销售量)，试求：

(1) 总成本函数和边际成本函数；

(2) 收益函数和边际收益函数；

(3) 利润函数和边际利润函数；

---

① 本章带"*"号的习题由学生自学有关参考书后完成。

(4) 当 $p = 10$ 时,销售量对价格的弹性,并说明其经济意义;

(5) 当 $p = 10$ 时,收益对价格的弹性,并说明其经济意义.

*12. 某商品的需求量 Q 关于价格 p 的函数为 $Q = 75 - p^2$,求:

(1) $p = 4$ 时的边际需求,并说明其经济意义;

(2) $p = 4$ 时的需求弹性,并说明其经济意义;

(3) 当 $p = 4$ 时,若价格 p 提高 1%,总收益将变化百分之几?是增加还是减少?

13. 求下列函数的导数:

(1) $y = (2x+3)^5$;

(2) $y = \sin(1-3x)$;

(3) $y = \ln(1+x^2)$;

(4) $y = e^x + a^x$;

(5) $y = \dfrac{x^2}{e^x} + \dfrac{10^x - 1}{10^x + 1}$;

(6) $y = \arcsin(x^2)$;

(7) $y = \cos^2 x + \sqrt{a^2 - x^2}$;

(8) $y = \tan(x^3)$;

(9) $y = \arctan(e^x)$;

(10) $y = \log_a(x^2 + x + 1)$.

14. 求下列函数的导数:

(1) $y = \sqrt[3]{1 + 4x^2}$;

(2) $y = \sin(2^x)$;

(3) $y = e^{-\frac{x}{2}} \tan 3x$;

(4) $y = \arccos \dfrac{1}{x}$;

(5) $y = (\arctan x)^2$;

(6) $y = \dfrac{\sin 3x}{3^x}$;

(7) $y = \arcsin \sqrt{x}$;

(8) $y = \ln(x + \sqrt{a^2 + x^2})$;

(9) $y = \ln(\sec x + \tan x)$;

(10) $y = \ln(\csc x - \cot x)$.

15. 求下列函数的导数:

(1) $y = \sin 2x + \cos(x^2)$;

(2) $y = \ln \tan \dfrac{x}{2}$;

(3) $y = e^{\arctan \sqrt{x}} + 2^{x^2}$;

(4) $y = \ln[\ln(\ln x)]$;

(5) $y = \dfrac{\arcsin x}{\arccos x}$;

(6) $y = \ln \sqrt{\dfrac{1 - \sin 2x}{1 + \sin 2x}}$.

16. 求下列函数的导数:

(1) $y = \sinh(\cosh x)$;

(2) $y = \tanh(\ln x)$;

(3) $y = \sinh^3 x + \cosh^2 x$;

(4) $y = e^{\cosh 2x} + \sinh\left(\dfrac{x}{a}\right)$;

(5) $y = \tanh(1 - x^2)$;

(6) $y = \text{arsinh}(x^2 + 1)$;

(7) $y = \text{arcosh}(e^{2x})$;

(8) $y = \ln \cosh x + \dfrac{1}{2\cosh^2 x}$.

17. 求下列函数的导数：

(1) $y = \ln \dfrac{x}{2+3x}$；

(2) $y = e^{-x}(2\cos 3x + 3\sin 3x)$；

(3) $y = \sin 2^x + 2^{\sin x}$；

(4) $y = \dfrac{x}{\arcsin x}$；

(5) $y = \dfrac{\ln x}{x^n}$；

(6) $y = \left(\arctan \dfrac{x}{3}\right)^2$；

(7) $y = \dfrac{e^x - e^{-x}}{e^x + e^{-x}}$；

(8) $y = \dfrac{1+4x}{\arctan 2x}$.

习题 2-2(B)

1. 求下列函数的导数：

(1) $y = \dfrac{1}{(1-x)(1+x)}$；

(2) $y = \dfrac{x+\sqrt{x}}{x - 2\sqrt[3]{x}}$；

(3) $y = (x\sin\alpha + \cos x)(\sin x + x\cos\alpha)$ (α 为常数)；

(4) $y = \dfrac{\sin x \cdot \tan x}{1 + \sec x}$；

(5) $y = \dfrac{x - \tan x}{x + \tan x}$；

(6) $y = \cos x \cdot (2 - \ln x) \cdot (x^2 + \tan x)$；

(7) $y = (x^2 - 1)(x^2 - 4)(x^2 - 9)$；

(8) $y = \dfrac{1 - \ln x}{1 + \ln x}$.

2. 设 $g(x)$ 可导，且 $y = \dfrac{g(x)}{x}$，求 $\dfrac{dy}{dx}$.

3. 写出曲线 $y = x - \dfrac{1}{x}$ 与 x 轴交点处的切线方程.

4. 过抛物线的焦点引弦垂直于抛物线的轴，该弦与抛物线相交于两点，过交点引抛物线的切线，试证这两条切线相交成直角.

5. 证明：双曲线 $xy = a^2$ 上任一点处的切线与两坐标轴构成的三角形的面积都等于 $2a^2$.

6. 氨爆炸药的爆炸把沉重的岩石以发射速度 160 英尺/秒垂直向空中，t 秒后岩石达到的高度为

$$s = 160t - 16t^2 (\text{英尺}).$$

(1) 岩石能上升到多高？

(2) 岩石离地面 256(英尺)高度时，岩石上升和下落的速度是多少？

(3) 何时岩石再次击到地面？

7. 设 $f(x)$ 可导，求下列函数的导数 $\dfrac{dy}{dx}$：

(1) $y = f(e^x) \cdot e^{f(x)}$；

(2) $y = f(f(x))$；

(3) $y = f(\sin^2 x) + f(\cos^2 x)$；

(4) $y = f(ax^n + b)$.

8. 设 $\varphi(x)$、$\psi(x)$ 可导，求下列函数的导数 $\dfrac{dy}{dx}$：

(1) $y = \arctan \dfrac{\varphi(x)}{\psi(x)}$；

(2) $y = \sqrt{\varphi^2(x) + \psi^2(x)}$，其中 $\varphi^2(x) + \psi^2(x) \neq 0$.

9. 若 $f\left(\dfrac{1}{x^2}\right) = \dfrac{1}{x}$，求 $f'(x)$ 及 $f'\left(\dfrac{1}{2}\right)$.

10. 设 $f\left(\dfrac{1}{x}\right) = x^2 - \dfrac{2}{x} + \ln x$，求 $f'(x)$.

11. 设 $f(x) = a_1 \sin x + a_2 \sin 2x + \cdots + a_n \sin nx$，并且 $|f(x)| \leqslant |\sin x|$，$a_1, a_2, \cdots, a_n$ 为常数，证明 $|a_1 + 2a_2 + \cdots + na_n| \leqslant 1$.

12. 求下列函数的导数：

(1) $y = \arctan \dfrac{x-1}{x+1}$；

(2) $y = \sqrt{x + \sqrt{x + \sqrt{x}}}$；

(3) $y = x\sqrt{4 - x^2} + 4\arcsin \dfrac{x}{2}$；

(4) $y = \arctan x^2 + 5^{2x}$；

(5) $y = \left(\dfrac{x}{a}\right)^b + \left(\dfrac{b}{x}\right)^a + \left(\dfrac{b}{a}\right)^x$；

(6) $y = x^{a^a} + a^{x^a} + a^{a^x}$ $(a > 0)$；

(7) $y = \arcsin \dfrac{2x}{1 + x^2}$；

(8) $y = e^{-\sin^2 \frac{1}{x}}$；

(9) $y = \dfrac{\arcsin x}{\sqrt{1 - x^2}} + \dfrac{1}{2} \ln \dfrac{1-x}{1+x}$；

(10) $y = \sqrt[5]{x} + \sqrt[7]{5} + \ln \sqrt{\dfrac{e^{2x}}{1 + e^{2x}}}$.

13. 设 $f(x)$ 为可导函数，求 $\dfrac{d}{dx} f^2\left(\sin \dfrac{1}{x}\right)$.

14. 设 $y = \sin(x^2)$，求 $\dfrac{dy}{dx}$，$\dfrac{dy}{d(x^2)}$，$\dfrac{dy}{d(x^3)}$.

15. 设 $f(x) = \arcsin x$，$\varphi(x) = x^2$，求 $f(\varphi'(x))$，$f'(\varphi(x))$，$[f(\varphi(x))]'$.

16. 设 $f(x) = e^x$，$g(x) = \sin x$，求 $\left. \dfrac{\dfrac{d}{dx}[f(g(x))] + \dfrac{d}{dx}[g(f(x))]}{g\left(\dfrac{d}{dx}f(x)\right) + f\left(\dfrac{d}{dx}g(x)\right)} \right|_{x = \frac{\pi}{2}}$.

17. 设 $f'(x) = \sin\sqrt{x}\ (x>0)$,又 $y = f(e^{2x} \cdot x^2)$,求 $\dfrac{dy}{dx}$.

18. 若 $f(x)$ 在 $x = e$ 具有连续的一阶导数,且 $f'(e) = -1$,试求 $\lim\limits_{x \to 0^+} \dfrac{d}{dx} f(e^{\cos\sqrt{x}})$.

第三节 高 阶 导 数

一、高阶导数的定义

我们知道,变速直线运动的速度 $v(t)$ 是位置函数 $s(t)$ 对时间 t 的导数,即

$$v = \frac{ds}{dt} \text{ 或 } v = s',$$

而加速度 a 又是速度 v 对时间 t 的变化率,即速度 v 对时间 t 的导数:

$$a = \frac{dv}{dt} = \frac{d}{dt}\left(\frac{ds}{dt}\right) \text{ 或 } a = (s')'.$$

这种导数的导数 $\dfrac{d}{dt}\left(\dfrac{ds}{dt}\right)$ 或 $(s')'$ 叫做 s 对 t 的二阶导数,记作

$$\frac{d^2 s}{dt^2} \text{ 或 } s''(t).$$

所以,变速直线运动的加速度就是位置函数 s 对时间 t 的二阶导数.

一般地,设函数 $y = f(x)$ 可导,且它的导数 $f'(x)$ 仍是 x 的可导函数,则把一阶导数 $y' = f'(x)$ 的导数称作函数 $y = f(x)$ 的二阶导数,记作 y'' 或 $\dfrac{d^2 y}{dx^2}$,即

$$y'' = (y')' \text{ 或 } \frac{d^2 y}{dx^2} = \frac{d}{dx}\left(\frac{dy}{dx}\right).$$

相应地,把 $y = f(x)$ 的导数 $f'(x)$ 称作函数 $y = f(x)$ 的一阶

导数.

类似地,如果 $f''(x)$ 仍是个可导函数,则它的导数称为 $f(x)$ 的三阶导数,三阶导数的导数称为四阶导数,…… 一般地,函数 $f(x)$ 的 $(n-1)$ 阶导数的导数称为 n 阶导数,分别记作

$$y^{(3)}, y^{(4)}, \cdots, y^{(n)} \text{ 或 } \frac{d^3 y}{dx^3}, \frac{d^4 y}{dx^4}, \cdots, \frac{d^n y}{dx^n}.$$

函数 $y=f(x)$ 具有 n 阶导数,通常称函数 $f(x)$ 为 n 阶可导或 $f(x)$ 的 n 阶导数存在.

如果函数 $f(x)$ 在点 x 处具有 n 阶导数,那么 $f(x)$ 在点 x 的某一邻域内必定具有一切低于 n 阶的导数. 二阶及二阶以上的导数统称高阶导数.

由高阶导数的定义,求高阶导数就是对 $f(x)$ 逐次求导,所以,仍可应用前面学过的求导方法来计算高阶导数.

例 1 求 $y = e^{\sin x}$ 的二阶导数.

解 $y' = e^{\sin x} \cos x,$

$$y'' = (e^{\sin x})' \cos x + e^{\sin x} (\cos x)'$$
$$= e^{\sin x} \cos^2 x - e^{\sin x} \sin x$$
$$= e^{\sin x} (\cos^2 x - \sin x).$$

例 2 证明函数 $y = \sqrt{2x - x^2}$ 满足关系式

$$y^3 y'' + 1 = 0.$$

证明 将 $y = \sqrt{2x - x^2}$ 求导,得

$$y' = \frac{2 - 2x}{2\sqrt{2x - x^2}} = \frac{1 - x}{\sqrt{2x - x^2}},$$

$$y'' = \frac{-\sqrt{2x - x^2} - (1 - x) \dfrac{2 - 2x}{2\sqrt{2x - x^2}}}{2x - x^2}$$

$$= \frac{-2x+x^2-(1-x)^2}{(2x-x^2)\sqrt{2x-x^2}}$$

$$= -\frac{1}{(2x-x^2)^{\frac{3}{2}}} = -\frac{1}{y^3},$$

于是

$$y^3 y'' + 1 = 0.$$

下面介绍几个初等函数的 n 阶导数.

例 3 求指数函数 $y = \mathrm{e}^x$ 的 n 阶导数.

解 $y' = \mathrm{e}^x$, $y'' = \mathrm{e}^x$, $y''' = \mathrm{e}^x$, 一般地, 可得

$$y^{(n)} = \mathrm{e}^x,$$

即

$$(\mathrm{e}^x)^{(n)} = \mathrm{e}^x, \quad n \in \mathbf{N}^+.$$

例 4 求正弦和余弦函数 $y = \sin x$ 和 $y = \cos x$ 的 n 阶导数.

解 $y = \sin x$,

$$y' = \cos x = \sin\left(x + \frac{\pi}{2}\right),$$

$$y'' = \cos\left(x + \frac{\pi}{2}\right) = \sin\left(x + \frac{\pi}{2} + \frac{\pi}{2}\right) = \sin\left(x + 2 \cdot \frac{\pi}{2}\right),$$

$$y''' = \cos\left(x + 2 \cdot \frac{\pi}{2}\right) = \sin\left(x + 3 \cdot \frac{\pi}{2}\right),$$

一般地, 可得

$$y^{(n)} = \sin\left(x + n \cdot \frac{\pi}{2}\right),$$

即

$$(\sin x)^{(n)} = \sin\left(x + n \cdot \frac{\pi}{2}\right), \quad n \in \mathbf{N}^+.$$

用类似方法, 可得

$$(\cos x)^{(n)} = \cos\left(x + n \cdot \frac{\pi}{2}\right), \quad n \in \mathbf{N}^+.$$

例 5 求函数 $y = \ln(1+x)$ 和 $y = \dfrac{1}{1+x}$ 的 n 阶导数.

解 $y = \ln(1+x)$, $y' = \dfrac{1}{1+x}$, $y'' = -\dfrac{1}{(1+x)^2}$,

$$y''' = \frac{1 \cdot 2}{(1+x)^3}, \quad y^{(4)} = -\frac{1 \cdot 2 \cdot 3}{(1+x)^4},$$

一般地,可得

$$y^{(n)} = (-1)^{n-1} \cdot \frac{(n-1)!}{(1+x)^n},$$

即

$$[\ln(1+x)]^{(n)} = (-1)^{n-1} \cdot \frac{(n-1)!}{(1+x)^n}, \quad n \in \mathbf{N}^+.$$

对 $y = \dfrac{1}{1+x}$,它是 $y = \ln(1+x)$ 的一阶导数,利用 $\ln(1+x)$ 的 n 阶导数公式,有

$$\left(\frac{1}{1+x}\right)^{(n-1)} = (-1)^{n-1} \cdot \frac{(n-1)!}{(1+x)^n},$$

所以得

$$\left(\frac{1}{1+x}\right)^{(n)} = \frac{(-1)^n \cdot n!}{(1+x)^{n+1}}, \quad n \in \mathbf{N}^+.$$

例 6 求幂函数 $y = x^\mu$ (μ 为任意常数) 的 n 阶导数公式.

解 $y = x^\mu$,

$y' = \mu x^{\mu-1}$,

$y'' = \mu(\mu-1)x^{\mu-2}$,

$y''' = \mu(\mu-1)(\mu-2)x^{\mu-3}$.

一般地,可得

$$y^{(n)} = \mu(\mu-1)(\mu-2)\cdots(\mu-n+1)x^{\mu-n},$$

即

$$(x^\mu)^{(n)} = \mu(\mu-1)(\mu-2)\cdots(\mu-n+1)x^{\mu-n}.$$

特别地,当 $\mu = n$ 时,得

$$(x^n)^{(n)} = n(n-1)(n-2)\cdots 3\cdot 2\cdot 1 = n!$$

而当 $k > n$ 时,有

$$(x^n)^{(k)} = 0, \quad k > n.$$

二、高阶导数的运算法则

对于两个函数的线性组合和乘积的高阶导数有如下的运算法则.

定理 1 设 $u(x)$ 和 $v(x)$ 都是 n 次可导的,则对任意常数 c_1 和 c_2,它们的线性组合 $c_1 u(x) + c_2 v(x)$ 也是 n 次可导,且满足如下的线性运算关系

$$[c_1 u(x) + c_2 v(x)]^{(n)} = c_1 (u(x))^{(n)} + c_2 (v(x))^{(n)}.$$

证明从略.

这个结论可推广到多个函数线性组合的情形.

定理 2(莱布尼兹(Leibniz)公式) 设 $u(x)$ 和 $v(x)$ 都是 n 次可导函数,则它们的积函数也 n 次可导,且成立公式

$$[u(x)v(x)]^{(n)} = \sum_{k=0}^{n} C_n^k (u(x))^{(n-k)} (v(x))^{(k)}.$$

其中 $C_n^k = \dfrac{n!}{k!(n-k)!}$ 是组合系数,函数的零阶导数理解为函数本身.

定理可用数学归纳法来证明.证明从略.

例 7 $y = x^2 \mathrm{e}^{3x}$,求 $y^{(20)}$.

解 设 $u = \mathrm{e}^{3x}$,$v = x^2$,则

$$u^{(k)} = 3^k \mathrm{e}^{3x} \quad (k = 1, 2, \cdots, 20),$$

$$v' = 2x, \quad v'' = 2, \quad v^{(k)} = 0 \quad (k = 3, 4, \cdots, 20),$$

代入莱布尼兹公式,得

$$y^{(20)} = (x^2 e^{3x})^{(20)} = 3^{20} e^{3x} \cdot x^2 + 20 \cdot 3^{19} e^{3x} \cdot 2x + \frac{20 \cdot 19}{2!} 3^{18} e^{3x} \cdot 2$$

$$= 3^{18} e^{3x} (9x^2 + 120x + 380).$$

习题 2-3(A)

1. 求下列函数的二阶导数:

(1) $y = 2x^2 + \ln x$;

(2) $y = e^{1-2x}$;

(3) $y = x \sin x$;

(4) $y = e^{-x} \cos x$;

(5) $y = \sqrt{a^2 - x^2}$;

(6) $y = \ln(x + \sqrt{1+x^2})$;

(7) $y = x e^{x^2}$;

(8) $y = \dfrac{e^x}{x}$;

(9) $y = \tan x$;

(10) $y = (1+x^2) \arctan x$.

2. 验证函数 $y = c_1 e^{\lambda x} + c_2 e^{-\lambda x}$ (λ, c_1, c_2 是常数)满足关系式 $y'' - \lambda^2 y = 0$.

3. 验证函数 $y = \dfrac{x-3}{x-4}$ 满足关系式 $2y'^2 = (y-1)y''$.

4. 验证函数 $y = e^{\sqrt{x}} + e^{-\sqrt{x}}$ 满足关系式 $xy'' + \dfrac{1}{2}y' - \dfrac{1}{4}y = 0$.

5. 验证函数 $y = e^x \sin x$ 满足关系式 $y'' - 2y' + 2y = 0$.

习题 2-3(B)

1. 求下列函数的 n 阶导数的一般表达式:

(1) $y = x^n + a_1 x^{n-1} + a_2 x^{n-2} + \cdots + a_{n-1} x + a_n$ ($a_1, a_2, \cdots, a_n$ 都是常数);

(2) $y = \dfrac{1-x}{1+x}$;

(3) $y = x \ln x$;

(4) $y = \sin^2 x$;

(5) $y = x e^x$;

(6) $y = \dfrac{1}{x^2 - 3x + 2}$;

(7) $y = \ln \dfrac{a+bx}{a-bx}$;

(8) $y = \sqrt[m]{1+x}$;

(9) $y = \sin^4 x - \cos^4 x$;

(10) $y = \dfrac{x}{1-2x}$.

2. 求下列函数所指定的阶数的导数：

(1) $y = e^x \cos x$，求 $y^{(4)}$；　　　　(2) $y = x \sinh x$，求 $y^{(50)}$；

(3) $y = x^2 \sin 2x$，求 $y^{(50)}$.

3. 若 $f''(x)$ 存在，求下列函数 y 的二阶导数 $\dfrac{d^2 y}{dx^2}$：

(1) $y = f(x^2)$；　　　　(2) $y = \ln[f(x)]$.

4. 试从 $\dfrac{dx}{dy} = \dfrac{1}{y'}$ 导出：

(1) $\dfrac{d^2 x}{dy^2} = -\dfrac{y''}{(y')^3}$；　　　　(2) $\dfrac{d^3 x}{dy^3} = \dfrac{3(y'')^2 - y' y'''}{(y')^5}$.

5. 设函数 $y = \lim\limits_{n \to \infty} \ln\left[1 + \dfrac{1}{n(x+2)}\right]^2$，求 y''.

6. 试证：$f(x) = \begin{cases} e^{-\frac{1}{x^2}}, & x \neq 0; \\ 0, & x = 0, \end{cases}$ 在 $x = 0$ 处是任意阶可导.

7. 设 $x = e^t$，变换方程 $x^2 \dfrac{d^2 y}{dx^2} + x \dfrac{dy}{dx} + y = 0$.

8. 设 $x = \cos t$，变换方程 $\dfrac{d^2 y}{dx^2} - \dfrac{x}{1-x^2} \dfrac{dy}{dx} + \dfrac{y}{1-x^2} = 0$.

第四节　隐函数及由参数方程所确定的函数的导数与相关变化率

一、隐函数的导数

前面我们遇到的函数，例如 $y = \sin x$，$y = x \ln x$ 等，这种函数表达方式的特点是：等号左端是因变量，而右端是含有自变量的式子，当自变量取定义域内任一值时，由该式子能确定对应的函数值. 用这种方式表达的函数称为显函数. 有些函数的表达方式却不是这样，例如，椭圆方程

$$\dfrac{x^2}{a^2} + \dfrac{y^2}{b^2} = 1.$$

一般地，如果变量 x 和 y 满足一个方程 $F(x, y) = 0$，在一定条件

下,当 x 取某区间内的任一值时,相应地总有满足这方程的惟一的 y 值存在,那么就称方程 $F(x,y)=0$ 在该区间内确定的一个隐函数.

通常把一个隐函数化为显函数的过程,称作隐函数的显化. 例如从方程 $\dfrac{x^2}{a^2}+\dfrac{y^2}{b^2}=1$ 可以解出上、下平面两个方程 $y=\pm\dfrac{b}{a}\sqrt{a^2-x^2}$ ($-a\leqslant x\leqslant a$),把隐函数化成显函数. 隐函数的显化通常是困难的,有时甚至是不可能的,但在实际问题中,有时需要计算隐函数的导数. 因此,我们希望有一种隐函数的求导法,不管隐函数能否显化,都能直接由方程算出它所确定的隐函数的导数来. 隐函数的求导法的基本思想是将 y 看作 x 的函数 $y(x)$,从而利用复合函数求导法则来求解,由此对方程两端对 x 求导,然后解出 y'.

例 1 求由方程 $e^{xy}+x^2y-1=0$ 所确定的隐函数 y 的导数 $\dfrac{\mathrm{d}y}{\mathrm{d}x}$.

解 我们对方程两边分别对 x 求导数,注意 y 是 x 的函数.

$$e^{xy}(y+xy')+2xy+x^2y'=0,$$

$$y'(xe^{xy}+x^2)=-2xy-ye^{xy},$$

$$y'x(e^{xy}+x)=-y(2x+e^{xy}),$$

从而得

$$y'=\dfrac{-(2x+e^{xy})y}{x(e^{xy}+x)}\quad (xe^{xy}+x^2\neq 0).$$

例 2 求由方程 $y^5+2y-x-3x^7=0$ 所确定的隐函数 y 在 $x=0$ 处的导数 $\dfrac{\mathrm{d}y}{\mathrm{d}x}\bigg|_{x=0}$.

解 当 $x=0$ 时,从原方程得 $y=0$,

在方程两边分别对 x 求导,由于方程两边的导数相等,所以

$$5y^4\dfrac{\mathrm{d}y}{\mathrm{d}x}+2\dfrac{\mathrm{d}y}{\mathrm{d}x}-1-21x^6=0,$$

由此得

$$\frac{dy}{dx} = \frac{1+21x^6}{5y^4+2}.$$

把 $x=0$,$y=0$ 代入上式,得

$$\left.\frac{dy}{dx}\right|_{x=0} = \frac{1}{2}.$$

例3 求椭圆 $\frac{x^2}{16}+\frac{y^2}{9}=1$ 在点 $\left(2,\frac{3}{2}\sqrt{3}\right)$ 处的切线方程.

解 由导数的几何意义知道,所求切线的斜率为

$$k = y'\big|_{x=2}.$$

在椭圆方程的两边分别对 x 求导,有

$$\frac{x}{8}+\frac{2}{9}y\frac{dy}{dx}=0,$$

从而

$$\frac{dy}{dx}=-\frac{9x}{16y}.$$

当 $x=2$ 时,$y=\frac{3}{2}\sqrt{3}$,代入上式得

$$\left.\frac{dy}{dx}\right|_{x=2}=-\frac{\sqrt{3}}{4}.$$

于是所求的切线方程为

$$y-\frac{3}{2}\sqrt{3}=-\frac{\sqrt{3}}{4}(x-2),$$

即

$$\sqrt{3}x+4y-8\sqrt{3}=0.$$

二、对数求导法

所谓对数求导法是先对 $y=f(x)$ 的两端取对数,然后通过隐函

数求导法求出 y 的导数. 在某些情况下这种方法较简便, 我们通过下面的例子来说明这种方法.

例 4 求 $y = \sin x^{\cos x}$ 的导数.

解 为了求这函数的导数, 可以先在两边取对数, 得

$$\ln y = \cos x \ln \sin x.$$

上式两边对 x 求导, 注意到 y 是 x 的函数, 得

$$\frac{1}{y} y' = -\sin x \ln \sin x + \frac{\cos^2 x}{\sin x},$$

于是

$$y' = \sin x^{\cos x} \left(-\sin x \ln \sin x + \frac{\cos^2 x}{\sin x} \right).$$

对于一般形式的幂指函数

$$y = u^v \quad (u > 0), \tag{1}$$

如果 $u = u(x)$, $v = v(x)$ 都可导, 则利用对数求导法求出幂指函数 (1) 的导数如下:

先对两边取对数, 得

$$\ln y = v \ln u,$$

上式两边对 x 求导, 注意到 y, u, v 都是 x 的函数, 得

$$\frac{1}{y} y' = v' \ln u + v \frac{1}{u} u',$$

于是

$$y' = y \left(v' \ln u + \frac{v u'}{u} \right).$$

例 5 求 $y = \sqrt{\dfrac{(x-1)(x-2)}{(x-3)(x-4)}}$ 的导数.

解 先在两边取对数 (假定 $x > 4$), 得

$$\ln y = \frac{1}{2}[\ln(x-1) + \ln(x-2) - \ln(x-3) - \ln(x-4)],$$

上式两边对 x 求导,注意到 y 是 x 的函数,得

$$\frac{1}{y}y' = \frac{1}{2}\left(\frac{1}{x-1} + \frac{1}{x-2} - \frac{1}{x-3} - \frac{1}{x-4}\right),$$

于是

$$y' = \frac{y}{2}\left(\frac{1}{x-1} + \frac{1}{x-2} - \frac{1}{x-3} - \frac{1}{x-4}\right).$$

对 $x<1$ 或 $2<x<3$,可用同样方法求得上面相同的结果.

三、由参数方程所确定的函数的导数

在表示 x 与 y 的函数关系时,我们常常引入第三个变量(例如参数 t),通过建立 t 与 x、t 与 y 之间的函数关系,间接地确定 x 与 y 之间的函数关系.

研究物体运动的轨迹时,常遇到参数方程,例如,研究抛射体的运动问题时抛射体的运动轨迹可表示为

$$\begin{cases} x = v_1 t, \\ y = v_2 t - \frac{1}{2}gt^2, \end{cases} \tag{2}$$

其中 v_1、v_2 分别是抛射体初速度的水平、垂直分量,g 是重力加速度,t 是飞行时间,x 和 y 分别是飞行中抛射体在垂直平面上的位置的横坐标和纵坐标(图 2-5),消去(2)中的参数 t,有

$$y = \frac{v_2}{v_1}x - \frac{g}{2v_1^2}x^2.$$

这是因变量 y 与自变量 x 直接联系的式子,也是参数方程(2)所确定的函数的显式表示.

一般地,自变量 x 和因变量 y

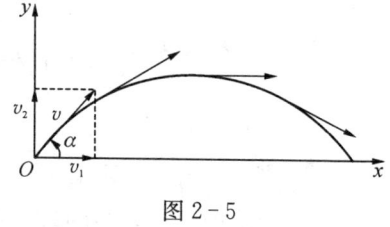

图 2-5

的函数关系由参数形式

$$\begin{cases} x = \varphi(t), \\ y = \psi(t), \end{cases} \quad (t \text{ 是参数}, t_0 \leqslant t \leqslant t_1) \tag{3}$$

确定. 其中 $\varphi(t)$ 和 $\psi(t)$ 都在 (t_0, t_1) 上可导,$\varphi(t)$ 在 (t_0, t_1) 上严格单调,且 $\varphi'(t) \neq 0$.

在需要计算由(3)式所确定的函数的导数时,由(3)式中消去参数 t 有时会有困难. 因此要求有一种方法直接由(3)式算出它所确定的函数的导数. 下面我们导出参数形式的导数公式.

由反函数的求导法则(第二节定理2),$x = \varphi(t)$ 在 (t_0, t_1) 上有反函数 $t = \varphi^{-1}(x)$ 存在,且成立

$$\left[\varphi^{-1}(x)\right]' = \frac{1}{\varphi'(t)},$$

这样,y 关于 x 的函数关系可以写成

$$y = \psi(t) = \psi(\varphi^{-1}(x)),$$

由复合函数求导法则,

$$\frac{\mathrm{d}y}{\mathrm{d}x} = \frac{\mathrm{d}y}{\mathrm{d}t} \cdot \frac{\mathrm{d}t}{\mathrm{d}x} = \frac{\mathrm{d}\psi(t)}{\mathrm{d}t} \cdot \frac{\mathrm{d}\varphi^{-1}(x)}{\mathrm{d}x} = \frac{\psi'(t)}{\varphi'(t)}. \tag{4}$$

这就是参数形式的函数的导数公式.

如果 $x = \varphi(t), y = \psi(t)$ 还是二阶可导的,可求得 $\dfrac{\mathrm{d}^2 y}{\mathrm{d}x^2}$. 而 $\dfrac{\mathrm{d}^2 y}{\mathrm{d}x^2}$ 实际上是函数

$$\begin{cases} x = \varphi(t), \\ \dfrac{\mathrm{d}y}{\mathrm{d}x} = \dfrac{\psi'(t)}{\varphi'(t)} \end{cases}$$

关于 x 的导数. 对它再使用参数形式的函数求导公式

$$\frac{\mathrm{d}^2 y}{\mathrm{d}x^2} = \frac{\dfrac{\mathrm{d}}{\mathrm{d}t}\left(\dfrac{\mathrm{d}y}{\mathrm{d}x}\right)}{\dfrac{\mathrm{d}x}{\mathrm{d}t}} = \frac{\left(\dfrac{\psi'(t)}{\varphi'(t)}\right)'_t}{\varphi'(t)} = \frac{\psi''(t)\varphi'(t) - \psi'(t)\varphi''(t)}{\left[\varphi'(t)\right]^3} \tag{5}$$

例 6 设椭圆的参数方程为

$$\begin{cases} x = a\cos t, \\ y = b\sin t \end{cases} (0 \leqslant t \leqslant 2\pi).$$

求椭圆在 $t = \dfrac{\pi}{4}$ 相应的点处的切线方程.

解 当 $t = \dfrac{\pi}{4}$ 时,相应点 M_0 坐标为

$$x_0 = a\cos\frac{\pi}{4} = \frac{\sqrt{2}}{2}a,$$

$$y_0 = a\sin\frac{\pi}{4} = \frac{\sqrt{2}}{2}a.$$

曲线在点 M_0 的切线斜率为

$$\left.\frac{\mathrm{d}y}{\mathrm{d}x}\right|_{t=\frac{\pi}{4}} = \left.\frac{(b\sin t)'}{(a\cos t)'}\right|_{t=\frac{\pi}{4}} = \left.\frac{-b\cos t}{a\sin t}\right|_{t=\frac{\pi}{4}} = -\frac{b}{a}.$$

可得椭圆在 M_0 点切线方程

$$y - \frac{\sqrt{2}}{2}b = -\frac{b}{a}\left(x - \frac{\sqrt{2}}{2}a\right).$$

即

$$bx + ay - \sqrt{2}ab = 0.$$

例 7 已知抛射体的运动轨迹的参数方程为

$$\begin{cases} x = v_1 t, \\ y = v_2 t - \dfrac{1}{2}gt^2. \end{cases}$$

求抛射体在时刻 t 的运动速度的大小和方向,且在什么时刻物体的飞行方向是水平的.

解 先求速度的大小.

由于速度的水平分量为

$$\frac{dx}{dt} = v_1,$$

垂直分量为

$$\frac{dy}{dt} = v_2 - gt,$$

所以抛射体运动速度的大小为

$$v = \sqrt{\left(\frac{dx}{dt}\right)^2 + \left(\frac{dy}{dt}\right)^2} = \sqrt{v_1^2 + (v_2 - gt)^2}$$

再求速度的方向,也就是轨迹的切线方向.

设 α 是切线的倾角,则根据导数的几何意义,得

$$\tan\alpha = \frac{dy}{dx} = \frac{\dfrac{dy}{dt}}{\dfrac{dx}{dt}} = \frac{v_2 - gt}{v_1}.$$

当 $t = \dfrac{v_2}{g}$ 时,

$$\tan\alpha \bigg|_{t=\frac{v_2}{g}} = \frac{dy}{dx}\bigg|_{t=\frac{v_2}{g}} = 0,$$

此时运动方向是水平的.

例 8 计算由摆线(图 2-6)的参数方程

$$\begin{cases} x = a(t - \sin t), \\ y = a(1 - \cos t) \end{cases}$$

所确定的函数 $y = y(x)$ 的二阶导数.

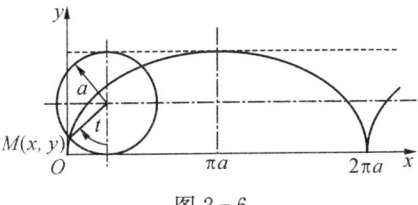

图 2-6

解 $\dfrac{dy}{dx} = \dfrac{\dfrac{dy}{dt}}{\dfrac{dx}{dt}} = \dfrac{a\sin t}{a(1-\cos t)}$

$$= \frac{\sin t}{1-\cos t} = \cot \frac{t}{2} \quad (t \neq 2n\pi, n \in \mathbf{Z}).$$

$$\frac{d^2 y}{dx^2} = \frac{d}{dx}\left(\cot \frac{t}{2}\right) \cdot \frac{1}{\frac{dx}{dt}} = -\frac{1}{2\sin^2 \frac{t}{2}} \cdot \frac{1}{a(1-\cos t)}$$

$$= -\frac{1}{a(1-\cos t)^2} \quad (t \neq 2n\pi, n \in \mathbf{Z}).$$

三、相关变化率

设 x、y 都是 t 的函数,对于函数 $y = f(x)$,已知 $\dfrac{dx}{dt}$ 求 $\dfrac{dy}{dt}$ 的问题,通常称为相关(或相对)变化率问题. 实际上,也就是复合函数的求导问题,即

$$\frac{dy}{dt} = \frac{dy}{dx} \cdot \frac{dx}{dt}$$

如果 $y = f(x)$ 由 $F(x, y) = 0$ 所确定,则按照函数求导方法,也可求出 $\dfrac{dy}{dt}$.

例 9 如图 2-7,从水平场地正在垂直上升的一个热气球被距离起飞点 500 m 远处的测距器所跟踪. 在测距器的仰角为 $\dfrac{\pi}{4}$ 的瞬间仰角以 0.14 弧度/min 的速率增长,在该瞬间气球的上升有多快?

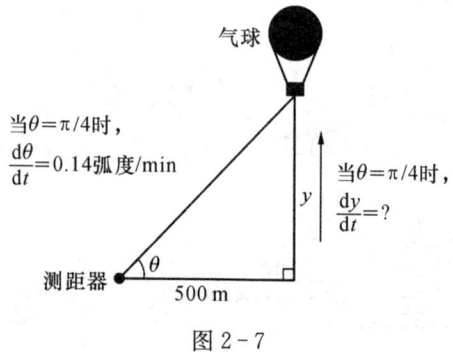

图 2-7

解 设气球上升 $t(\min)$ 后的高度为 y,测距仰角为 θ,则

$$\tan\theta = \frac{y}{500},$$

其中 y、θ 为 t 的函数. 上式两边对 t 求导

$$\sec^2\theta \cdot \frac{\mathrm{d}\theta}{\mathrm{d}t} = \frac{1}{500}\frac{\mathrm{d}y}{\mathrm{d}t},$$

得

$$\frac{\mathrm{d}y}{\mathrm{d}t} = 500\sec^2\theta\frac{\mathrm{d}\theta}{\mathrm{d}t}.$$

将 $\theta = \frac{\pi}{4}$, $\frac{\mathrm{d}\theta}{\mathrm{d}t} = 0.14$ 代入上式,得

$$\frac{\mathrm{d}y}{\mathrm{d}t} = 500(\sqrt{2})^2(0.14) = 140(\mathrm{m/min}).$$

答 气球上升的速度为 $140\ \mathrm{m/min}$.

习题 2-4(A)

1. 求由下列方程所确定的隐函数的导数 $\frac{\mathrm{d}y}{\mathrm{d}x}$:

(1) $y^2 - 2xy + 6 = 0$; (2) $x^3 + y^3 - 3axy = 0$;

(3) $y = 1 - x\mathrm{e}^y$; (4) $xy = \mathrm{e}^{x+y}$;

(5) $\sin(xy) - \ln\frac{x+1}{y} = 1$; (6) $f(x^2 + y^2) = y$ (其中 $f(u)$ 可导).

2. 验证:由方程 $xy - \ln y = 1$ 所确定的隐函数 $y(x)$ 满足关系式: $y^2 + (xy - 1)\frac{\mathrm{d}y}{\mathrm{d}x} = 0$.

3. 求曲线 $x^{\frac{2}{3}} + y^{\frac{2}{3}} = a^{\frac{2}{3}}$ 在点 $\left(\frac{\sqrt{2}}{4}a, \frac{\sqrt{2}}{4}a\right)$ 处的切线方程与法线方程.

4. 用对数求导法求下列函数的导数:

(1) $y = (1 + x^2)^{\sin x}$; (2) $y = (\tan 2x)^{\cos x}$;

(3) $y = \frac{(x+1)^2 \sqrt{3-x}}{(x^2+1)^3}$; (4) $y = \sqrt[3]{\frac{x(x^2+1)}{\sqrt[5]{2-x}}}$;

(5) $y = \sqrt{x \sin x \sqrt{1-e^x}}$;

(6) $y = (\ln x)^x + x^{\frac{1}{x}}$;

(7) $y = x^\pi + \pi^x + x^{\pi^x} + \pi^{x^\pi}$;

(8) $y = \left(\dfrac{a}{b}\right)^x \left(\dfrac{b}{x}\right)^a \left(\dfrac{x}{a}\right)^b$ $(a, b > 0)$.

5. 求下列参数方程所确定的函数的导数 $\dfrac{dy}{dx}$:

(1) $\begin{cases} x = at^2, \\ y = bt^3; \end{cases}$

(2) $\begin{cases} x = \sin t, \\ y = \sin 2t; \end{cases}$

(3) $\begin{cases} x = a\cos^3 \varphi, \\ y = a\sin^3 \varphi; \end{cases}$

(4) $\begin{cases} x = \theta(1 - \sin\theta), \\ y = \theta\cos\theta. \end{cases}$

6. 写出下列曲线在给定点处的切线方程和法线方程:

(1) $\begin{cases} x = 2e^t, \\ y = e^{-t}, \end{cases}$ 在 $t = 0$ 处;

(2) $\begin{cases} x = \dfrac{3at}{1+t^2}, \\ y = \dfrac{3at^2}{1+t^2}, \end{cases}$ 在 $t = 2$ 处.

习题 2-4(B)

1. 求下列函数的导数(其中 $\varphi(x)$、$\psi(x)$ 均为可导函数):

(1) $y = \log_{\varphi(x)} \psi(x)$;

(2) $y = \sqrt[\varphi(x)]{\psi(x)}$.

2. 设由方程 $e^{x+y} = xy$ 确定的函数为 $x = x(y)$, 求 $\dfrac{dx}{dy}$.

3. 求下列参数方程所确定的函数的导数:

(1) $\begin{cases} x = a\cos\theta + a\theta\sin\theta, \\ y = a\sin\theta - a\theta\cos\theta, \end{cases}$ 求 $\dfrac{d^2 y}{dx^2}$;

(2) $\begin{cases} x = f'(t), \\ y = tf'(t) - f(t), \end{cases}$ 求 $\dfrac{d^2 y}{dx^2}$(其中 $f''(t)$ 存在且不为零);

(3) $\begin{cases} x = t^2 - \ln(1+t^2), \\ y = \arctan t, \end{cases}$ 求 $\dfrac{d^2 x}{dy^2}$;

(4) $\begin{cases} x = 1 - t^2, \\ y = t - t^3, \end{cases}$ 求 $\dfrac{d^3 y}{dx^3}$;

(5) $\begin{cases} x = \ln(1+t^2), \\ y = t - \arctan t, \end{cases}$ 求 $\dfrac{d^3 y}{dx^3}$.

4. 求星形线 $\begin{cases} x = a\cos^3 t, \\ y = a\sin^3 t \end{cases}$ 在 $t = \dfrac{3\pi}{4}$ 处的切线与 Ox 轴的夹角.

5. 已知 $\begin{cases} x = 3t^2 + 2t, \\ e^y \sin t - y + 1 = 0, \end{cases}$ 求 $\dfrac{dy}{dx}\bigg|_{t=0}$.

6. 设 $\begin{cases} x = te^t, \\ e^t + e^y = 2, \end{cases}$ 求 $\dfrac{d^2 y}{dx^2}\bigg|_{t=0}$.

7. 证明曲线 $\begin{cases} x = a\left(\ln\tan\dfrac{t}{2} + \cos t\right), \\ y = a\sin t \end{cases}$ $(a > 0, 0 < t < \pi)$

上任一点的切线与 x 轴的交点至切点的距离恒为常数.

8. 设沿 x 轴运动的物体在 t 时刻的位置为 $x = t^3 - 6t^2 + 9t$(米),

(1) 求速度为零的每个时刻的加速度；

(2) 求加速度为零时的速率.

9. 落在平静水面上的石头,产生同心波纹.若最外一圈波半径的增大率总是 6 m/s,问在 2 s 末扰动水面面积的增大率为多少?

10. 注水入深 8 m 上顶直径 8 m 的正圆锥形容器中,其速率为 4 m³/min. 当水深为 5 m 时,其表面上升的速率为多少?

11. 溶液自深 18 cm 顶直径 12 cm 的正圆锥形漏斗中漏入一直径为 10 cm 的圆柱形筒中,开始时漏斗中盛满了溶液.已知当溶液在漏斗中深为 12 cm 时,其表面下降的速率为 1 cm/min. 问此时圆柱形筒中溶液表面上升的速率为多少?

12. 正在追逐一辆超速行驶汽车的一辆警察巡逻车正从北向南驶向一个直角路口,超速汽车已拐过路口向东驶去.当巡逻车离路口向北 0.6 英里而汽车离路口向东 0.8 英里/时,警察用雷达确定了两车之间的距离正以 20 英里／时的速率在增长.如果巡逻车在该测量时刻以 60 英里／时的速率行驶,试问该瞬间超速汽车的速率为多少?

第五节　函数的微分

一、微分的定义

先分析一个具体问题,一块正方形金属薄片受温度变化的影响,其边长由 x_0 变到 $x_0 + \Delta x$ (图 2-8).问此薄片的面积改变了多少?

设此薄片的边长为 x,面积为 A,则 A 是 x 的函数: $A = x^2$. 薄片受温度变化的影响时面积的改变量,可以看成当自变量 x 自 x_0 取得增

量 Δx 时，函数 A 相应的增量 ΔA，即

$$\Delta A = (x_0+\Delta x)^2 - x_0^2 = 2x_0\Delta x + (\Delta x)^2.$$

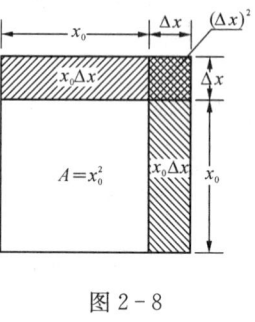

从上式可以看出，ΔA 分成两部分，第一部分 $2x_0\Delta x$ 是 Δx 的线性函数，即图中带有斜线的两个矩形面积之和，而第二部分 $(\Delta x)^2$，即图中是带有交叉斜线的小正方形的面积. 当 $\Delta x \to 0$ 时，第二部分 $(\Delta x)^2$ 是比 Δx 高阶的无穷小，即 $(\Delta x)^2 = o(\Delta x)$. 由此可见，如果边长改变很微小，即 $|\Delta x|$ 很小时，面积的改变量 ΔA 可近似地用第一部分来代替.

图 2-8

一般地，如果函数 $y = f(x)$ 满足一定条件，则函数的增量 Δy 可表示为

$$\Delta y = A(x)\Delta x + o(\Delta x)$$

其中 $A(x)$ 是不依赖于 Δx 的常数，因此 $A(x)\Delta x$ 是 Δx 的线性函数，且它与 Δy 之差

$$\Delta y - A(x)\Delta x = o(\Delta x)$$

是比 Δx 高阶的无穷小，所以，当 $A \neq 0$，且 $|\Delta x|$ 很小时，我们就可近似地用 $A(x)\Delta x$ 来代替 Δy.

定义 设函数 $y = f(x)$ 在某区间内有定义，x_0 及 $x_0+\Delta x$ 在这区间内，如果函数的增量 Δy 可表示为

$$\Delta y = A\Delta x + o(\Delta x), \tag{1}$$

其中 $A = A(x_0)$ 不依赖于 Δx，那么称函数 $y = f(x)$ 在点 x_0 是可微的，而 $A\Delta x$ 称作函数 $y = f(x)$ 在点 x_0 相应于自变量增量 Δx 的微分，记作 dy，即

$$dy = A \cdot \Delta x$$

显然由定义可知，$f(x)$ 在 x_0 处可微，那么当 $\Delta x \to 0$ 时，必定有 $\Delta y \to 0$，于是 $f(x)$ 在点 x 处是连续的，即可微必定连续.

二、微分和导数

下面我们讨论微分和导数之间的关系.

定理 函数 $y=f(x)$ 在点 x_0 处可微的充分必要条件是函数 $f(x)$ 在点 x_0 处可导.

证明 设函数 $y=f(x)$ 在点 x_0 可微,则按定义有(1)式成立. (1)式两边除以 Δx,得

$$\frac{\Delta y}{\Delta x} = A(x_0) + \frac{o(\Delta x)}{\Delta x}.$$

于是,当 $\Delta x \to 0$ 时,由上式就得到

$$A = \lim_{\Delta x \to 0} \frac{\Delta y}{\Delta x} = f'(x_0).$$

因此,如果函数 $f(x)$ 在点 x_0 可微,则 $f(x)$ 在点 x_0 也一定可导(即 $f'(x_0)$ 存在),且 $A = f'(x_0)$.

反之,如果 $y=f(x)$ 在点 x_0 可导,即

$$\lim_{\Delta x \to 0} \frac{\Delta y}{\Delta x} = f'(x_0)$$

存在,根据极限与无穷小的关系有

$$\frac{\Delta y}{\Delta x} = f'(x_0) + \alpha,$$

其中 $\alpha \to 0$(当 $\Delta x \to 0$),也就是

$$\Delta y = f'(x_0)\Delta x + \alpha \Delta x.$$

因 $\alpha \Delta x = o(\Delta x)$,且 $f'(x_0)$ 不依赖于 Δx,故上式相当于(1)式,所以 $f(x)$ 在点 x_0 也是可微的. 证毕.

注1 在 $f'(x_0) \neq 0$ 时,有

$$\lim_{\Delta x \to 0} \frac{\Delta y}{\mathrm{d}y} = \lim_{\Delta x \to 0} \frac{\Delta y}{f'(x_0)\Delta x} = \frac{1}{f'(x_0)} \lim_{\Delta x \to 0} \frac{\Delta y}{\Delta x} = 1.$$

可见,当 $\Delta x \to 0$ 时,Δy 与 dy 是等价无穷小,从而有
$$\Delta y = dy + o(dy),$$
因此,在 $|\Delta x|$ 很小时,有近似等式
$$\Delta y \approx dy.$$

例1 求函数 $y = x^2$ 在 $x = 1$ 处的微分.

解 $dy\Big|_{x=1} = (x^2)'\Big|_{x=1} \Delta x = 2\Delta x.$

注2 通常把自变量 x 的增量 Δx 称为自变量的微分,记作 dx,即 $dx = \Delta x$. 于是函数 $y = f(x)$ 的微分又可记作
$$dy = f'(x)dx.$$
从而有
$$\frac{dy}{dx} = f'(x).$$
这就是说,函数的微分 dy 与自变量的微分 dx 之商等于该函数的导数,因而,导数也称为"微商".

三、微分的几何意义与物理意义

为了对微分有直观的了解,下面利用导数的几何意义以及导数和微分的关系,给出微分的几何意义:它是用底边为 dx、斜率为 $f'(x)$ 的直角三角形的高 $dy = f'(x)dx$ 来近似代替由底边为 dx 和曲线 $f(x)$ 相应的一段所决定的曲边直角三角形的"高" Δy(图 2-9),其误差是 dx 的高阶无穷小量.

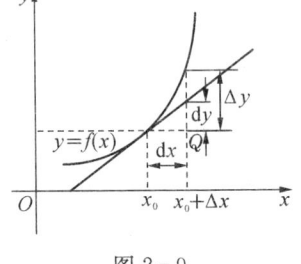

图 2-9

现考虑微分的物理意义.

设 $s(t)$ 是质点从起始点开始经过时间 t 所经过的路程,则
$$s'(t) = \lim_{\Delta t \to 0} \frac{s(t+\Delta t) - s(t)}{\Delta t}$$
表示质点在 t 时刻的速度,即 $v(t) = s'(t)$,根据微分的定义 $ds = v\Delta t$,所

以函数的微分 $\mathrm{d}s(t)$ 等于质点以 $v(t)$ 为速度经过时间 Δt 所通过的路程.

四、基本初等函数的微分公式与微分运算法则

从函数的微分的表达式

$$\mathrm{d}y = f'(x)\mathrm{d}x$$

可以看出,要计算函数的微分,只要计算函数的导数,再乘以自变量的微分.因此,可得如下的微分公式和微分运算法则.

1. 基本初等函数的微分公式

由基本初等函数的导数公式,可以直接写出基本初等函数的微分公式,为了便于对照,列表如下:

导 数 公 式	微 分 公 式
$(x^\mu)' = \mu x^{\mu-1}$	$\mathrm{d}(x^\mu) = \mu x^{\mu-1}\mathrm{d}x$
$(\sin x)' = \cos x$	$\mathrm{d}(\sin x) = \cos x\,\mathrm{d}x$
$(\cos x)' = -\sin x$	$\mathrm{d}(\cos x) = -\sin x\,\mathrm{d}x$
$(\tan x)' = \sec^2 x$	$\mathrm{d}(\tan x) = \sec^2 x\,\mathrm{d}x$
$(\cot x)' = -\csc^2 x$	$\mathrm{d}(\cot x) = -\csc^2 x\,\mathrm{d}x$
$(\sec x)' = \sec x \tan x$	$\mathrm{d}(\sec x) = \sec x \tan x\,\mathrm{d}x$
$(\csc x)' = -\csc x \cot x$	$\mathrm{d}(\csc x) = -\csc x \cot x\,\mathrm{d}x$
$(a^x)' = a^x \ln a$	$\mathrm{d}(a^x) = a^x \ln a\,\mathrm{d}x$
$(\mathrm{e}^x)' = \mathrm{e}^x$	$\mathrm{d}(\mathrm{e}^x) = \mathrm{e}^x\,\mathrm{d}x$
$(\log_a x)' = \dfrac{1}{x \ln a}$	$\mathrm{d}(\log_a x) = \dfrac{1}{x \ln a}\mathrm{d}x$
$(\ln x)' = \dfrac{1}{x}$	$\mathrm{d}(\ln x) = \dfrac{1}{x}\mathrm{d}x$
$(\arcsin x)' = \dfrac{1}{\sqrt{1-x^2}}$	$\mathrm{d}(\arcsin x) = \dfrac{1}{\sqrt{1-x^2}}\mathrm{d}x$
$(\arccos x)' = -\dfrac{1}{\sqrt{1-x^2}}$	$\mathrm{d}(\arccos x) = -\dfrac{1}{\sqrt{1-x^2}}\mathrm{d}x$
$(\arctan x)' = \dfrac{1}{1+x^2}$	$\mathrm{d}(\arctan x) = \dfrac{1}{1+x^2}\mathrm{d}x$
$(\mathrm{arccot}\, x)' = -\dfrac{1}{1+x^2}$	$\mathrm{d}(\mathrm{arccot}\, x) = -\dfrac{1}{1+x^2}\mathrm{d}x$

2. 函数和、差、积、商的微分法则

由函数和、差、积、商的求导法则,可推得相应的微分法则,为了便于对照,列成下表(表中 $u=u(x)$, $v=v(x)$ 都可导):

函数和、差、积、商的求导法则	函数和、差、积、商的微分法则
$(u \pm v)' = u' \pm v'$ $(cu)' = cu'$ $(uv)' = u'v + uv'$ $\left(\dfrac{u}{v}\right)' = \dfrac{u'v - uv'}{v^2}\ (v \neq 0)$	$\mathrm{d}(u \pm v) = \mathrm{d}u \pm \mathrm{d}v$ $\mathrm{d}(cu) = c\mathrm{d}u$ $\mathrm{d}(uv) = v\mathrm{d}u + u\mathrm{d}v$ $\mathrm{d}\left(\dfrac{u}{v}\right) = \dfrac{v\mathrm{d}u - u\mathrm{d}v}{v^2}\ (v \neq 0)$

现在我们以乘积的微分法则为例加以证明.

根据函数微分的表达式,有

$$\mathrm{d}(uv) = (uv)' \mathrm{d}x$$

再根据乘积的求导法则,有

$$(uv)' = u'v + uv'.$$

于是 $\quad \mathrm{d}(uv) = (u'v + uv')\mathrm{d}x = u'v\,\mathrm{d}x + uv'\,\mathrm{d}x.$

由于 $\quad u'\mathrm{d}x = \mathrm{d}u;\ v'\mathrm{d}x = \mathrm{d}v.$

所以 $\quad \mathrm{d}(uv) = v\mathrm{d}u + u\mathrm{d}v.$

其他法则都可以用类似方法证明.

3. 复合函数的微分法则

与复合函数的求导法则相应的复合函数的微分法则可推导如下:

设 $y=f(u)$ 及 $u=g(x)$ 都可导,则复合函数 $y=f(g(x))$ 的微分为

$$\mathrm{d}y = y'_x \mathrm{d}x = f'(u)g'(x)\mathrm{d}x. \tag{2}$$

由于 $g'(x)\mathrm{d}x = \mathrm{d}u$,所以,复合函数 $y=f(g(x))$ 的微分公式也可以写成

$$dy = f'(u)du \text{ 或 } dy = y'_u du. \tag{3}$$

由此可见,无论 u 是自变量还是另一个变量的可微函数,微分形式 $dy = f'(u)du$ 保持不变. 这一性质称为一阶微分形式不变性. 这性质表示,当变换自变量时(即设 u 为另一变量的任一可微函数时),微分形式 $dy = f'(u)du$ 并不改变.

例 2 $y = \sin(3x+2)$,求 dy.

解 设 $u = 3x+2$,

$$dy = d(\sin u) = \cos u\, du = \cos(3x+2)d(3x+2)$$
$$= \cos(3x+2)3dx = 3\cos(3x+2)dx.$$

在求复合函数的导数时,可以不写出中间变量. 在求复合函数的微分时,类似地也可以不写出中间变量,下面我们用这种方法来求函数的微分.

例 3 $y = e^{x^2}\cos x$,求 dy.

解 应用积的微分法则,得

$$dy = d(e^{x^2}\cos x) = \cos x\, de^{x^2} + e^{x^2}d\cos x$$
$$= (\cos x)e^{x^2}(2x\,dx) + e^{x^2}(-\sin x\, dx)$$
$$= (2xe^{x^2}\cos x - \sin x\, e^{x^2})dx$$

例 4 在下列等式左端的括号中填入适当的函数,使等式成立.

(1) $d(\qquad) = x^3 dx$;

(2) $d(\qquad) = \sin\omega t\, dt$.

解 (1) 我们知道

$$d(x^4) = 4x^3 dx.$$

可见

$$x^3 dx = \frac{1}{4}dx^4 = d\left(\frac{x^4}{4}\right).$$

即

$$d\left(\frac{x^4}{4}\right) = x^3 dx$$

一般地，有
$$d\left(\frac{x^4}{4}+C\right)=x^3 dx \quad (C \text{ 为任意常数}).$$

(2) 因为
$$d(-\cos\omega t)=\omega\sin\omega t\, dt,$$
$$\sin\omega t\, dt=\frac{1}{\omega}d(-\cos\omega t),$$
即
$$d\left(-\frac{1}{\omega}\cos\omega t\right)=\sin\omega t\, dt.$$

一般地，有
$$d\left(-\frac{1}{\omega}\cos\omega t+C\right)=\sin\omega t\, dt \quad (C \text{ 为任意常数}).$$

五、微分在近似计算中的应用

1. 函数的近似计算

在工程问题中，利用微分往往可以把一些复杂的计算公式用简单的近似公式来代替.

设 $y=f(x)$ 在点 x_0 处的导数 $f'(x_0)\neq 0$，且 $|\Delta x|$ 很小时，我们有
$$\Delta y\approx dy.$$

上式可以写成
$$\Delta y=f(x_0+\Delta x)-f(x_0)\approx f'(x_0)\Delta x, \tag{4}$$
或
$$f(x_0+\Delta x)\approx f(x_0)+f'(x_0)\Delta x. \tag{5}$$

在(5)中令 $x=x_0+\Delta x$，即 $\Delta x=x-x_0$，那么(5)式可改写为
$$f(x)\approx f(x_0)+f'(x_0)(x-x_0). \tag{6}$$

如果 $f(x_0)$ 与 $f'(x_0)$ 都容易计算,那么可利用(4)式来近似计算 Δy,利用(5)式来近似计算 $f(x_0+\Delta x)$,或利用(6)式来近似计算 $f(x)$. 这种近似计算的实质就是用 x 的线性函数 $f(x_0)+f'(x_0)(x-x_0)$ 近似代替函数 $f(x)$,从导数的几何意义可知,这就是用曲线 $y=f(x)$ 在点 $(x_0, f(x_0))$ 处的切线近似代替该曲线(在切点邻近部分).

例 5 有一批半径为 1 cm 的球,为了提高球面的光洁度,要镀上一层铜,厚度定为 0.01 cm,估计一下每只球需用铜多少克(铜的密度为 8.9 g/cm^3)?

解 先求出镀层的体积,再乘上密度就得到每只球需用铜的重量. 由于镀层的体积等于两个球体体积之差,所以其镀层的体积就是球体体积 $V=\dfrac{4}{3}\pi R^3$,当 R 从 R_0 取得增量 ΔR 时的增量 ΔV. 我们求 V 关于 R 的导数:

$$V'\Big|_{R=R_0}=\left(\dfrac{4}{3}\pi R^3\right)'\Big|_{R=R_0}=4\pi R_0^2.$$

由(4)式得

$$\Delta V\approx 4\pi R_0^2 \Delta R.$$

将 $R_0=1$,$\Delta R=0.01$ 代入上式,得

$$\Delta V\approx 4\times 3.14\times 1^2\times 0.01\approx 0.13(\text{cm}^3).$$

于是镀每只球需用的铜约为

$$0.13\times 8.9\approx 1.16(\text{g}).$$

例 6 利用微分计算 $\sin(60°20')$.

解 将 $60°20'$ 化为弧度,得

$$60°20'=\dfrac{\pi}{3}+\dfrac{\pi}{540}.$$

由于所求的是正弦函数的值,故设 $f(x)=\sin x$. 此时 $f'(x)=$

$\cos x$. 如果取 $x_0 = \dfrac{\pi}{3}$，则 $f\left(\dfrac{\pi}{3}\right) = \sin \dfrac{\pi}{3} = \dfrac{\sqrt{3}}{2}$ 与 $f'\left(\dfrac{\pi}{3}\right) = \cos \dfrac{\pi}{3} = \dfrac{1}{2}$ 都容易计算，并且 $\Delta x = \dfrac{\pi}{540}$ 比较小. 应用(5)式便得

$$\sin 60°20' = \sin\left(\dfrac{\pi}{3} + \dfrac{\pi}{540}\right) \approx \sin \dfrac{\pi}{3} + \cos \dfrac{\pi}{3} \cdot \dfrac{\pi}{540}$$

$$= \dfrac{\sqrt{3}}{2} + \dfrac{1}{2} \cdot \dfrac{\pi}{540} \approx 0.869.$$

下面我们来推导一些常用的近似公式. 为此，在(6)式中取 $x_0 = 0$，于是得

$$f(x) \approx f(0) + f'(0) \cdot x. \tag{7}$$

应用(7)式可以推得以下几个在工程上常用的近似公式（下面都假定 $|x|$ 是较小的数值）：

(1) $\sqrt[n]{1+x} \approx 1 + \dfrac{1}{n}x$；当 $n = 2$ 时，$\sqrt{1+x} \approx 1 + \dfrac{1}{2}x$.

(2) $\sin x \approx x$（x 用弧度作单位来表达）.

(3) $\tan x \approx x$（x 用弧度作单位来表达）.

(4) $e^x \approx 1 + x$.

(5) $\ln(1+x) \approx x$.

例 7 计算 $\sqrt{1.05}$ 的近似值.

解 $\sqrt{1.05} = \sqrt{1+0.05}$，这里 $x = 0.05$，其值较小，利用近似公式(1)（$n = 2$ 的情形），便得

$$\sqrt{1.05} \approx 1 + \dfrac{1}{2} \times 0.05 = 1.025.$$

例 8 在牛顿力学中假定质量为常数（不变的），爱因斯坦(Einstein)修正后的质量公式为

$$m = \dfrac{m_0}{\sqrt{1 - \dfrac{v^2}{c^2}}},$$

其中 m_0 表示速度为零时物体的质量(静止质量),c 是光速,大约为 300 000 千米/秒,现来估计速度为 v 时质量的增长 Δm.

解 当 v 和 c 相比很小时,$\dfrac{v^2}{c^2}$ 接近于零,利用 $\dfrac{1}{\sqrt{1-x^2}} \approx 1 + \dfrac{1}{2}x^2$,得

$$m = \frac{m_0}{\sqrt{1-\dfrac{v^2}{c^2}}} \approx m_0\left[1 + \frac{1}{2}\left(\frac{v}{c}\right)^2\right] = m_0 + \frac{1}{2}m_0 v^2\left(\frac{1}{c^2}\right),$$

即

$$\Delta m \approx \frac{1}{2}m_0 \frac{v^2}{c^2}.$$

能量解释 上式改写为

$$(\Delta m)c^2 \approx \frac{1}{2}m_0 v^2 = \frac{1}{2}m_0 v^2 - \frac{1}{2}m(0)^2 = \Delta(KE)$$

可知,从速度 0 到速度 v 的动能变化 $\Delta(KE)$ 近似等于 $(\Delta m)c^2$.

因为 $c = 3 \times 10^8$ 米/秒,可知

$$\Delta(KE) \approx 9 \times 10^{16} \Delta m \text{ 焦耳}.$$

由此我们知道小的质量变化可以创造出大的能量变化,例如爆炸一颗 2 万吨级的原子弹释放的能量只相当于把 1 g 的质量转换成的能量.

习题 2-5(A)

1. 设 $y = x^2 + 1$,试填写下表中的空白.

x	Δx	y	Δy	dy	$\Delta y - dy$
2	0.01				
	0.1	1			
	-0.2			0.8	

2. 设函数 $y=f(x)$ 的图像如图 2-10 所示，试在图(a)、(b)、(c)、(d)中分别标出点 x_0 的 dy、Δy 及 $\Delta y - dy$，并说明其正负.

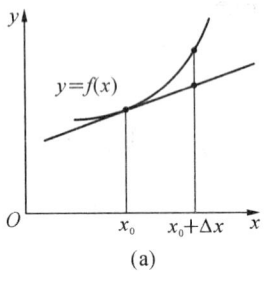
(a)

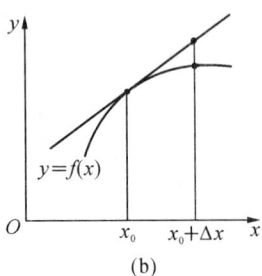
(b)

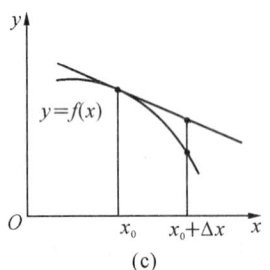
(c)

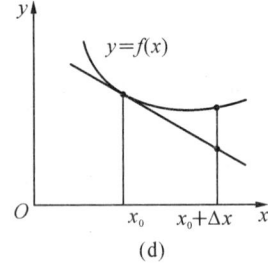
(d)

图 2-10

3. 求下列函数的微分：

(1) $y = \dfrac{1}{x^2} + \ln x$;

(2) $y = x\sin 2x$;

(3) $y = x^2 e^{2x}$;

(4) $y = \arctan \dfrac{1-x^2}{1+x^2}$;

(5) $y = e^{-x}\cos(3-x)$;

(6) $y = \tan^2(1+2x^2)$;

(7) $y = [\ln(1-x^2)]^3$;

(8) $y = \sqrt{x + \sqrt{x + \sqrt{x}}}$.

4. 求下列函数的微分 dy：

(1) $x + \sqrt{xy+y} = 4$;

(2) $y = \tan(x+y)$.

5. 将适当的函数填入下列括号内，使等式成立：

(1) $d(\quad) = 2dx$;

(2) $d(\quad) = 3x\,dx$;

(3) $d(\quad) = \cos t\,dt$;

(4) $d(\quad) = \sin \omega x\,dx$;

(5) $d(\quad) = \dfrac{1}{1+x}dx$;

(6) $d(\quad) = e^{-2x}dx$;

(7) d( ) = $\dfrac{1}{\sqrt{x}}dx$; (8) d( ) = $\sec^2 3x\,dx$.

习题 2-5(B)

1. 水管壁的正截面是一个圆环(图 2-11), 设它的内半径为 R_0, 壁厚为 h, 利用微分来计算这个圆环面积的近似值.

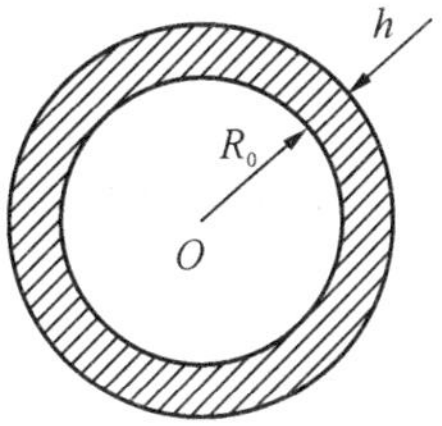

2. 扩音器插头为圆柱形, 截面半径 r 为 0.15 cm, 长度 l 为 4 cm, 为了提高它的导电性能, 必须在这圆柱的侧面镀上一层厚度为 0.001 cm 的纯铜, 问约需多少克纯铜?

3. 利用微分计算当 x 由 $45°$ 变到 $45°10'$ 时, 函数 $y = \cos x$ 的增量的近似值($1° = 0.017\,453$ 弧度).

图 2-11

4. 如图 2-12, 已知单摆的振动周期 $T = 2\pi\sqrt{\dfrac{l}{g}}$, 其中 $g = 980$ cm/s², l 为摆长(单位为 cm), 设原摆长为 20 cm, 为使周期 T 增大 0.05 s, 摆长约需加长多少?

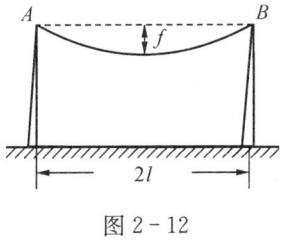

图 2-12

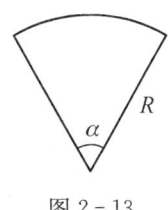

图 2-13

5. 设扇形的圆心角 $\alpha = 60°$, 半径 $R = 100$ cm(图 2-13). 如果 R 不变, α 减少 $30'$, 问扇形面积大约改变了多少? 又如果 α 不变, R 增加 1 cm, 问扇形面积大约改变了多少?

6. 计算下列三角函数值的近似值:
(1) $\cos 29°$;   (2) $\tan 136°$.

7. 计算下列反三角函数值的近似值:
(1) $\arcsin 0.500\,2$;   (2) $\arccos 0.499\,5$.

8. 当 $|x|$ 较小时, 证明下列近似公式:
(1) $\tan x \approx x$;   (2) $\ln(1+x) \approx x$;
(3) $\dfrac{1}{1+x} \approx 1 - x$, 并计算 $\tan 45'$ 和 $\ln 1.002$ 的近似值.

9. 计算下列各根式的近似值：

(1) $\sqrt[3]{996}$；   (2) $\sqrt[6]{65}$.

总复习题二

一、选择题

1. 若函数 $y=f(x)$ 有 $f'(x_0)=\dfrac{1}{2}$，则当 $\Delta x \to 0$ 时，该函数在 $x=x_0$ 处的微分 $\mathrm{d}y$ 是（　　）．

(A) 与 Δx 等价的无穷小　　(B) 与 Δx 同阶的无穷小

(C) 比 Δx 低阶的无穷小　　(D) 比 Δx 高阶的无穷小

2. 设 $f(x)$ 在 $x=a$ 的某个邻域内有定义，则 $f(x)$ 在 $x=a$ 处可导的一个充分条件是（　　）．

(A) $\lim\limits_{h\to +\infty} h\left[f\left(a+\dfrac{1}{h}\right)-f(a)\right]$ 存在

(B) $\lim\limits_{h\to 0}\dfrac{f(a+2h)-f(a+h)}{h}$ 存在

(C) $\lim\limits_{h\to 0}\dfrac{f(a+h)-f(a-h)}{2h}$ 存在

(D) $\lim\limits_{h\to 0}\dfrac{f(a)-f(a-h)}{h}$ 存在

3. 已知函数 $f(x)$ 具有任意阶导数，且 $f'(x)=[f(x)]^2$，则当 n 为大于 2 的正整数时，$f(x)$ 的 n 阶导数 $f^{(n)}(x)$ 是（　　）．

(A) $n![f(x)]^{n+1}$　　　(B) $n[f(x)]^{n+1}$

(C) $[f(x)]^{2n}$　　　　(D) $n![f(x)]^{2n}$

4. 设 $f(x)$ 可导，$F(x)=f(x)(1+|\sin x|)$，若使 $F(x)$ 在 $x=0$ 处可导，则必有（　　）．

(A) $f(0)=0$　　　　　(B) $f'(0)=0$

(C) $f(0)+f'(0)=0$　　(D) $f(0)-f'(0)=0$

5. 设周期函数 $f(x)$ 在 $(-\infty,+\infty)$ 内可导，周期为 4，又

$\lim\limits_{x\to 0}\dfrac{f(1)-f(1-x)}{2x}=-1$,则曲线 $y=f(x)$ 在点 $(5,f(5))$ 处的切线的斜率为(   ).

(A) $\dfrac{1}{2}$　　　(B) 0　　　(C) -1　　　(D) -2

二、填空题

1. 在"充分"、"必要"和"充分必要"三者中选择一个正确的填入下列空格内：

$f(x)$ 在点 x_0 可导是 $f(x)$ 在点 x_0 连续的_____条件；

$f(x)$ 在点 x_0 的左、右导数存在是 $f(x)$ 在点 x_0 可导的_____条件；

$f(x)$ 在点 x_0 可导是 $f(x)$ 在点 x_0 可微的_____条件.

2. 设 $f(t)=\lim\limits_{x\to\infty}t\left(\dfrac{x+t}{x-t}\right)^x$,则 $f'(t)=$ _____.

3. 已知 $f'(x_0)=-1$,则 $\lim\limits_{x\to 0}\dfrac{x}{f(x_0-2x)-f(x_0-x)}=$ _____.

4. 曲线 $y=x+\sin^2 x$ 在点 $\left(\dfrac{\pi}{2},1+\dfrac{\pi}{2}\right)$ 处的切线方程是_____.

*5. 某商品的需求量 Q 与价格 p 的函数关系为 $Q=ap^b$,其中 a 和 b 为常数,且 $a\neq 0$,则需求量对价格 p 的弹性是_____.

*6. 设商品的需求函数为 $Q=100-5p$,其中 Q、p 分别表示需求量和价格,如果商品需求弹性的绝对值大于 1,则商品价格的取值范围是_____.

三、计算题

1. 设 $y=\ln\dfrac{\sqrt{1+x^2}-1}{\sqrt{1+x^2}-1}$,求 y'.

2. 设 f 具有二阶导数,求 $\dfrac{d^2 y}{dx^2}$.

(1) $y = \sin[f(x^2)]$;　　(2) $y = f^2(x) + f(x^2)$.

3. 设 y 是由方程 $x^{y^2} + y^2 \ln x = 4$ 确定的 x 的函数,求 $\dfrac{dy}{dx}$.

4. 方程 $\sqrt[7]{y} = \sqrt[3]{x}$ $(x>0, y>0)$ 确定函数 $y = f(x)$,求 $\dfrac{d^2 y}{dx^2}$.

5. 设 $y = f(x+y)$,其中 f 具有二阶导数,且其一阶导数不等于 1,求 $\dfrac{d^2 y}{dx^2}$.

6. 求分段函数 $f(x) = \begin{cases} x^3, & x<0, \\ x^2, & 0 \leqslant x \leqslant 1, \\ 2-x, & x>1 \end{cases}$ 的导数.

7. 设 $f(x) = \begin{cases} \dfrac{g(x) - e^{-x}}{x}, & x \neq 0, \\ 0, & x = 0, \end{cases}$ 其中 $g(x)$ 有二阶连续导数,且 $g(0) = 1, g'(0) = -1$.

(1) 求 $f'(x)$;

(2) 讨论 $f'(x)$ 在 $(-\infty, +\infty)$ 上的连续性.

8. 求三叶玫瑰线 $r = a\sin 3\theta$ 在 $\theta = \dfrac{\pi}{3}$ 处的切线方程和法线方程. (也用极坐标表示).

9. 求垂直于直线 $2x + 4y = 3$ 并且和双曲线 $\dfrac{x^2}{2} - \dfrac{y^2}{7} = 1$ 相切的直线方程.

10. 设 $f(x)$ 满足 $f(x) + 2f\left(\dfrac{1}{x}\right) = \dfrac{3}{x}$,求 $f'(x)$.

11. 设函数 $f(x) = \begin{cases} x^k \sin \dfrac{1}{x}, & x \neq 0, \\ 0, & x = 0, \end{cases}$ (k 为整数) 问 k 满足什么条件, $f(x)$ 在 $x = 0$ 处 (1) 连续;(2) 可导;(3) 导数连续?

12. 求下列函数的 n 阶导数 $y^{(n)}$：

(1) $y = \dfrac{x}{\sqrt{2-x}}$； (2) $y = \dfrac{x^4}{x-1}$.

*13. 设某产品的成本函数为 $C = aq^2 + bq + c$，需求函数为 $q = \dfrac{1}{e}(d-p)$，其中 c 为成本，q 为需求量（即产量），p 为单价，a、b、c、d、e 都是正的常数，且 $d > b$，

求：(1) 需求对价格的弹性；

(2) 需求对价格弹性的绝对值为 1 时的产量.

第三章 微分中值定理和导数的应用

上一章我们引进了导数和微分的概念,讨论了导数的计算方法. 本章将应用导数来研究函数的某些性态,并利用这些知识来解决一些实际问题. 为此,我们先建立导数应用的理论基础——微分中值定理.

第一节 微分中值定理

首先,我们观察一个几何现象. 如图 3-1 所示,连续曲线弧 $\overset{\frown}{AB}$ 是函数 $y=f(x)$ ($x\in[a,b]$) 的图像,除端点外处处有不垂直于 x 轴的切线,且两个端点的纵坐标相等,即 $f(a)=f(b)$,可以发现在曲线弧的最高点(或最低点)C 处,曲线有水平的切线,即曲线有平行于弦 AB 的切线,如果记 C 点的横坐标为 ξ,那么就有 $f'(\xi)=0$. 现在从理论上对这个问题进行讨论. 为了方便,先介绍一个引理,即费马(Fermat)定理.

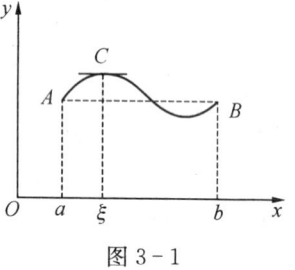

图 3-1

一、费马定理

费马定理 设函数 $f(x)$ 在点 x_0 的某邻域 $U(x_0)$ 内有定义,并且在 x_0 处可导,如果对任意的 $x\in U(x_0)$,有

$$f(x)\leqslant f(x_0) \quad (或 f(x)\geqslant f(x_0)),$$

则 $f'(x_0)=0$.

证明 不妨设 $x\in U(x_0)$ 时,$f(x)\leqslant f(x_0)$(如果 $f(x)\geqslant f(x_0)$,

可类似地证明). 对于 $x_0 + \Delta x \in U(x_0)$,有
$$f(x_0 + \Delta x) \leqslant f(x_0),$$
从而当 $\Delta x > 0$ 时,有
$$\frac{f(x_0 + \Delta x) - f(x_0)}{\Delta x} \leqslant 0;$$
当 $\Delta x < 0$ 时,有
$$\frac{f(x_0 + \Delta x) - f(x_0)}{\Delta x} \geqslant 0,$$
由函数极限的保号性,得到
$$f'_+(x_0) = \lim_{\Delta x \to 0^+} \frac{f(x_0 + \Delta x) - f(x_0)}{\Delta x} \leqslant 0,$$
$$f'_-(x_0) = \lim_{\Delta x \to 0^-} \frac{f(x_0 + \Delta x) - f(x_0)}{\Delta x} \geqslant 0.$$
由 $f(x)$ 在 x_0 处可导,$f'_+(x_0) = f'_-(x_0)$ 得
$$f'(x_0) = 0.$$

定义 导数等于零的点称为函数的驻点.

二、罗尔定理

罗尔(Rolle)定理 若函数 $f(x)$ 满足
(1) 在闭区间 $[a, b]$ 上连续;
(2) 在开区间 (a, b) 内可导;
(3) $f(a) = f(b)$,
则在 (a, b) 内至少存在一点 ξ $(a < \xi < b)$,使得 $f'(\xi) = 0$.

证明 由于 $f(x)$ 在闭区间 $[a, b]$ 上为连续函数,因此,$f(x)$ 只有两种可能情形:
(1) $f(x)$ 在 $[a, b]$ 上是一个常数,则 $\forall x \in (a, b)$,有 $f'(x) = 0$,因此,任取 $\xi \in (a, b)$,有 $f'(\xi) = 0$.

(2) $f(x)$ 在 $[a,b]$ 上不是常数,则 $f(x)$ 在 $[a,b]$ 上取得最大值 M 和最小值 m,且 $M>m$. 因为 $f(a)=f(b)$,所以 M 和 m 这两个数中至少有一个不等于 $f(x)$ 在区间 $[a,b]$ 的端点处的数值,不妨设 $M\neq f(a)$ (如果设 $m\neq f(a)$ 也可类似证明),那么必定在开区间 (a,b) 内有一点 ξ,使 $f(\xi)=M$. 因此,$\forall x\in[a,b]$,有 $f(x)\leqslant f(\xi)$,由费马定理可知 $f'(\xi)=0$.

定理证毕.

例 1 证明方程 $x^3-3x+1=0$ 在 $(0,1)$ 内有且仅有一个实根.

证明 设函数

$$f(x)=x^3-3x+1,$$

显然 $f(x)$ 在 $[0,1]$ 上连续,且 $f(0)=1>0$,$f(1)=-1<0$,由零点定理知,$\exists \tau\in(0,1)$,使得 $f(\tau)=0$,即 τ 是方程 $x^3-3x+1=0$ 的根.

再利用反证法证明方程在 $(0,1)$ 仅有一个根. 假设方程 $x^3-3x+1=0$ 在 $(0,1)$ 内有两个相异的实根 x_1、x_2 且 $x_1<x_2$,而 $f(x)$ 在 $[x_1,x_2]$ 上连续,在 (x_1,x_2) 内可导,且 $f(x_1)=f(x_2)$,所以 $f(x)$ 在 $[x_1,x_2]$ 上满足罗尔定理的条件,从而存在 $\xi\in(x_1,x_2)\subset(0,1)$ 使得 $f'(\xi)=0$. 而当 $x\in(0,1)$ 时,$f'(x)=3x^2-3=3(x^2-1)<0$,导出矛盾,所以方程仅有一个根.

三、拉格朗日中值定理

罗尔定理中 $f(a)=f(b)$ 较为特殊,使其应用受到一定的限制,如果把这个条件取消,就成为微分学应用中非常广泛和重要的拉格朗日 (Lagrange) 中值定理.

拉格朗日中值定理 若函数 $f(x)$ 满足

(1) 在闭区间 $[a,b]$ 上连续;

(2) 在开区间 (a,b) 内可导,

则在 (a,b) 内至少存在一点 $\xi(a<\xi<b)$,使等式

$$f(b)-f(a)=f'(\xi)(b-a) \qquad (1)$$

成立.

先看一下定理的几何意义. 如果把(1)式改写为

$$\frac{f(b)-f(a)}{b-a}=f'(\xi),$$

由图 3-2 可看出, $\frac{f(b)-f(a)}{b-a}$ 为弦 AB 的斜率, 而 $f'(\xi)$ 为曲线在点 C 处的切线的斜率, 因此拉格朗日中值定理的几何意义是: 如果连续曲线 $y=f(x)$ 的弧 $\overset{\frown}{AB}$ 上除端点外处处具有不垂直于 x 轴的切线, 那么这弧上至少有一点 C, 使曲线在 C 点处的切线平行于弦 AB.

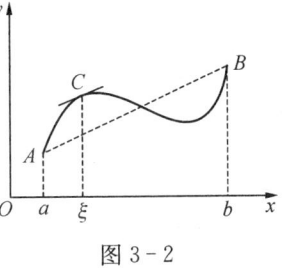

图 3-2

由图 3-1 看出, 在罗尔定理中, 由于 $f(a)=f(b)$, 弦 AB 是平行于 x 轴的, 因此点 C 处的切线实际上也平行于弦 AB, 由此可见, 罗尔定理是拉格朗日中值定理的特殊情形. 下面我们将应用罗尔定理来证明拉格朗日中值定理.

分析 我们将结论(1)改写为

$$f'(\xi)-\frac{f(b)-f(a)}{b-a}=0,$$

容易看出此式的左端是函数

$$F(x)=f(x)-\frac{f(b)-f(a)}{b-a}x$$

在点 ξ 处的导数. 要使(1)式成立, 即要证明 $F'(\xi)=0$, 因此一个自然的想法是, 这个函数是否满足罗尔定理的条件, 如果 $F(x)$ 满足罗尔定理的条件, 则结论成立.

证明 引进辅助函数

$$F(x)=f(x)-\frac{f(b)-f(a)}{b-a}x,$$

由 $f(x)$ 在 $[a,b]$ 上连续, 可知 $F(x)$ 在 $[a,b]$ 上连续; 由 $f(x)$ 在 (a,b)

内可导,可知 $F(x)$ 也在 (a,b) 内可导,且

$$F(a) = F(b) = \frac{bf(a) - af(b)}{b-a}.$$

由罗尔定理可知,在 (a,b) 内至少存在一点 ξ,使 $F'(\xi)=0$,由此可得

$$f'(\xi) - \frac{f(b) - f(a)}{b-a} = 0,$$

即

$$f(b) - f(a) = f'(\xi)(b-a).$$

定理证毕.

显然,公式(1)对于 $b<a$ 也成立.(1)式称为拉格朗日中值公式.

如果 $f(x)$ 在 $[x, x+\Delta x]$(当 $\Delta x>0$)或 $[x+\Delta x, x]$(当 $\Delta x<0$)上满足拉格朗日定理的条件,由于 $0<\xi-x<\Delta x$,从而 $0<\frac{\xi-x}{\Delta x}<1$,令 $\theta = \frac{\xi-x}{\Delta x}$ 得 $\xi = x+\theta\Delta x$,$0<\theta<1$. 中值公式可写为

$$f(x+\Delta x) - f(x) = f'(x+\theta\Delta x) \cdot \Delta x \quad (0<\theta<1). \quad (2)$$

(2)式给出了函数增量 Δf 与自变量增量 Δx 通过导数来联系的一个精确关系式. 称(2)式为拉格朗日有限增量公式.

推论 1 若函数 $f(x)$ 在区间 I 上导数恒为零,则 $f(x)$ 在 I 上是一个常数.

证明 在区间 I 上任取 x_1、$x_2(x_1<x_2)$,应用(1)式可得

$$f(x_2) - f(x_1) = f'(\xi)(x_2 - x_1) \quad (x_1<\xi<x_2).$$

由 $f'(\xi)=0$,所以 $f(x_2) - f(x_1) = 0$,即

$$f(x_2) = f(x_1).$$

因为 x_1、x_2 是 I 上任意两点,即 $f(x)$ 在 I 上的函数值相等,因此 $f(x)$ 在 I 上必为常数.

推论 2 若函数 $f(x)$ 和 $g(x)$ 在区间 I 上的导数处处相等,则

$f(x)$ 和 $g(x)$ 在 I 上相差一个常数.

证明可由读者自己完成.

不难看出,当 I 是闭区间 $[a,b]$ 时,只要 $f(x)$、$g(x)$ 在 $[a,b]$ 上连续,在 (a,b) 内可导,推论 1、2 的结论仍然成立.

例 2 证明当 $x>0$ 时,成立
$$\frac{x}{1+x} < \ln(1+x) < x.$$

证明 设 $f(x)=\ln(1+x)$,显然 $f(x)$ 在区间 $[0,x]$ 上满足拉格朗日中值定理的条件,所以有
$$f(x)-f(0)=f'(\xi)(x-0) \quad (0<\xi<x).$$
由于 $f(0)=0$,$f'(x)=\dfrac{1}{1+x}$,因此上式即为
$$\ln(1+x)=\frac{x}{1+\xi}.$$
又由 $0<\xi<x$,有
$$\frac{x}{1+x} < \frac{x}{1+\xi} < x,$$
即
$$\frac{x}{1+x} < \ln(1+x) < x \quad (x>0).$$

例 3 证明当 $x\in[-1,1]$ 时,成立
$$\arcsin x + \arccos x = \frac{\pi}{2}.$$

证明 令函数 $f(x)=\arcsin x+\arccos x$,显然 $f(x)$ 在 $[-1,1]$ 上连续,在 $(-1,1)$ 内可导,且 $f'(x)=\dfrac{1}{\sqrt{1-x^2}}-\dfrac{1}{\sqrt{1-x^2}}=0$,于是由推论 1 可知,在 $[-1,1]$ 上恒成立
$$f(x)=\arcsin x+\arccos x=C.$$

令 $x=0$,得 $C=\dfrac{\pi}{2}$,从而得

$$\arcsin x + \arccos x = \frac{\pi}{2}.$$

四、柯西中值定理

柯西(Cauchy)中值定理 若函数 $f(x)$ 及 $g(x)$ 满足
(1) 在闭区间 $[a,b]$ 上连续;
(2) 在开区间 (a,b) 内可导;
(3) 对任一 $x \in (a,b)$,$g'(x) \neq 0$,

则在 (a,b) 内至少存在一点 ξ $(a<\xi<b)$,使得等式

$$\frac{f(b)-f(a)}{g(b)-g(a)} = \frac{f'(\xi)}{g'(\xi)} \tag{3}$$

成立.

证明 首先注意到 $g(b)-g(a) \neq 0$,这是由于

$$g(b)-g(a) = g'(\eta)(b-a) \quad (a<\eta<b),$$

据假设 $g'(\eta) \neq 0$,又 $b-a \neq 0$,所以

$$g(b)-g(a) \neq 0.$$

作辅助函数

$$F(x) = f(x) - \frac{f(b)-f(a)}{g(b)-g(a)} g(x).$$

容易验证,辅助函数 $F(x)$ 满足罗尔定理的条件:在 $[a,b]$ 上连续,在 (a,b) 内可导,且

$$F(a) = \frac{f(a)g(b)-f(b)g(a)}{g(b)-g(a)} = F(b).$$

根据罗尔定理,可知在 (a,b) 内必定有一点 ξ,使 $F'(\xi)=0$. 即

$$f'(\xi) - \frac{f(b)-f(a)}{g(b)-g(a)}g'(\xi) = 0.$$

由此得

$$\frac{f(b)-f(a)}{g(b)-g(a)} = \frac{f'(\xi)}{g'(\xi)}.$$

定理证毕.

特别地,如果 $g(x)=x$,那么 $g(b)-g(a)=b-a$, $g'(x)=1$,因而公式(3)就改写为

$$f(b)-f(a) = f'(\xi)(b-a) \quad (a<\xi<b),$$

即为拉格朗日中值公式了.

习题 3-1(A)

1. 验证罗尔定理对函数 $y=x\sqrt{2-x}$ 在 $[0, 2]$ 上的正确性,并求出公式中的 ξ 值.

2. 验证拉格朗日中值定理对函数 $y=\arctan x$ 在 $[0, 1]$ 的正确性,并求出公式中的 ξ 值.

3. 对函数 $f(x)=\sin x$ 及 $g(x)=x+\cos x$ 在区间 $\left[0, \frac{\pi}{2}\right]$ 上验证柯西中值定理的正确性.

4. 试证明对函数 $y=px^2+qx+r$ 应用拉格朗日中值定理对所求得的 ξ 总是位于区间的正中间.

5. 试证方程 $4ax^3+3bx^2+2cx=a+b+c$ 在 $(0, 1)$ 内至少有一个实根.

6. 证明恒等式:$\arctan x + \text{arccot}\, x = \frac{\pi}{2}$ $(-\infty < x < +\infty)$.

7. 设 $a>b>0$, $n>1$. 证明 $nb^{n-1}(a-b) < a^n-b^n < na^{n-1}(a-b)$.

8. 若 $0<b\leqslant a$,证明 $\frac{a-b}{a} \leqslant \ln\frac{a}{b} \leqslant \frac{a-b}{b}$.

9. 设 $0 \leqslant x_1 < x_2 < x_3 \leqslant \pi$,证明:$\frac{\sin x_2 - \sin x_1}{x_2-x_1} > \frac{\sin x_3 - \sin x_2}{x_3-x_2}$.

10. 设函数 $f(x)$ 在 $[0, 1]$ 上连续,在 $(0, 1)$ 内可导,且 $f(0)>0$, $f\left(\frac{1}{2}\right)<0$,

$f(1) > 0$,则在$(0, 1)$内至少存在ξ,使$f'(\xi) = 0$.

习题 3-1(B)

1. 设$a_0, a_1, \cdots, a_n$为满足$a_0 + \dfrac{a_1}{2} + \dfrac{a_2}{3} + \cdots + \dfrac{a_n}{n+1} = 0$的实数,试证方程$a_0 + a_1 x + \cdots + a_n x^n = 0$在$(0, 1)$内至少有一实根.

2. 设$a_1, a_2, \cdots, a_n$是满足$a_1 - \dfrac{a_2}{3} + \cdots + (-1)^{n-1} \dfrac{a_n}{2n-1} = 0$的实数,证明方程$a_1 \cos x + a_2 \cos 3x + \cdots + a_n \cos(2n-1)x = 0$在$\left(0, \dfrac{\pi}{2}\right)$内至少有一个实根.

3. 设$f(x)$在$(-\infty, +\infty)$上有n阶导数,若$a < b$,且$f(a) = f(b) = f'(b) = f''(b) = \cdots = f^{(n-1)}(b) = 0$,则在$(a, b)$内至少存在一点$\xi$,使$f^{(n)}(\xi) = 0$.

4. 若$f(x)$在$[a, b]$上连续,在(a, b)内二阶可导,且$f(a) = f(b) = 0$及存在c,使$f(c) > 0$ $(a < c < b)$,证明:在(a, b)内必存在一点ξ,使$f''(\xi) < 0$.

5. 已知$G(x) = xf(x)$,如$f(x)$在$[0, 1]$上有二阶导数,且$f(0) = f(1) = 0$,证明$G(x)$在$(0, 1)$内至少存在一点ξ,使$G''(\xi) = 0$.

6. 设$f(x)$在$[0, 1]$上连续,在$(0, 1)$内二阶可导,且$f(0) = f(1) = 0$,证明:在$(0, 1)$内必存在ξ,使$f''(\xi) = \dfrac{2f'(\xi)}{1 - \xi}$.

7. 若$3a^2 - 5b < 0$,证明方程$x^5 + 2ax^3 + 3bx + 4c = 0$有惟一的实根.

8. 设$f(x)$在$[a, b]$上连续,在(a, b)内有二阶导数,连接点$A(a, f(a))$和$B(b, f(b))$的直线段AB与曲线$y = f(x)$相交于点$(c, f(c))$ $(a < c < b)$.证明在(a, b)内至少存在一点ξ,使$f''(\xi) = 0$.

9. 证明:若函数$f(x)$在$(-\infty, +\infty)$内满足关系式$f'(x) = f(x)$,且$f(0) = 1$,则$f(x) = e^x$.

[提示:考虑$\varphi(x) = \dfrac{f(x)}{e^x}$,先证明$\varphi(x)$为常数]

10. 设函数$f(x)$在闭区间$[0, 1]$上可导,对于$[0, 1]$上的每个x,有$0 < f(x) < 1$,且$f'(x) \neq 1$,证明方程$f(x) = x$在$(0, 1)$内有且仅有一根.

11. 设函数$f(x)$在$[a, +\infty)$上连续,并在$(a, +\infty)$内可导,且$f'(x) > k$(其中$k > 0$),若$f(a) < 0$,试证$f(x) = 0$在$\left(a, a - \dfrac{f(a)}{k}\right)$内有惟一实根.

12. 设$f(x)$在$[a, b]$上可导,且$ab > 0$,证明

$$\frac{af(b)-bf(a)}{a-b} = f(\xi) - \xi f'(\xi) \quad (a < \xi < b).$$

第二节 洛必达法则

如果当 $x \to x_0$(或 $x \to \infty$)时,两个函数 $f(x)$ 与 $g(x)$ 都趋于零或都趋于无穷大,那么极限 $\lim\limits_{x \to x_0}\dfrac{f(x)}{g(x)}$ $\left(\text{或} \lim\limits_{x \to \infty}\dfrac{f(x)}{g(x)}\right)$ 可能存在,也可能不存在,通常称这种类型的极限为未定式,并分别简记为 $\dfrac{0}{0}$ 或 $\dfrac{\infty}{\infty}$. 在前面讨论过的极限 $\lim\limits_{x \to 0}\dfrac{\sin x}{x}$ 是 $\dfrac{0}{0}$ 型未定式的一个例子. 对于这类极限,即使它存在也不能用"商的极限等于极限的商"这一法则. 下面我们将利用柯西中值定理得出一个求这类极限的一种简便且重要的方法.

我们着重讨论 $x \to x_0$ 时的 $\dfrac{0}{0}$ 型未定式的情形,对于此种情形有以下的定理.

定理 1 若 $f(x)$、$g(x)$ 在点 x_0 的去心邻域 $\overset{\circ}{U}(x_0)$ 内有定义,且满足条件:

(1) $\lim\limits_{x \to x_0} f(x) = 0$, $\lim\limits_{x \to x_0} g(x) = 0$;

(2) $f(x)$、$g(x)$ 在 $\overset{\circ}{U}(x_0)$ 内可导,且 $g'(x) \neq 0$;

(3) $\lim\limits_{x \to x_0}\dfrac{f'(x)}{g'(x)} = A$($A$ 为常数,也可为 ∞),

则

$$\lim_{x \to x_0}\frac{f(x)}{g(x)} = A.$$

证明 由条件(1)可知 x_0 是函数 $f(x)$,$g(x)$ 的可去间断点,由于求的是函数在 x_0 的极限与其在 x_0 的值无关,所以可以补充或改变 $f(x)$、$g(x)$ 在 x_0 的定义:令 $f(x_0)=0$,$g(x_0)=0$,使得 $f(x)$、$g(x)$ 在点 x_0 处连续. 设 x 是该邻域内的一点($x \neq x_0$),则在以 x_0 及 x 为端

点的区间上，$f(x)$、$g(x)$ 满足柯西中值定理的条件，所以有

$$\frac{f(x)}{g(x)} = \frac{f(x)-f(x_0)}{g(x)-g(x_0)} = \frac{f'(\xi)}{g'(\xi)} \quad (\xi \text{ 介于 } x_0 \text{ 与 } x \text{ 之间}),$$

当 $x \to x_0$ 时，$\xi \to x_0$，所以

$$\lim_{x \to x_0} \frac{f(x)}{g(x)} = \lim_{x \to x_0} \frac{f'(\xi)}{g'(\xi)} = \lim_{\xi \to x_0} \frac{f'(\xi)}{g'(\xi)} = A.$$

证毕.

如果 $\lim\limits_{x \to x_0} \dfrac{f'(x)}{g'(x)}$ 仍属于 $\dfrac{0}{0}$ 型时，只要 $f'(x)$ 及 $g'(x)$ 满足定理 1 的 $f(x)$ 与 $g(x)$ 所满足的条件，那么我们还可以继续分别对分子与分母求导数而得

$$\lim_{x \to x_0} \frac{f(x)}{g(x)} = \lim_{x \to x_0} \frac{f'(x)}{g'(x)} = \lim_{x \to x_0} \frac{f''(x)}{g''(x)},$$

并且可以依次类推. 这种通过分子与分母分别求导来确定未定式的值的方法称为洛必达 (L'Hospital) 法则.

另外指出，如果把极限过程换成 $x \to x_0^+$ 或 $x \to x_0^-$，则只要把定理 1 的条件作相应的修改，结论仍然成立；甚至当极限过程换为 $x \to \infty$ 或 $x \to +\infty$ 或 $x \to -\infty$，只要 $\lim \dfrac{f(x)}{g(x)}$ 是 $\dfrac{0}{0}$ 型的，并且 $\lim \dfrac{f'(x)}{g'(x)}$ 存在（或为无穷大），则仍然有

$$\lim \frac{f(x)}{g(x)} = \lim \frac{f'(x)}{g'(x)}.$$

这里我们就不再一一证明了.

例 1　求 $\lim\limits_{x \to 0} \dfrac{x - \sin x}{x^3}$.

解　$\lim\limits_{x \to 0} \dfrac{x - \sin x}{x^3} = \lim\limits_{x \to 0} \dfrac{1 - \cos x}{3x^2} = \lim\limits_{x \to 0} \dfrac{\sin x}{6x} = \dfrac{1}{6}.$

例 2 求 $\lim\limits_{x\to+\infty}\dfrac{\dfrac{\pi}{2}-\arctan x}{\ln\left(1+\dfrac{1}{x}\right)}$.

解 $\lim\limits_{x\to+\infty}\dfrac{\dfrac{\pi}{2}-\arctan x}{\ln\left(1+\dfrac{1}{x}\right)}=\lim\limits_{x\to+\infty}\dfrac{\dfrac{\pi}{2}-\arctan x}{\dfrac{1}{x}}=\lim\limits_{x\to+\infty}\dfrac{-\dfrac{1}{1+x^2}}{-\dfrac{1}{x^2}}$

$\qquad\qquad=\lim\limits_{x\to+\infty}\dfrac{x^2}{1+x^2}=1.$

在应用洛必达法则求 $\dfrac{0}{0}$ 型极限时,结合使用等价无穷小的替换常常会使计算变得更简单.

例 3 求 $\lim\limits_{x\to 0}\dfrac{e^x-e^{\sin x}}{\sin^3 x}$.

解 $\lim\limits_{x\to 0}\dfrac{e^x-e^{\sin x}}{\sin^3 x}=\lim\limits_{x\to 0}\dfrac{e^{\sin x}(e^{x-\sin x}-1)}{x^3}=\lim\limits_{x\to 0}e^{\sin x}\cdot\lim\limits_{x\to 0}\dfrac{x-\sin x}{x^3}$

$\qquad\qquad=\lim\limits_{x\to 0}\dfrac{1-\cos x}{3x^2}=\lim\limits_{x\to 0}\dfrac{\sin x}{6x}=\dfrac{1}{6}.$

定理 2 若函数 $f(x)$、$g(x)$ 在点 x_0 的去心邻域 $\overset{\circ}{U}(x_0)$ 内有定义,且满足

(1) $\lim\limits_{x\to x_0}f(x)=\infty,\ \lim\limits_{x\to x_0}g(x)=\infty;$

(2) $f(x)$、$g(x)$ 在 $\overset{\circ}{U}(x_0)$ 内可导,且 $g'(x)\neq 0$;

(3) $\lim\limits_{x\to x_0}\dfrac{f'(x)}{g'(x)}=A$ (A 为常数,也可为 ∞),

则

$$\lim\limits_{x\to x_0}\dfrac{f(x)}{g(x)}=A.$$

因为这个定理的证明比较繁琐,所以我们略去证明. 同样要说明的是定理中的 $x\to x_0$ 可以换成 $x\to x_0^+$,$x\to x_0^-$,$x\to\infty$,$x\to+\infty$ 或 $x\to$

$-\infty$,只要把条件作相应的修改,定理 2 仍然成立.

例 4 求 $\lim\limits_{x\to+\infty}\dfrac{\ln x}{x^n}$ $(n>0)$.

解 $\lim\limits_{x\to+\infty}\dfrac{\ln x}{x^n}=\lim\limits_{x\to+\infty}\dfrac{\frac{1}{x}}{nx^{n-1}}=\lim\limits_{x\to+\infty}\dfrac{1}{nx^n}=0.$

例 5 求 $\lim\limits_{x\to+\infty}\dfrac{x^n}{e^{\lambda x}}$ (n 为正整数,$\lambda>0$).

解 连续应用洛必达法则 n 次,得

$$\lim_{x\to+\infty}\frac{x^n}{e^{\lambda x}}=\lim_{x\to+\infty}\frac{nx^{n-1}}{\lambda e^{\lambda x}}=\lim_{x\to+\infty}\frac{n(n-1)x^{n-2}}{\lambda^2 e^{\lambda x}}=\cdots$$
$$=\lim_{x\to+\infty}\frac{n!}{\lambda^n e^{\lambda x}}=0.$$

事实上,如果例 5 中 n 不是正整数而是任何正数,那么极限仍为零.

对数函数 $\ln x$、幂函数 x^n ($n>0$)、指数函数 $e^{\lambda x}$ ($\lambda>0$)均为当 $x\to+\infty$ 时的无穷大,但从例 4、例 5 可以看出,这三个函数增大的"速度"是很不一样的,指数函数增大的"速度"比幂函数快得多,而幂函数增大的"速度"比对数函数要快得多.

其他还有一些 $0\cdot\infty$、$\infty-\infty$、0^0、1^∞、∞^0 型的未定式,也可转换成 $\dfrac{0}{0}$ 或 $\dfrac{\infty}{\infty}$ 型的未定式来计算,下面举例说明.

例 6 求 $\lim\limits_{x\to 0^+}x\ln x$.

解 这是 $0\cdot\infty$ 型未定式,可化为 $\dfrac{\infty}{\infty}$ 型未定式来求极限.

$$\lim_{x\to 0^+}x\ln x=\lim_{x\to 0^+}\frac{\ln x}{\frac{1}{x}}=\lim_{x\to 0^+}\frac{\frac{1}{x}}{-\frac{1}{x^2}}=-\lim_{x\to 0^+}x=0.$$

例 7 求 $\lim\limits_{x\to\frac{\pi}{2}}(\sec x-\tan x)$.

解 这是 $\infty-\infty$ 型未定式,通分后可化为 $\dfrac{0}{0}$ 型未定式来计算.

$$\lim_{x\to\frac{\pi}{2}}(\sec x-\tan x)=\lim_{x\to\frac{\pi}{2}}\frac{1-\sin x}{\cos x}=\lim_{x\to\frac{\pi}{2}}\frac{-\cos x}{-\sin x}=0.$$

例 8 求 $\lim\limits_{x\to 0}(\cos x+x\sin x)^{\frac{1}{x^2}}$.

解 这是 1^∞ 型未定式,设 $y=(\cos x+x\sin x)^{\frac{1}{x^2}}$,取对数得

$$\ln y=\frac{1}{x^2}\ln(\cos x+x\sin x),$$

当 $x\to 0$ 时,上式右端是 $\dfrac{0}{0}$ 型未定式,因为

$$\begin{aligned}\lim_{x\to 0}\ln y&=\lim_{x\to 0}\frac{\ln(\cos x+x\sin x)}{x^2}\\ &=\lim_{x\to 0}\frac{\dfrac{1}{\cos x+x\sin x}(-\sin x+\sin x+x\cos x)}{2x}\\ &=\lim_{x\to 0}\frac{\cos x}{2(\cos x+x\sin x)}=\frac{1}{2},\end{aligned}$$

所以

$$\lim_{x\to 0}(\cos x+x\sin x)^{\frac{1}{x^2}}=\lim_{x\to 0}\mathrm{e}^{\ln y}=\mathrm{e}^{\lim\limits_{x\to 0}\ln y}=\mathrm{e}^{\frac{1}{2}}.$$

例 9 求 $\lim\limits_{x\to+\infty}x^{\sin\frac{1}{x}}$.

解 这是 ∞^0 型未定式,设 $y=x^{\sin\frac{1}{x}}$,取对数得

$$\ln y=\sin\frac{1}{x}\ln x.$$

当 $x\to+\infty$ 时,上式右端为 $0\cdot\infty$ 型未定式,因为当 $x\to+\infty$ 时, $\sin\dfrac{1}{x}\sim\dfrac{1}{x}$,故

$$\lim_{x\to+\infty}\ln y = \lim_{x\to+\infty}\sin\frac{1}{x}\ln x = \lim_{x\to+\infty}\frac{\ln x}{x} = \lim_{x\to+\infty}\frac{1}{x} = 0.$$

所以

$$\lim_{x\to+\infty}x^{\sin\frac{1}{x}} = \lim_{x\to+\infty}e^{\ln y} = e^{\lim_{x\to+\infty}\ln y} = e^0 = 1.$$

最后指出,定理 1、定理 2 的条件仅是其结论的充分条件,当 $\lim\dfrac{f'(x)}{g'(x)}$ 的极限不存在也不是 ∞ 时,$\dfrac{f(x)}{g(x)}$ 的极限仍可能存在.

例 10 验证极限 $\lim\limits_{x\to\infty}\dfrac{x+\sin x}{x}$ 存在,但不能用洛必达法则求出.

解 显然 $\lim\limits_{x\to\infty}\dfrac{x+\sin x}{x}=1+\lim\limits_{x\to\infty}\dfrac{\sin x}{x}=1+0=1.$ 此极限属 $\dfrac{\infty}{\infty}$ 型未定式,但定理 2 的条件(3)不满足,$\lim\limits_{x\to\infty}\dfrac{1+\cos x}{1}$ 不存在,也不是无穷大,不能用定理 2,所以此极限不能用洛必达法则求得.

习题 3-2(A)

1. 用洛必达法则求下列极限:

(1) $\lim\limits_{x\to 0}\dfrac{x-\arctan x}{x^3}$;

(2) $\lim\limits_{x\to\frac{\pi}{2}}\dfrac{\ln\sin x}{(\pi-2x)^2}$;

(3) $\lim\limits_{x\to\frac{\pi}{2}}\dfrac{\tan x}{\tan 3x}$;

(4) $\lim\limits_{x\to+\infty}\dfrac{\ln\left(1+\dfrac{1}{x}\right)}{\operatorname{arccot} x}$;

(5) $\lim\limits_{x\to 0}x\cot 2x$;

(6) $\lim\limits_{x\to 0}x^2 e^{\frac{1}{x}}$;

(7) $\lim\limits_{x\to 0}\left(\dfrac{1}{\sin x}-\dfrac{1}{e^x-1}\right)$;

(8) $\lim\limits_{x\to 0}\left(\dfrac{\cos x}{x\sin x}-\dfrac{1}{x^2}\right)$;

(9) $\lim\limits_{x\to 0^+}\left(\dfrac{1}{\sqrt{x}}\right)^{\tan x}$;

(10) $\lim\limits_{x\to 0}\left(\dfrac{\sin x}{x}\right)^{\frac{1}{1-\cos x}}$;

(11) $\lim\limits_{x\to+\infty}(x+e^x)^{\frac{1}{x}}$;

(12) $\lim\limits_{x\to 0^+}x^{\sin x}$.

2. 验证极限 $\lim\limits_{x\to 0}\dfrac{x^2\sin\dfrac{1}{x}}{\sin x}$ 存在,但不能用洛必达法则得出.

习题 3-2(B)

1. 求下列极限:

(1) $\lim\limits_{x \to \infty} \dfrac{x^2 \sin\dfrac{1}{x}}{4x-1}$;

(2) $\lim\limits_{x \to 0} \dfrac{e^{x^3}-1-x^3}{\sin^6 2x}$;

(3) $\lim\limits_{x \to 0}\left(\dfrac{1}{x^2} - \cot^2 x\right)$;

(4) $\lim\limits_{x \to 0} \dfrac{(1+x)^{\frac{1}{x}} - e}{x}$;

(5) $\lim\limits_{x \to 1} \dfrac{x^x - x}{\ln x - x + 1}$;

(6) $\lim\limits_{x \to 0} \dfrac{1}{x^{100}} e^{-\frac{1}{x^2}}$;

(7) $\lim\limits_{x \to 0}\left[\dfrac{x^2 \sin\dfrac{1}{x^2}}{\sin x} + \left(\dfrac{3-e^x}{2+x}\right)^{\csc x}\right]$;

(8) $\lim\limits_{x \to +\infty}\left(\dfrac{a_1^{\frac{1}{x}} + a_2^{\frac{1}{x}} + \cdots + a_n^{\frac{1}{x}}}{n}\right)^{nx}$ $(a_1, a_2, \cdots, a_n > 0)$.

2. 讨论函数

$$f(x) = \begin{cases} \left[\dfrac{(1+x)^{\frac{1}{x}}}{e}\right]^{\frac{1}{x}}, & \text{当 } x > 0; \\ e^{-\frac{1}{2}}, & \text{当 } x \leqslant 0, \end{cases}$$

在 $x=0$ 处的连续性.

3. 设 $f(0)=0$, $f'(x)$ 在 $x=0$ 的邻域内连续,又 $f'(0) \neq 0$,试证明: $\lim\limits_{x \to 0^+} x^{f(x)} = 1$.

4. 设 $f(x)$ 在点 a 的某邻域内具有二阶连续导数,求

$$\lim\limits_{h \to 0} \dfrac{f(a+h) + f(a-h) - 2f(a)}{h^2}.$$

5. 设

$$f(x) = \begin{cases} \dfrac{g(x) - \cos x}{x}, & x \neq 0; \\ a, & x = 0, \end{cases}$$

其中 $g(x)$ 有二阶连续导数,且 $g(0)=1$.

(1) 求 a 的值,使 $f(x)$ 连续;

(2) 求 $f'(x)$;

(3) 讨论 $f'(x)$ 的连续性.

第三节 泰勒公式

多项式是函数类中最为简单的一种,只要对自变量进行有限次加法、乘法运算,便能求出它的函数值来.对于一些较复杂的函数,为了便于研究,经常用多项式来近似表示复杂的函数.

我们知道,若函数 $f(x)$ 在点 x_0 可导,则有

$$f(x) = f(x_0) + f'(x_0)(x-x_0) + o(x-x_0),$$

也就是说,在 x_0 的附近,可用一次多项式 $f(x_0)+f'(x_0)(x-x_0)$ 近似表示函数 $f(x)$,其误差当 $x \to x_0$ 时是 $(x-x_0)$ 的高阶无穷小.

但是这种近似表达式存在着不足之处:首先是精确度不高,产生的误差仅是关于 $(x-x_0)$ 的高阶无穷小;其次是用它作近似计算时,不能具体估算出误差大小.因此,对于精确度要求较高且需要估计误差时,就必须用高次多项式来近似表示函数,同时给出误差公式.

于是提出如下的问题:已给出函数 $f(x)$,它在含 x_0 的开区间内具有 n 阶导数,我们希望找出一个关于 $(x-x_0)$ 的 n 次多项式 $P_n(x)$,

$$P_n(x) = a_0 + a_1(x-x_0) + a_2(x-x_0)^2 + \cdots + a_n(x-x_0)^n \quad (1)$$

使得 $P_n(x)$ 在 $x=x_0$ 处与 $f(x)$ 有相同的值,且它们的一阶、二阶、……、n 阶导数也相同,即要求

$$P_n(x_0) = f(x_0), \quad P_n'(x_0) = f'(x_0),$$
$$P_n''(x_0) = f''(x_0), \cdots, P_n^{(n)}(x_0) = f^{(n)}(x_0).$$

为了按照这些等式来确定多项式(1)的系数 $a_0, a_1, a_2, \cdots, a_n$,对(1)式求各阶导数,然后分别代入上述等式,得

$a_0 = f(x_0), \ 1 \cdot a_1 = f'(x_0), \ 2!a_2 = f''(x_0), \cdots, n!a_n = f^{(n)}(x_0),$
即得

$$a_0 = f(x_0), \ a_1 = f'(x_0), \ a_2 = \frac{1}{2!}f''(x_0), \cdots, a_n = \frac{1}{n!}f^{(n)}(x_0).$$

将求得系数代入(1)式,有

$$P_n(x) = f(x_0) + f'(x_0)(x-x_0) + \\ \frac{f''(x_0)}{2!}(x-x_0)^2 + \cdots + \frac{f^{(n)}(x_0)}{n!}(x-x_0)^n, \quad (2)$$

$f(x)$ 与 $P_n(x)$ 之间相差多少? 我们有下述的定理.

泰勒(Taylor)中值定理 设函数 $f(x)$ 在含 x_0 的某个开区间 (a,b) 内具有 $(n+1)$ 阶导数,则对任一 $x \in (a,b)$,有

$$f(x) = f(x_0) + f'(x_0)(x-x_0) + \\ \frac{f''(x_0)}{2!}(x-x_0)^2 + \cdots + \frac{f^{(n)}(x_0)}{n!}(x-x_0)^n + R_n(x), \quad (3)$$

其中

$$R_n(x) = \frac{f^{(n+1)}(\xi)}{(n+1)!}(x-x_0)^{n+1}. \quad (4)$$

这里 ξ 是 x_0 与 x 之间的某个值.

证明 因为 $f(x)$ 有 $(n+1)$ 阶导数,记 $f(x)$ 与 $P_n(x)$ 的差为

$$f(x) - P_n(x) = \frac{(x-x_0)^{n+1}}{(n+1)!}Q_n(x).$$

作 z 的函数

$$F(z) = f(x) - f(z) - \frac{x-z}{1!}f'(z) - \frac{(x-z)^2}{2!}f''(z) - \cdots - \\ \frac{(x-z)^n}{n!}f^{(n)}(z) - \frac{(x-z)^{n+1}}{(n+1)!}Q_n(x),$$

则显然有 $F(x_0)=0$, $F(x)=0$,及 $F(z)$ 可导,由罗尔定理可知,存在 ξ,成立

$$F'(\xi) = 0 \quad (\xi \text{位于} x_0 \text{与} x \text{之间}),$$

又由
$$F'(z) = \frac{(x-z)^n}{n!}[Q_n(x) - f^{(n+1)}(z)],$$

可知 $Q_n(x) = f^{(n+1)}(\xi)$，于是得到

$$f(x) = f(x_0) + f'(x_0)(x-x_0) + \frac{f''(x_0)}{2!}(x-x_0)^2 + \cdots$$
$$+ \frac{f^{(n)}(x_0)}{n!}(x-x_0)^n + \frac{f^{(n+1)}(\xi)}{(n+1)!}(x-x_0)^{n+1}.$$

一般记 $f(x)$ 与 $P_n(x)$ 之差为

$$R_n(x) = \frac{f^{(n+1)}(\xi)}{(n+1)!}(x-x_0)^{n+1} \quad (\xi \text{ 在 } x_0 \text{ 与 } x \text{ 之间}).$$

定理证毕.

公式(3)称为函数 $f(x)$ 在 $x=x_0$ 处带有拉格朗日余项的 n 阶泰勒公式，而 $R_n(x)$ 的表达式(4)称为拉格朗日型余项.

特别地，当 $n=0$ 时，泰勒公式变成拉格朗日中值公式：

$$f(x) = f(x_0) + f'(\xi)(x-x_0) \quad (\xi \text{ 在 } x_0 \text{ 与 } x \text{ 之间}).$$

因此，泰勒中值定理是拉格朗日中值定理的推广.

由泰勒中值定理可知，$f(x)$ 与 $P_n(x)$ 之差为

$$\frac{f^{(n+1)}(\xi)}{(n+1)!}(x-x_0)^{n+1}.$$

对某个固定的 n，当 $x \in (a,b)$ 时，$|f^{(n+1)}(x)| \leq M$，则有误差估计式

$$|R_n(x)| = \left|\frac{f^{(n+1)}(\xi)}{(n+1)!}(x-x_0)^{n+1}\right| \leq \frac{M}{(n+1)!}|x-x_0|^{n+1}. \quad (5)$$

及

$$\lim_{x \to x_0} \frac{R_n(x)}{(x-x_0)^n} = 0.$$

由此可见，当 $x \to x_0$ 时误差 $|R_n(x)|$ 是比 $(x-x_0)^n$ 高阶的无穷小，即

$$R_n(x) = o[(x-x_0)^n] \tag{6}$$

它在物理上是有用的. n 阶泰勒公式也写为

$$f(x) = f(x_0) + \frac{f(x_0)}{1!}(x-x_0) + \cdots$$
$$+ \frac{f^{(n)}(x_0)}{n!}(x-x_0)^n + o[(x-x_0)^n] \tag{7}$$

$R_n(x)$ 的表达式(6)称为皮亚诺(Peano)型余项,公式(7)称为带有皮亚诺型余项的 n 阶泰勒公式.

在泰勒公式(3)中,如果取 $x_0 = 0$,ξ 在 0 与 x 之间,令 $\xi = \theta x (0 < \theta < 1)$,我们可得带有拉格朗日型余项的麦克劳林(Maclaurin)公式

$$f(x) = f(0) + f'(0)x + \frac{f''(0)}{2!}x^2 + \cdots$$
$$+ \frac{f^{(n)}(0)}{n!}x^n + \frac{f^{(n+1)}(\theta x)}{(n+1)!}x^{n+1} \quad (0 < \theta < 1). \tag{8}$$

在泰勒公式(7)中,取 $x_0 = 0$,则有带有皮亚诺型余项的麦克劳林公式

$$f(x) = f(0) + f'(0)x + \frac{f''(0)}{2!}x^2 + \cdots + \frac{f^{(n)}(0)}{n!}x^n + o(x^n) \tag{9}$$

例1 求函数 $f(x) = e^x$ 的带有拉格朗日型余项的 n 阶麦克劳林公式.

解 因为
$$f'(x) = f''(x) = \cdots = f^{(n)}(x) = e^x,$$
所以
$$f'(0) = f''(0) = \cdots = f^{(n)}(0) = 1,$$
注意到 $f^{(n+1)}(\theta x) = e^{\theta x}$,由公式(8)得

$$e^x = 1 + x + \frac{x^2}{2!} + \cdots + \frac{x^n}{n!} + \frac{e^{\theta x}}{(n+1)!}x^{n+1} \quad (0 < \theta < 1).$$

由这个公式,取 e^x 的 n 次近似多项式为

$$e^x \approx 1 + x + \frac{x^2}{2!} + \cdots + \frac{x^n}{n!},$$

这时所产生的误差为

$$|R_n(x)| = \left|\frac{e^{\theta x}}{(n+1)!}x^{n+1}\right| \leqslant \frac{e^{|x|}}{(n+1)!}|x|^{n+1} \quad (0 < \theta < 1).$$

如果取 $x=1$,则得无理数 e 的近似式为

$$e \approx 1 + \frac{1}{1!} + \frac{1}{2!} + \cdots + \frac{1}{n!},$$

其误差

$$|R_n| \leqslant \frac{e}{(n+1)!} < \frac{3}{(n+1)!}.$$

例 2 求 $f(x) = \sin x$ 的带有拉格朗日型余项的 n 阶麦克劳林公式.

解 因为 $f'(x) = \sin\left(x + \frac{\pi}{2}\right), \cdots, f^{(n)}(x) = \sin\left(x + \frac{n\pi}{2}\right),$

所以 $f(0) = 0, f'(0) = 1, f''(0) = 0, f'''(0) = -1, \cdots,$

$f^{(2m)}(0) = 0, f^{(2m+1)}(0) = (-1)^m.$

由公式(8)得

$$\sin x = x - \frac{x^3}{3!} + \frac{x^5}{5!} + \cdots + (-1)^{m-1}\frac{x^{2m-1}}{(2m-1)!} + R_{2m}(x)$$

其中

$$R_{2m}(x) = \frac{\sin\left[\theta x + (2m+1)\frac{\pi}{2}\right]}{(2m+1)!}x^{2m+1} \quad (0 < \theta < 1).$$

从这里可得到 $\sin x$ 的各种近似公式,而且还可以给出精确度. 取 $m=1$,有

近似公式 $\sin x \approx x$,误差为 $|R_2(x)| = \left|\frac{\sin\left(\theta x + \frac{3}{2}\pi\right)}{3!}x^3\right| \leqslant$

$\dfrac{|x|^3}{6}$ $(0<\theta<1)$；

取 $m=2,3$，有

$$\sin x \approx x - \dfrac{x^3}{3!}, \ |R_4(x)| < \dfrac{|x|^5}{5!} = \dfrac{1}{120}|x|^5;$$

$$\sin x \approx x - \dfrac{x^3}{3!} + \dfrac{x^5}{5!}, \ |R_6(x)| < \dfrac{1}{7!}|x|^7 = \dfrac{1}{5\,040}|x|^7.$$

以上三个近似多项式及正弦函数的图像均画在图 3-3 中，以便比较.

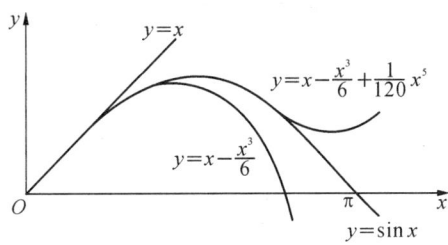

图 3-3

类似地，还可以得到

$$\cos x = 1 - \dfrac{1}{2!}x^2 + \dfrac{1}{4!}x^4 - \cdots + (-1)^m \dfrac{1}{(2m)!}x^{2m} + R_{2m+1}(x),$$

其中 $R_{2m+1}(x) = \dfrac{\cos[\theta x + (m+1)\pi]}{(2m+2)!}x^{2m+2}$ $(0<\theta<1)$；

$$\ln(1+x) = x - \dfrac{1}{2}x^2 + \dfrac{1}{3}x^3 - \cdots + (-1)^{n-1}\dfrac{1}{n}x^n + R_n(x),$$

其中 $R_n(x) = \dfrac{(-1)^n}{(n+1)(1+\theta x)^{n+1}}x^{n+1}$ $(0<\theta<1)$；

$$(1+x)^\alpha = 1 + \alpha x + \dfrac{\alpha(\alpha-1)}{2!}x^2 + \cdots + \dfrac{\alpha(\alpha-1)\cdots(\alpha-n+1)}{n!}x^n$$
$$+ R_n(x),$$

其中 $R_n(x) = \dfrac{\alpha(\alpha-1)\cdots(\alpha-n+1)(\alpha-n)}{(n+1)!}(1+\theta x)^{\alpha-n-1}x^{n+1}$
$(0<\theta<1)$.

最后简单介绍一个泰勒公式的应用.

设 $f(x)$、$g(x)$ 在 $x=x_0$ 处有二阶导数，$g'(x)\neq 0$，且

$$\lim_{x\to x_0}f(x)=0, \lim_{x\to x_0}g(x)=0,$$

则
$$\lim_{x\to x_0}\frac{f(x)}{g(x)}=\frac{f'(x_0)}{g'(x_0)}. \tag{10}$$

这是由于 $f(x)$、$g(x)$ 在 $x=x_0$ 处的泰勒公式分别为

$$f(x)=f(x_0)+f'(x_0)(x-x_0)+O[(x-x_0)^2],$$
$$g(x)=g(x_0)+g'(x_0)(x-x_0)+O[(x-x_0)^2],$$

而 $f(x_0)=0$，$g(x_0)=0$，所以

$$\lim_{x\to x_0}\frac{f(x)}{g(x)}=\lim_{x\to x_0}\frac{f'(x_0)(x-x_0)+O[(x-x_0)^2]}{g'(x_0)(x-x_0)+O[(x-x_0)^2]}$$
$$=\lim_{x\to x_0}\frac{f'(x_0)+O[(x-x_0)]}{g'(x_0)+O[(x-x_0)]}=\frac{f'(x_0)}{g'(x_0)}.$$

进一步可以有：如果 $f(x)$、$g(x)$ 在 $x=x_0$ 处有 n 阶导数，$g^{(n)}(x)\neq 0$ 且

$$\lim_{x\to x_0}f(x)=\lim_{x\to x_0}f'(x)=\cdots=\lim_{x\to x_0}f^{(n-1)}(x)=0,$$
$$\lim_{x\to x_0}g(x)=\lim_{x\to x_0}g'(x)=\cdots=\lim_{x\to x_0}g^{(n-1)}(x)=0,$$

则
$$\lim_{x\to x_0}\frac{f(x)}{g(x)}=\frac{f^{(n)}(x_0)}{g^{(n)}(x_0)}. \tag{11}$$

同样可以处理能够归结为上述情形的那些问题，例如：

$\lim\limits_{x\to x_0}f(x)=\infty$, $\lim\limits_{x\to x_0}g(x)=\infty$,求 $\lim\limits_{x\to x_0}\dfrac{f(x)}{g(x)}$;

$\lim\limits_{x\to x_0}f(x)=0$, $\lim\limits_{x\to x_0}g(x)=\infty$,求 $\lim\limits_{x\to x_0}f(x)\cdot g(x)$;

等等.

这个方法可视为洛必达法则的深化.

例 3 求极限 $\lim\limits_{x\to 0}\dfrac{\sin x-x\cos x}{\sin^3 x}$.

解 由于分式的分母 $\sin^3 x\sim x^3$ $(x\to 0)$,我们只需将分子中 $\sin x$ 与 $x\cos x$ 用三阶麦克劳林公式表示,即

$$\sin x=x-\dfrac{1}{3!}x^3+o(x^3),$$

$$x\cos x=x-\dfrac{x^3}{2!}+o(x^3),$$

于是

$$\sin x-x\cos x=\dfrac{1}{3}x^3+o(x^3),$$

所以

$$\lim\limits_{x\to 0}\dfrac{\sin x-x\cos x}{\sin^3 x}=\lim\limits_{x\to 0}\dfrac{\dfrac{1}{3}x^3+o(x^3)}{x^3}=\dfrac{1}{3}.$$

例 4 求极限 $\lim\limits_{x\to 0}\dfrac{e^{-\frac{x^2}{2}}-\cos x}{x^4}$.

解 由于分母是 x^4,分子只须保留到 x^4 即可,因为

$$e^x=1+x+\dfrac{x^2}{2!}+o(x^2),$$

所以

$$e^{-\frac{x^2}{2}}=1-\dfrac{x^2}{2}+\dfrac{1}{2!}\left(-\dfrac{x^2}{2}\right)^2+o(x^4)$$

$$=1-\dfrac{x^2}{2}+\dfrac{x^4}{8}+o(x^4).$$

又因为

$$\cos x = 1 - \frac{x^2}{2!} + \frac{x^4}{4!} + o(x^4),$$

所以

$$e^{-\frac{x^2}{2}} - \cos x = \frac{x^4}{12} + o(x^4).$$

则

$$\lim_{x \to 0} \frac{e^{-\frac{x^2}{2}} - \cos x}{x^4} = \lim_{x \to 0} \frac{\frac{x^4}{12} + o(x^4)}{x^4} = \frac{1}{12}.$$

例 5 已知函数 $f(x)$ 在 $[0,1]$ 上有三阶导数,且 $f(0)=f(1)=0$,设 $F(x)=(x-1)^3 f(x)$,试证在 $(0,1)$ 内至少存在一点 ξ,使 $F'''(\xi)=0$.

证明 由假设可知 $F(0)=F(1)=0$,且

$$F'(x) = 3(x-1)^2 f(x) + (x-1)^3 f'(x), \quad F'(1) = 0,$$
$$F''(x) = 6(x-1)f(x) + 6(x-1)^2 f'(x) + (x-1)^3 f''(x),$$
$$F''(1) = 0.$$

$F(x)$ 在 $[0,1]$ 上三阶可导,其泰勒展开式为

$$F(x) = F(1) + F'(1)(x-1) + \frac{1}{2!}F''(1)(x-1)^2$$
$$+ \frac{1}{3!}F'''(\xi)(x-1)^3$$
$$= \frac{1}{6}F'''(\xi)(x-1)^3 \quad (0 < \xi < 1).$$

又因为 $F(0)=0$,由上式可得

$$F(0) = -\frac{1}{6}F'''(\xi) = 0, \quad 即 F'''(\xi) = 0.$$

习题 3-3

1. 按 $(x-4)$ 的乘幂展开多项式 $x^4 - 5x^3 + x^2 - 3x + 4$.

2. 应用麦克劳林公式,按 x 的乘幂展开函数 $f(x) = (x^2 - 3x + 1)^3$.
3. 求函数 $f(x) = \tan x$ 的带有拉格朗日型余项的三阶麦克劳林公式.
4. 当 $x_0 = 4$ 时,求函数 $y = \sqrt{x}$ 的带有拉格朗日型余项的三阶泰勒公式.
5. 求函数 $f(x) = xe^x$ 的带有皮亚诺型余项的 n 阶麦克劳林公式.
6. 验证当 $0 < x \leqslant \dfrac{1}{2}$ 时,按公式 $e^x \approx 1 + x + \dfrac{x^2}{2} + \dfrac{x^3}{6}$ 计算 e^x 的近似值时,所产生的误差小于 0.01,并求 $\sqrt{e}$ 的近似值,使误差小于 0.01.
7. 应用三阶泰勒公式求下列各数的近似值,并估计误差:
(1) $\sqrt[3]{30}$; (2) $\sin 18°$.
8. 利用泰勒公式求下列极限:
(1) $\lim\limits_{x \to +\infty}(\sqrt[3]{x^3+3x^2} - \sqrt[4]{x^4-2x^3})$; (2) $\lim\limits_{x \to \infty}\left[x - x^2 \ln\left(1+\dfrac{1}{x}\right)\right]$;
(3) $\lim\limits_{x \to 0}\dfrac{1+\dfrac{1}{2}x^2 - \sqrt{1+x^2}}{(\cos x - e^{x^2})\sin x^2}$.

第四节　函数的单调性与凸性的判别法

一、函数单调性的判别法

第一章第一节中介绍了函数在区间上单调的概念,现在我们利用导数来讨论函数的单调性.

如果函数 $y = f(x)$ 在 $[a, b]$ 上单调增加(单调减少),那么它的图像是一条沿 x 轴正方向上升(下降)的曲线. 这时,如图 3-4,曲线上各点处的切线斜率是非负的(非正的),即 $y' = f'(x) \geqslant 0 (y' = f'(x) \leqslant 0)$. 由此可见,函数的单调性与导数的符号有着联系.

反之,能否利用导数的符号来判定函数的单调性呢? 我们有下面的定理.

定理 1　设函数 $y = f(x)$ 在 $[a, b]$ 上连续,在 (a, b) 内可导.
(1) 如果在 (a, b) 内 $f'(x) > 0$,则函数在 $[a, b]$ 上单调增加;
(2) 如果在 (a, b) 内 $f'(x) < 0$,则函数在 $[a, b]$ 上单调减少.

证明　(1) 在 $[a, b]$ 上任取两点 x_1、$x_2 (x_1 < x_2)$,$f(x)$ 在 $[x_1, x_2]$

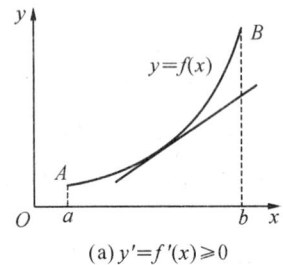 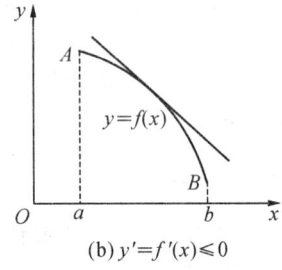

(a) $y'=f'(x) \geqslant 0$ (b) $y'=f'(x) \leqslant 0$

图 3-4

上连续,在(x_1, x_2)内可导,应用拉格朗日中值定理,得

$$f(x_2)-f(x_1)=f'(\xi)(x_2-x_1) \quad (x_1<\xi<x_2). \tag{1}$$

由上式中 $x_2-x_1>0$,如果 $f'(x)>0$,则 $f(x_2)-f(x_1)>0$,即

$$f(x_2)>f(x_1).$$

所以 $y=f(x)$ 在 $[a,b]$ 上单调增加.

(2) 类似可得当 $f'(x)<0$, $x\in(a,b)$ 时, $y=f(x)$ 在 $[a,b]$ 上单调减少.

如果把这个判别法中闭区间换成其他各种区间(包括无穷区间),则结论也成立.

例 1 确定函数 $f(x)=2x^3-9x^2+12x-3$ 的单调区间.

解 函数的定义域为 $(-\infty, +\infty)$.

$$f'(x)=6x^2-18x+12=6(x-1)(x-2)$$

令 $f'(x)=0$,解得定义域内的两个根 $x_1=1$, $x_2=2$,它们把定义域分为三个区间,在这些区间上由 f' 的符号确定 $f(x)$ 的单调性,可列表如下表示:

x	$(-\infty, 1)$	1	$(1, 2)$	2	$(2, +\infty)$
$f'(x)$	$+$	0	$-$	0	$+$
$f(x)$	↗		↘		↗

可以看出函数在$(-\infty,1)$,$(2,+\infty)$内单调增加,在$(1,2)$内单调减少.

例2 确定函数$f(x)=x^{\frac{2}{3}}(x-5)$的单调区间.

解 函数的定义域为$(-\infty,+\infty)$.

当$x\neq 0$时,函数的导数为
$$f'(x)=\frac{2}{3}x^{-\frac{1}{3}}(x-5)+x^{\frac{2}{3}}=\frac{5(x-2)}{3x^{\frac{1}{3}}},$$

由$f'(x)=0$,得$x_1=2$.

当$x_2=0$时,函数的导数不存在. 它们把$f(x)$的定义域分为三个区间,$f(x)$的单调性可列表如下表示:

x	$(-\infty,0)$	0	$(0,2)$	2	$(2,+\infty)$
$f'(x)$	+	/	−	0	+
$f(x)$	↗		↘		↗

函数在$(-\infty,0)$,$(2,+\infty)$内单调增加,在$(0,2)$内单调减少.

综合上述两例的情形,我们有如下的结论:

如果函数在定义区间上连续,除去有限个导数不存在的点外导数存在且连续,那么只要用方程$f'(x)=0$的孤立根及$f'(x)$不存在的点来划分函数$f(x)$的定义区间,就能确定$f'(x)$在各个部分区间内保持定号,因而来确定函数$f(x)$在每个部分区间上的单调性.

例3 讨论函数$f(x)=x^3$的单调性.

解 函数的定义域为$(-\infty,+\infty)$.

函数的导数$f'(x)=3x^2$,显然,除了点$x=0$使$f'(x)=0$外,在其余各点处均有$f'(x)>0$,因此函数$f(x)=x^3$在区间$(-\infty,0]$及$[0,+\infty)$上都是单调增加的,而函数$f(x)$的定义域恰为该连续区间,故$f(x)=x^3$在$(-\infty,+\infty)$内为单调增加的.

一般地,如果$f'(x)$在某区间内的零点均为孤立零点,在其余各点处均为正(或负)时,那么$f(x)$在该区间上仍是单调增加(或单调减少)的.

函数的单调性的应用举例如下.

例 4 证明：当 $x > 1$ 时，$2\sqrt{x} > 3 - \dfrac{1}{x}$.

证明 设 $f(x) = 2\sqrt{x} - \left(3 - \dfrac{1}{x}\right)$，则有

$$f'(x) = \dfrac{1}{\sqrt{x}} - \dfrac{1}{x^2} = \dfrac{1}{x^2}(x\sqrt{x} - 1).$$

在 $(1, +\infty)$ 内 $f'(x) > 0$，在 $[1, +\infty)$ 内 $f(x)$ 为连续函数，因此 $f(x)$ 在 $[1, +\infty)$ 上单调增加，而在端点 $x = 1$ 处 $f(1) = 0$，得

$$f(x) > f(1) = 0,$$

因此有

$$2\sqrt{x} - \left(3 - \dfrac{1}{x}\right) > 0,$$

即

$$2\sqrt{x} > 3 - \dfrac{1}{x} \quad (x > 1).$$

例 5 求证方程 $x + p + q\cos x = 0$ 有且仅有一个实根，其中 p、q 为常数，且 $0 < q < 1$.

证明 设 $f(x) = x + p + q\cos x$，它在 $(-\infty, +\infty)$ 内连续，且由 $\lim\limits_{x \to +\infty} f(x) = +\infty$ 知，存在 b，使 $f(b) > 0$；由 $\lim\limits_{x \to -\infty} f(x) = -\infty$ 知，存在 a，使 $f(a) < 0$.

因此 $f(x)$ 在 $[a, b]$ 上连续，由零点存在定理知，至少存在一点 $\xi \in (a, b)$，使 $f(\xi) = 0$，即方程 $f(x) = 0$ 在 (a, b) 内至少有一实根.

又因为 $f'(x) = 1 - q\sin x > 0$，知 $f(x)$ 在 $(-\infty, +\infty)$ 内单调增加，它的图像至多与 x 轴交于一点. 从而 $f(x) = 0$ 在 $(-\infty, +\infty)$ 内至多有一个实根.

综上所述，方程 $x + p + q\cos x = 0$ 有且仅有一个实根.

二、函数的凸性及其判别法

凸性是函数的一种重要性质. 具有这种性质的函数在近代分析和

优化两大领域中起着重要的作用.

先观察图 3-5(a)中的曲线,即函数 $y=f(x)$ 的图像,我们注意到它是向下凸的,如果在该曲线上任取两点 $A(x_1, f(x_1))$ 与点 $B(x_2, f(x_2))$,那么介于 x_1 与 x_2 之间的任意一点 x 总可以表示为

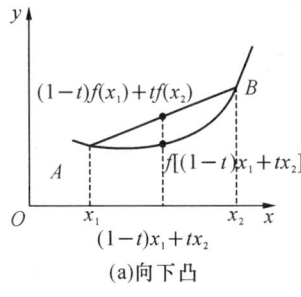 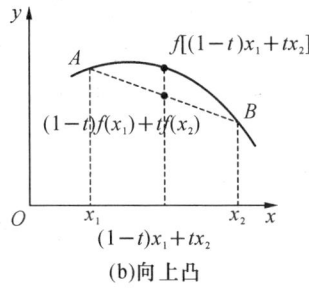

(a)向下凸　　　　　　(b)向上凸

图 3-5

$$x = x_1 + t(x_2 - x_1) = (1-t)x_1 + tx_2 \quad (0 < t < 1).$$

因为弦 AB 所在的直线方程为

$$y = \frac{f(x_2) - f(x_1)}{x_2 - x_1}(x - x_2) + f(x_2),$$

把 $x = (1-t)x_1 + tx_2$ 代入上式,得

$$y = (1-t)f(x_1) + tf(x_2),$$

因此下凸弧的几何特征可用下列不等式来描述:

$$f((1-t)x_1 + tx_2) < (1-t)f(x_1) + tf(x_2) \quad (0 < t < 1).$$

由此我们给出凸函数的定义如下:

定义 1 设函数 $f(x)$ 在区间 I 内有定义,如果对任意的 $x_1, x_2 \in I$ ($x_1 \neq x_2$),对任一 $t \in (0, 1)$,总成立

$$f((1-t)x_1 + tx_2) < (1-t)f(x_1) + tf(x_2) \tag{2}$$

则称函数 $f(x)$ 在 I 内是下凸的;如果成立

$$f((1-t)x_1 + tx_2) > (1-t)f(x_1) + tf(x_2) \quad (0 < t < 1) \tag{3}$$

则称函数 $f(x)$ 在 I 内是上凸的.

如果 $f(x)$ 在整个定义区间上是下凸（上凸）的，则称其图像曲线是下凸（上凸）的.

定义 2 如果连续函数 $f(x)$ 的图像经过点 $(x_0, f(x_0))$ 时改变了上、下凸性，那么称点 $(x_0, f(x_0))$ 是曲线 $y = f(x)$ 的拐点（图 3-6）.

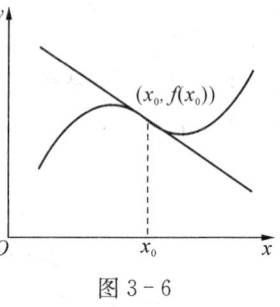

图 3-6

例 6 考察函数 $f(x) = x^2$ 在 $\mathbf{R}$ 上的凸性.

解 任取 $x_1, x_2 \in \mathbf{R}(x_1 \neq x_2)$，有

$$f((1-t)x_1 + tx_2)$$
$$= [(1-t)x_1 + tx_2]^2$$
$$= (1-t)^2 x_1^2 + 2t(1-t)x_1 x_2 + t^2 x_2^2$$
$$< (1-t)^2 x_1^2 + t(1-t)(x_1^2 + x_2^2) + t^2 x_2^2$$
$$= (1-t)x_1^2 + t x_2^2$$
$$= (1-t)f(x_1) + tf(x_2),$$

所以 $f(x) = x^2$ 在 $\mathbf{R}$ 上是下凸函数.

一般来说，直接从定义来判别函数在某一区间上的凸性往往比较困难，下面给出利用函数的一阶导数及二阶导数的性质来判别函数凸性的方法.

定理 2（凸性的第一判别法） 若函数 $f(x)$ 在区间 (a, b) 内可导，且导函数 $f'(x)$ 在 (a, b) 内单调增加（减少），则函数 $f(x)$ 在 (a, b) 内是下凸（上凸）的.

证明 设 $f'(x)$ 在 (a, b) 内单调增加，任取 $x_1, x_2 \in (a, b)$，且 $x_1 < x_2$，对任一 $t \in (0, 1)$，令

$$x_0 = (1-t)x_1 + tx_2, \text{则 } x_1 < x_0 < x_2.$$

分别在 $[x_1, x_0]$ 和 $[x_0, x_2]$ 上对函数 $f(x)$ 应用微分中值定理，则

$$f(x_1) = f(x_0) + f'(\xi_1)(x_1 - x_0) \quad (x_1 < \xi_1 < x_0),$$
$$f(x_2) = f(x_0) + f'(\xi_2)(x_2 - x_0) \quad (x_0 < \xi_2 < x_2).$$

于是得

$$(1-t)f(x_1) + tf(x_2)$$
$$= f(x_0) + f'(\xi_1)(1-t)(x_1 - x_0) + f'(\xi_2)t(x_2 - x_0). \quad (4)$$

由 $x_0 = (1-t)x_1 + tx_2$ 可推得

$$x_1 - x_0 = -t(x_2 - x_1), \quad x_2 - x_0 = (1-t)(x_2 - x_1),$$

代入(4)式,可得

$$(1-t)f(x_1) + tf(x_2)$$
$$= f(x_0) + t(1-t)(x_2 - x_1)[f'(\xi_2) - f'(\xi_1)], \quad (5)$$

由于 $\xi_1 < x_0 < \xi_2$ 和 $f'(x)$ 在 (a,b) 内单调增加,因此有 $f'(\xi_2) - f'(\xi_1) > 0$,又 $t(1-t) > 0$, $(x_2 - x_1) > 0$,所以(5)式左端大于 $f(x_0)$,从而有

$$(1-t)f(x_1) + tf(x_2) > f(x_0) = f((1-t)x_1 + tx_2),$$

这就证明了 $f(x)$ 在 (a,b) 内是下凸的.

类似地可以证明 $f'(x)$ 在 (a,b) 内单调减少的情况,证毕.

本判别法的几何意义是:若曲线弧各点处的切线的斜率是单调增加的,则该曲线弧是下凸的;若各点处的切线的斜率是单调减少的,则该曲线弧是上凸的.

由单调性的判别法及定理2可得以下定理.

定理3(凸性的第二判别法) 设函数 $f(x)$ 在 (a,b) 内二阶可导,则当 $f''(x) > 0$ 时,函数 $f(x)$ 在 (a,b) 内是下凸的;而当 $f''(x) < 0$ 时,函数 $f(x)$ 在 (a,b) 内是上凸的.

由拐点的定义结合凸性的判别法可知:函数的拐点可能存在于二阶导数为零或二阶导数不存在的点之中.

例7 讨论函数 $f(x) = 2x^3 - 9x^2 + 12x - 3$ 的凸性和拐点.

解 由例1知 $f'(x)=6x^2-18x+12$,可得
$$f''(x)=12x-18=6(2x-3),$$
令 $f''(x)=0$,得 $x=\dfrac{3}{2}$,把定义域划分为 $\left(-\infty,\dfrac{3}{2}\right)$, $\left(\dfrac{3}{2},+\infty\right)$,列表讨论函数的凸性:

x	$\left(-\infty,\dfrac{3}{2}\right)$	$\dfrac{3}{2}$	$\left(\dfrac{3}{2},+\infty\right)$
$f''(x)$	$-$	0	$+$
$f(x)$	$\cap$		$\cup$

由以上讨论可见,曲线 $y=2x^3-9x^2+12x-3$ 在 $\left(-\infty,\dfrac{3}{2}\right)$ 内的部分是向上凸弧,在 $\left(\dfrac{3}{2},+\infty\right)$ 的部分是向下凸弧,曲线上点 $\left(\dfrac{3}{2},\dfrac{3}{2}\right)$ 是拐点.

例8 讨论函数 $f(x)=(x-5)x^{\frac{2}{3}}$ 的凸性和拐点.

解 $f'(x)=\dfrac{5(x-2)}{3x^{\frac{1}{3}}}$, $f''(x)=\dfrac{10(x+1)}{9x^{\frac{4}{3}}}$,

当 $x=-1$ 时,$f''(x)=0$;当 $x=0$ 时,二阶导数不存在,因此 $f(x)$ 的凸性可列表如下:

x	$(-\infty,-1)$	-1	$(-1,0)$	0	$(0,+\infty)$
$f''(x)$	$-$	0	$+$	不存在	$+$
$f(x)$	$\cap$		$\cup$		$\cup$

因此,函数的曲线在区间 $(-\infty,-1)$ 内为上凸弧,在区间 $(-1,0)$ 和 $(0,+\infty)$ 内为下凸弧.曲线上的点 $(-1,-6)$ 为拐点.

函数的凸性也可以用来证明不等式.

例9 设 a 与 b 是任意两个正数,$0<\lambda<1$,证明不等式
$$a^{1-\lambda}b^{\lambda}\leqslant(1-\lambda)a+\lambda b.$$

证明 由 a、b 都为正数,求证的不等式等价于
$$(1-\lambda)\ln a + \lambda \ln b \leqslant \ln[(1-\lambda)a + \lambda b],$$
因而,在 $x>0$ 时作辅助函数
$$f(x) = \ln x,$$
因为 $f'(x) = \dfrac{1}{x}$, $f''(x) = -\dfrac{1}{x^2}$,故 $y = \ln x$ 在 $(0, +\infty)$ 内为上凸函数.

当 $a \neq b$ 时,由上凸函数定义,有
$$(1-\lambda)f(a) + \lambda f(b) < f((1-\lambda)a + \lambda b) \quad (0 < \lambda < 1),$$
即
$$(1-\lambda)\ln a + \lambda \ln b < \ln[(1-\lambda)a + \lambda b];$$
当 $a = b$ 时,不等式成为等式,综合上述有
$$(1-\lambda)\ln a + \lambda \ln b \leqslant \ln[(1-\lambda)a + \lambda b].$$
将此不等式两端以 e 为底取指数,即得
$$a^{1-\lambda}b^\lambda \leqslant (1-\lambda)a + \lambda b.$$
此例中当 $\lambda = \dfrac{1}{2}$ 时,就是我们熟知的不等式
$$\sqrt{ab} \leqslant \dfrac{a+b}{2}.$$

习题 3-4(A)

1. 判定函数 $f(x) = \arctan x - x$ 的单调性.
2. 判定函数 $f(x) = x + \cos x \, (0 \leqslant x \leqslant 2\pi)$ 的单调性.
3. 确定下列函数的单调区间:

   (1) $y = 3x - x^2$;

   (2) $y = 2x + \dfrac{8}{x} \, (x > 0)$;

   (3) $y = \ln(x + \sqrt{1+x^2}\,)$;

   (4) $y = (x-1)(x+1)^3$;

   (5) $y = x^n \mathrm{e}^{-x} \, (n > 0, x \geqslant 0)$.

4. 证明下列不等式：

(1) 当 $x>0$ 时，$1+\dfrac{1}{2}x>\sqrt{1+x}$；

(2) 当 $x>0$ 时，$1+x\ln(x+\sqrt{1+x^2})>\sqrt{1+x^2}$；

(3) 当 $0<x<\dfrac{\pi}{2}$ 时，$\tan x>x+\dfrac{1}{3}x^3$；

(4) 当 $x>4$ 时，$2^x>x^2$.

5. 证明方程 $\cos x=x$ 在 $(-\infty,+\infty)$ 上只有一个实根.

6. 单调函数的导函数是否必为单调函数？试就函数 $f(x)=x+\sin x$ 加以讨论.

7. 判定下列函数的凸性：

(1) $y=4x-x^2$；　　　　　　(2) $y=x+\dfrac{1}{x}$；

(3) $y=\ln x$；　　　　　　　(4) $y=x\arctan x$.

8. 求下列函数图像的拐点及上凸或下凸的区间：

(1) $y=2x^3-12x^2+7x+10$；　(2) $y=xe^{-x}$；

(3) $y=(x-3)^4+e^{-x}$；　　　(4) $y=\ln(1+x^2)$；

(5) $y=e^{\arctan x}$；　　　　　(6) $y=x+\dfrac{x}{x^2-1}$.

9. 试确定 a、b，使点 $(1,3)$ 是函数 $f(x)=ax^3+bx^2$ 的拐点.

10. 求 a、b、c，使 $f(x)=ax^3+bx^2+cx$ 有一拐点 $(1,2)$，且在该点的切线斜率为 -1.

11. 试决定曲线 $y=ax^3+bx^2+cx+d$ 中的 a、b、c、d，使得 $x=-2$ 处曲线有水平切线，$(1,-10)$ 为拐点，且点 $(-2,44)$ 在曲线上.

12. 设 $y=f(x)$ 在 $x=x_0$ 的某邻域内具有三阶连续导数，如果 $f''(x_0)=0$，而 $f'''(x_0)\neq 0$. 试问 $(x_0,f(x_0))$ 是否为拐点？为什么？

习题 3-4(B)

1. 试确定下列函数的单调区间：

(1) $y=\dfrac{10}{4x^3-9x^2+6x}$；　　(2) $y=x+|\sin 2x|$；

(3) $y=\sqrt[3]{(2x-a)(a-x)^2}$　$(a>0)$.

2. 讨论方程 $\ln x=ax(a>0)$ 有几个实根？

3. 求方程 $e^x - \sec^2 x = 0$ 在区间 $\left(0, \dfrac{\pi}{2}\right)$ 内的根的个数.

4. 证明下列不等式:

(1) 当 $0 < x < \dfrac{\pi}{2}$ 时, $\sin x + \tan x > 2x$;

(2) 在 $(0, +\infty)$ 内, $\ln(1+x) \geqslant \ln\sqrt{x} + \ln 2$;

(3) 当 $x > 0$ 时, $e^x > 1 + (1+x)\ln(1+x)$;

(4) 当 $x > 0$ 时, $\arctan x + \dfrac{1}{x} > \dfrac{\pi}{2}$;

(5) 当 $x > 0$ 时, $x^2 - 2ax + 1 < e^x$ $(a > 0)$.

5. 设函数 $f(x)$ 在 $[a, b]$ 上连续, 在 (a, b) 内可导, 且满足 $f(a) = 0$, 若 $f'(x)$ 单调递增, 则 $\varphi(x) = \dfrac{f(x)}{x - a}$ 在 (a, b) 内单调递增.

6. 若 $f(0) = 0$, 且 $f'(x)$ 在 $[0, +\infty)$ 上单调增加, 证明 $\dfrac{f(x)}{x}$ 在 $(0, +\infty)$ 内也是单调增加.

7. 设 $f(x)$ 在 $[a, b]$ 上可导, 若 c 为 (a, b) 内一定点, 且 $f(c) > 0$, $(x-c) \cdot f'(x) \geqslant 0$, 证明在 $[a, b]$ 上必有 $f(x) > 0$.

8. 当 $x > 0$ 时, 方程 $kx + \dfrac{1}{x^2} = 1$ 有且仅有一个根, 求 k 的取值范围.

9. 求曲线 $y = a^2 - \sqrt[3]{x - b}$ 的上凸或下凸的区间及拐点.

10. 利用函数图像的凸性, 证明下列不等式:

(1) $\dfrac{1}{2}(x^n + y^n) > \left(\dfrac{x+y}{2}\right)^n$ $(x > 0, y > 0, x \neq y, n > 1)$;

(2) $\dfrac{e^x + e^y}{2} > e^{\frac{x+y}{2}}$ $(x \neq y)$.

11. 试证明曲线 $y = \dfrac{x-1}{x^2+1}$ 有三个拐点位于同一直线上.

12. 试决定 $y = k(x^2 - 3)^2$ 中的 k 值, 使曲线的拐点处的法线通过原点.

第五节　函数的极值与最大、最小值

一、函数的极值及其求法

定义　设函数的定义域为 D, 如果存在点 x_0 的某个邻域 $U(x_0) \subset$

D,使得对任意的 $x \in \overset{\circ}{U}(x_0)$,有

$$f(x) < f(x_0) (或 f(x) > f(x_0)),$$

则称 $f(x_0)$ 是函数 $f(x)$ 的一个极大值(或极小值),点 x_0 是 $f(x)$ 的一个极大值点(或极小值点).

函数的极大值或极小值统称为极值,极大值点或极小值点统称为极值点.

函数的极大值或极小值概念是局部性的. 如果 $f(x_0)$ 是 $f(x)$ 的一个极大值,那只是对 x_0 附近一个局部范围来说,$f(x_0)$ 是 $f(x)$ 的一个最大值;而对 $f(x)$ 的整个定义域来说,$f(x_0)$ 不一定是最大值. 关于极小值也类似(参见图3-7).

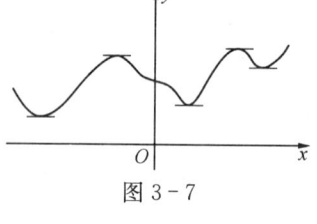

图 3-7

由本章第一节中费马定理可知,如果函数 $f(x)$ 在 x_0 处可导,且 $f(x)$ 在 x_0 处取得极值,那么 $f'(x_0)=0$,此为可导函数取得极值的必要条件. 现将此结论叙述成如下的定理.

定理 1(必要条件) 设函数 $f(x)$ 在 x_0 处可导,且在 x_0 处取得极值,则 $f'(x_0)=0$.

定理 1 告诉我们:可导函数 $f(x)$ 的极值点必定是它的驻点. 但反过来,函数的驻点不一定是极值点. 例如,对函数 $f(x)=x^3$ 来说,点 $x_0=0$ 是它的驻点,但是在 $(-\infty, +\infty)$ 内 $f(x)=x^3$ 是单调增加的,所以点 $x_0=0$ 不是它的极值点. 可见,函数的驻点只是可能的极值点. 此外,函数在它的导数不存在的点处也可能取得极值. 例如,函数 $f(x)=|x|$ 在点 $x=0$ 处不可导,但函数在该点取得极小值.

一般地,在函数定义域内的孤立驻点及导数不存在的孤立点统称为临界点.

怎样判定函数在临界点处是否取得极值呢?下面给出两个判定极值的充分条件.

定理 2(第一充分条件) 设函数 $f(x)$ 在 x_0 处连续,在 x_0 的某去

心邻域 $\mathring{U}(x_0, \delta)$ 内可导,且 x_0 为 $f(x)$ 的临界点.

(1) 如果 $x \in (x_0-\delta, x_0)$ 时,$f'(x) > 0$,而 $x \in (x_0, x_0+\delta)$ 时, $f'(x) < 0$,则 $f(x)$ 在 x_0 处取得极大值;

(2) 如果 $x \in (x_0-\delta, x_0)$ 时,$f'(x) < 0$,而 $x \in (x_0, x_0+\delta)$ 时, $f'(x) > 0$,则 $f(x)$ 在 x_0 处取得极小值;

(3) 如果 $x \in \mathring{U}(x_0, \delta)$ 时,$f'(x)$ 的符号保持不变,则 $f(x)$ 在 x_0 处没有极值.

证明 在情形(1),根据函数单调性的判别法,可知函数 $f(x)$ 在 $(x_0-\delta, x_0)$ 内单调增加,而在 $(x_0, x_0+\delta)$ 内单调减少,又因为函数 $f(x)$ 在 $U(x_0, \delta)$ 内是连续的,因而当 $x \neq x_0$ 时,总有 $f(x) < f(x_0)$,所以 $f(x_0)$ 是 $f(x)$ 的一个极大值.

类似地可以证明情形(2)与(3). 证毕.

根据定理2,如果函数 $f(x)$ 在所讨论的区间内连续,除了某些点外处处可导,那么求函数 $f(x)$ 在该区间内极值的步骤为:

(1) 求导函数 $f'(x)$,进一步求出 $f(x)$ 在所讨论区间内的临界点;

(2) 根据 $f'(x)$ 在上述点的左右两侧附近邻域是否变号,确定该点是否为极值点;如果是极值点,进一步判别是极大值点还是极小值点;

(3) 求各极值点处的函数值,即得相应的极值.

例1 求 $f(x) = e^{-x^2}$ 的极值.

解 函数在 $(-\infty, +\infty)$ 内连续且可导,

$$f'(x) = -2x e^{-x^2}.$$

令 $f'(x) = 0$,得驻点 $x = 0$. 列表讨论:

x	$(-\infty, 0)$	0	$(0, +\infty)$
$f'(x)$	+	0	−
$f(x)$	↗	极大值	↘

由表可知,函数 $f(x)$ 有极大值 $f(0)=1$.

例 2 求函数 $f(x)=(x-4)\sqrt[3]{(x+1)^2}$ 的极值.

解 $f(x)$ 在 $(-\infty,+\infty)$ 内连续,除 $x=-1$ 外处处可导,且

$$f'(x)=\frac{5(x-1)}{3\sqrt[3]{x+1}}.$$

令 $f'(x)=0$,得驻点 $x=1$;$x=-1$ 为 $f(x)$ 不可导点,对由驻点和不可导点所构成的临界点列表讨论:

x	$(-\infty,-1)$	-1	$(-1,1)$	1	$(1,+\infty)$
$f'(x)$	$+$	/	$-$	0	$+$
$f(x)$	↗	0	↘	$-3\sqrt[3]{4}$	↗

由表可知,函数 $f(x)$ 有极大值 $f(-1)=0$,极小值 $f(1)=-3\sqrt[3]{4}$.

如果 $f(x)$ 在驻点处的二阶导数存在且不为零时,也可用下述定理来判别 $f(x)$ 在驻点处取得极大值还是极小值.

定理 3(第二充分条件) 若函数 $f(x)$ 在 x_0 处具有二阶导数,且 $f'(x_0)=0$,则

(1) 当 $f''(x_0)<0$ 时,函数 $f(x)$ 在 x_0 处取得极大值;

(2) 当 $f''(x_0)>0$ 时,函数 $f(x)$ 在 x_0 处取得极小值.

证明 在情形(1),$f''(x_0)<0$,由二阶导数定义,且注意到 $f'(x_0)=0$,就有

$$f''(x_0)=\lim_{x\to x_0}\frac{f'(x)-f'(x_0)}{x-x_0}=\lim_{x\to x_0}\frac{f'(x)}{x-x_0}<0,$$

根据函数的保号性,当 x 在 x_0 的足够小的去心邻域内时,有

$$\frac{f'(x)}{x-x_0}<0.$$

由此可见,在此邻域内,当 $x<x_0$ 时,$f'(x)>0$;当 $x>x_0$ 时,$f'(x)<0$. 根据定理 2 可知,$f(x)$ 在 x_0 处取极大值.

类似地可以证明情形(2),证毕.

当 x_0 是函数 $f(x)$ 的驻点时,如果 $f''(x_0)=0$(或二阶导数在 x_0 处不存在),那么我们能用定理 2 来判别.

例 3 求函数 $f(x)=(x^2-1)^3+2$ 的极值.

解 函数 $f(x)$ 在 $(-\infty,+\infty)$ 内连续,且各阶导数存在
$$f'(x)=6x(x^2-1)^2,$$
令 $f'(x)=0$,得驻点 $x_1=-1, x_2=0, x_3=1$.
$$f''(x)=6(x^2-1)(5x^2-1),$$

因 $f''(0)=6>0$,所以 $f(x)$ 在 $x=0$ 处取得极小值,极小值为 $f(0)=1$.

因 $f''(-1)=f''(1)=0$,所以无法用定理 3 判别.因为当 x 取 $x_1=-1$ 的左、右两侧附近值时,$f'(x)<0$,由定理 2 的(3),可知 $f(x)=-1$ 处没有极值.类似地,在 $x_3=1$ 附近 $f'(x)>0$,$f(x)$ 在 $x=1$ 处也没有极值.

二、最大值与最小值问题

在工农业生产、工程技术和科学实验中,常常要讲究效率,考虑怎样以最小的投入得到最大的产出,这类问题在数学上往往可以归结为求某一函数在某个集合内的最大值或最小值的问题.这个函数称为目标函数,函数自变量取值的集合称为约束集或可行域.这类问题统称为优化问题.

解决优化问题要根据不同问题的具体情况采用不同的数学方法.如果问题所涉及的目标函数具有连续性和可导性,其可行域又是一个区间,那么往往可以采用微分学的方法来加以解决.

现在假设函数 $f(x)$ 在闭区间 $[a,b]$ 上连续,在开区间 (a,b) 内除有限个点外可导,且至多有有限个驻点.在这样的假定下,我们来讨论 $f(x)$ 在 $[a,b]$ 上的最大值和最小值的计算.

首先,由闭区间上连续函数的性质可知,$f(x)$ 在 $[a,b]$ 上的最大值、最小值一定存在.

其次,如果最大值(或最小值)在开区间(a, b)内的点x_0处取得,那么这个最大值(或最小值)$f(x_0)$一定是$f(x)$的一个极大值(或极小值).由前面的讨论,x_0一定是$f(x)$的临界点.又$f(x)$的最大值(或最小值)也可能在区间的端点处取得.因此,我们可用下述的方法求$f(x)$在$[a, b]$上的最大值和最小值.

(1) 求出$f(x)$在(a, b)内的驻点$x_1, x_2, \cdots, x_n$及不可导点$x'_1, x'_2, \cdots, x'_m$;

(2) 计算$f(x_i)(i=1, 2, \cdots, n)$,$f(x'_j)(j=1, 2, \cdots, m)$及$f(a)$,$f(b)$的值;

(3) 比较上述诸值的大小,就得$f(x)$的最大值M和最小值m:

$$M = \max_{x \in [a, b]} f(x)$$
$$= \max\{f(x_1), \cdots, f(x_n), f(x'_1), \cdots, f(x'_m), f(a), f(b)\},$$
$$m = \min_{x \in [a, b]} f(x)$$
$$= \min\{f(x_1), \cdots, f(x_n), f(x'_1), \cdots, f(x'_m), f(a), f(b)\}.$$

例4 求函数$f(x)=|x-2|e^x$在$[0, 3]$上的最大值与最小值.

解 $f(x) = \begin{cases} -(x-2)e^x, & 0 \leqslant x \leqslant 2; \\ (x-2)e^x, & 2 < x \leqslant 3; \end{cases}$

$f'(x) = \begin{cases} -(x-1)e^x, & 0 < x < 2; \\ (x-1)e^x, & 2 < x < 3. \end{cases}$

可见在$(0, 3)$内$x=1$是$f(x)$的驻点,又$x=2$是$f(x)$的不可导点.由于

$$f(0) = 2, f(1) = e, f(2) = 0, f(3) = e^3,$$

可得$f(x)$在$x=2$时取得最小值0,在$x=3$时取得最大值e^3.

例5 证明不等式$\dfrac{1}{2^{p-1}} \leqslant x^p + (1-x)^p \leqslant 1 \ (0 \leqslant x \leqslant 1, p > 1)$.

证明 作辅助函数$f(x) = x^p + (1-x)^p$,$f(x)$在$[0, 1]$上连续,且

$$f'(x) = p[x^{p-1} - (1-x)^{p-1}],$$

得驻点 $x = \dfrac{1}{2}$，由 $f(0) = f(1) = 1, f\left(\dfrac{1}{2}\right) = \dfrac{1}{2^{p-1}}$，可见最大值为 1，最小值为 $\dfrac{1}{2^{p-1}}$，所以有

$$\dfrac{1}{2^{p-1}} \leqslant x^p + (1-x)^p \leqslant 1.$$

例 6 在铁路线上 AB 段距离为 150 km，工厂 C 距 A 处为 30 km，并且 AC 垂直于 AB（图 3-8），为了运输需要，要在 AB 线上选定一点 D 向工厂修筑一条公路，已知铁路每千米货运的运费与公路上每千米货运的运费之比为 4 : 5，为了使货物从供应站运到工厂 C 的运费最省，问 D 应选在何处？

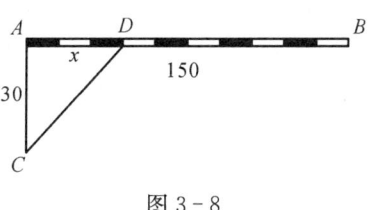

图 3-8

解 设 $AD = x$(km)，可得

$$DB = 150 - x, \quad CD = \sqrt{(30)^2 + x^2} = \sqrt{900 + x^2}.$$

由已知条件，不妨设铁路上每千米的运费为 $4k$，公路上每千米的运费为 $5k$，设从 B 点到 C 点总运费为 y，则

$$y = 5k\sqrt{900 + x^2} + 4k(150 - x) \quad (0 \leqslant x \leqslant 150).$$

所求问题归结为求函数 y 在 $[0, 150]$ 上的最小值点．

现在求 y 对 x 的导数

$$y' = k\left(\dfrac{5x}{\sqrt{900 + x^2}} - 4\right)$$

得 y 的惟一驻点 $x = 40$，又由于

$$y(0) = 750k, \quad y(40) = 690k, \quad y(150) = 150\sqrt{26}k,$$

其中 $y(40)=690k$ 为最小,因此,当 $AD=40$ km 时,总费用最省.

例 7(光的折射定律) 设在 x 轴的上下两侧有两种不同的介质 Ⅰ 和 Ⅱ,光在介质 Ⅰ 和介质 Ⅱ 中的传播速度分别是 v_1 和 v_2,光从介质 Ⅰ 的 A 点传播到介质 Ⅱ 的 B 点,问光线应该通过怎样的路径传播?

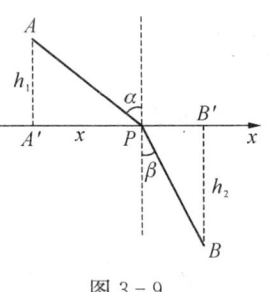

图 3-9

解 如图 3-9 所示,设 A、B 点到 x 轴的距离分别为 $AA'=h_1$,$BB'=h_2$,$A'B'$ 的长度为 l.设光线的路径为折线 APB,其中 P 为 x 轴上一点,设 $A'P=x$.物理学上有费马定理:光线沿着所需时间最少的路径传播.由上可得光线沿折线 APB 的传播时间为

$$T(x)=\frac{\sqrt{h_1^2+x^2}}{v_1}+\frac{\sqrt{h_2^2+(l-x)^2}}{v_2},\quad x\in[0,l].$$

对 x 求导,得

$$T'(x)=\frac{1}{v_1}\frac{x}{\sqrt{h_1^2+x^2}}-\frac{1}{v_2}\frac{l-x}{\sqrt{h_2^2+(l-x)^2}},$$

由

$$T''(x)=\frac{1}{v_1}\frac{h_1^2}{(h_1^2+x^2)^{\frac{3}{2}}}+\frac{1}{v_2}\frac{h_2^2}{[h_2^2+(l-x)^2]^{\frac{3}{2}}}>0,\quad x\in[0,l]$$

可知,$T'(x)$ 在 $(0,l)$ 内的零点 x_0 必为 $T(x)$ 的极小值点.而由 $T'(x)$ 在 $[0,l]$ 上连续及 $T'(0)<0$,$T'(l)>0$,$T''(t)>0$ 知,$T'(x)$ 在 $(0,l)$ 内存在惟一的零点 x_0,于是 x_0 必定是在 $(0,l)$ 内惟一极小值点,从而是 $T(x)$ 在 $[0,l]$ 上最小值点.

设 x_0 满足 $T'(x_0)=0$,即

$$\frac{1}{v_1}\frac{x_0}{\sqrt{h_1^2+x_0^2}}=\frac{1}{v_2}\frac{l-x_0}{\sqrt{h_2^2+(l-x_0)^2}}.$$

记 $\dfrac{x_0}{\sqrt{h_1^2+x_0^2}}=\sin\alpha$，$\dfrac{l-x_0}{\sqrt{h_2^2+(l-x_0)^2}}=\sin\beta$，则得到

$$\frac{\sin\alpha}{v_1}=\frac{\sin\beta}{v_2},$$

其中 α、β 分别是光线的入射角与折射角，这就是光学中著名的折射定律.

在实际问题中，如果根据问题的性质可以判断目标函数 $f(x)$ 在其定义区间 I 的内部确有最大值或最小值，而 $f(x)$ 在 I 内可导且只有惟一的驻点 x_0，那么就可以判断 $f(x_0)$ 必定是最大值或最小值，不再需要另行判定.

例8 某商品进价为 a(元/件)，根据以往经验，当销售价为 b(元/件)时，销售量为 c 件 $\left(a、b、c\text{ 均为正常数，且 }b\geqslant\dfrac{4}{3}a\right)$，市场调查表明，销售价每下降 10%，销售量可增加 40%，现决定一次性降价，试问销售价定为多少时，可获得最大利润？并求出最大利润.

解 设 p 表示降价后的销售价，x 为增加的销售量，$L(x)$ 为总利润，那么有

$$\frac{x}{b-p}=\frac{0.4c}{0.1b},$$

即 $p=b-\dfrac{b}{4c}x$，从而得

$$L(x)=\left(b-\frac{b}{4c}x-a\right)(c+x),$$

对 x 求导，得

$$L'(x)=-\frac{b}{2c}x-\frac{3}{4}b-a,$$

可得惟一驻点

$$x_0=\frac{(3b-4a)c}{2b}.$$

又
$$L''(x_0) = -\frac{b}{2c} < 0,$$

可知 x_0 为极大值点,也是最大值点,所以定价为

$$p = b - \left(\frac{3}{8}b - \frac{1}{2}a\right) = \frac{5}{8}b + \frac{1}{2}a (元)$$

时,得最大利润 $L(x_0) = \frac{c}{16b}(5b-4a)^2$ (元).

习题 3-5(A)

1. 求下列函数的极值:

(1) $y = x^3 - 3x^2 + 5$;
(2) $y = x^2 e^{-x}$;
(3) $y = \frac{x^2 - 7x + 6}{x - 10}$;
(4) $y = \frac{1+3x}{\sqrt{4+5x^2}}$;
(5) $y = x + \sqrt{1-x}$;
(6) $y = x - \ln(1+x)$;
(7) $y = x + \tan x$;
(8) $y = x^{\frac{1}{x}}$;
(9) $y = 3 - (x-1)^{\frac{2}{3}}$;
(10) $y = (x-5)^2 \sqrt[3]{(x+1)^2}$.

2. 求下列函数的最大值、最小值:

(1) $y = x^4 - 8x^2 + 2, -1 \leqslant x \leqslant 3$;
(2) $y = 2e^x + e^{-x}, -1 \leqslant x \leqslant 1$;
(3) $y = \sqrt{x} \ln x, \frac{1}{4} \leqslant x \leqslant 1$.

3. 试证明:如果 $y = ax^3 + bx^2 + cx + d$ 满足条件 $b^2 - 3ac < 0$,那么这函数没有极值.

4. 求函数 $y = 2x^3 - 6x^2 - 18x - 7 (1 \leqslant x \leqslant 4)$ 在何处取得最大值?并求出它的最大值.

5. 求函数 $y = x^2 - \frac{54}{x}$ $(x < 0)$ 的最小值.

6. 试问 a 为何值时,函数 $f(x) = a\sin x + \frac{1}{3}\sin 3x$ 在 $x = \frac{\pi}{3}$ 处取得极值,它是极大值还是极小值?并求此极值.

7. 设 $x=1$ 和 $x=2$ 均为函数 $f(x) = a\ln x + bx^2 + 3x$ 的极值点. 求 a、b 的值.

8. 某车间靠墙壁要盖一间长方形小屋,现有存砖只够砌 20 米长的墙壁,问应

围成怎样的长方形才能使这间小屋的面积最大?

9. 要造一圆柱形油罐,体积为 V,问底半径 r 和高 h 等于多少时,才能使表面积最小? 这时直径与高的比是多少?

10. 将长为 a 的铁丝切成两段,一段围成正方形,另一段围成圆形,问这两段铁丝各为多少时,正方形与圆形的面积之和为最小?

11. 作半径为 r 的球的外切正圆锥,问此圆锥的高 h 为何值时,其体积 V 最小? 并求出该最小值.

12. 如图 3-10,某人正处在森林地带中距公路 O 处 2 km 的 A 处,在 O 的右方 8 km 处有一车站 B. 假定此人在森林地带中步行的速度为 6 km/h,沿公路行走的速度为 8 km/h,为了尽快赶到车站,他选择 $A \to C \to B$ 的路径. 问 C 点应在公路右方多少? 他最快能在多长时间内到达 B?

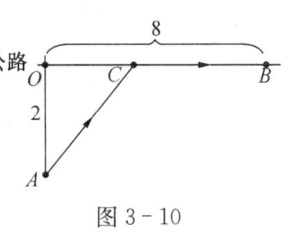

图 3-10

13. 已知某厂生产 x 件产品的成本为 $C = 25\,000 + 200x + \frac{1}{40}x^2$ (元).

问(1) 要使平均成本最小,应生产多少件产品?

(2) 若产品以每件 500 元售出,要使利润最大,应生产多少件产品?

14. 某商店每天按批发价每件 3 元买进一批商品零售,若零售价为 4 元,估计销售量为 400 件. 若售价每降低 0.05 元,则可多销售 40 件,问售价应定为多少和从工厂购进多少件时,才可获最大利润? 最大利润为多少元?

15. 假设某种商品的需求量 Q 是单价 p(单位:元)的函数:$Q = 12\,000 - 80p$; 商品的总成本 C 是需求量 Q 的函数:$C = 25\,000 + 50Q$, 每单位商品需要纳税 2 元,试求使销售利润最大的商品单价和最大利润额.

习题 3-5(B)

1. 问 a、b、c、d 为何值时,函数 $y = ax^3 + bx^2 + cx + d$ 在 $x = 0$ 处有极大值 1,在 $x = 2$ 处有极小值为零?

2. 设函数 $y = y(x)$ 由方程 $2y^3 - 2y^2 + 2xy - x^2 = 1$ 所确定,试求 $y = y(x)$ 的驻点,并判别它是否为极值点?

3. 设函数 $f(x) = \frac{1}{4}x^4 + \frac{1}{3}ax^3 + \frac{b}{2}x^2 + 2x$ 在 $x = -2$ 处取得极值,又在 $x = c$ ($c \neq -2$) 处有 $f'(c) = 0$,但在 $x = c$ 处无极值,求 a、b 的值.

4. 求出满足下列条件的最低次多项式: 当 $x = 1$ 时,取极大值 6;当 $x = 3$ 时,取极小值 2.

5. 已知函数

$$f(x) = \begin{cases} x^{2x}, & x > 0; \\ x+1, & x \leqslant 0. \end{cases}$$

(1) 研究 $f(x)$ 在 $x=0$ 处的连续性;

(2) 问 x 为何值时, $f(x)$ 取得极值?

6. 在曲线 $y=1-x^2$ ($x \geqslant 0, y \geqslant 0$) 上找一点 (x_0, y_0), 过此点作一切线, 与 x 轴、y 轴构成一个三角形, 问 x_0 为何值时, 此三角形面积最小?

7. 给定曲线

$$y = \frac{1}{x},$$

(1) 求曲线在横坐标为 x_0 的点处的切线方程;

(2) 求曲线的切线被两坐标轴所截线段的最短长度.

8. 求由 y 轴上的一个已知点 $(0, b)$ 到抛物线 $4y=x^2$ 上的点的最短距离.

9. 某工厂生产某商品 4 000 套, 平均分成若干批生产, 已知每批生产准备费为 100 元, 每套产品库存费为 5 元, 如果产品均匀投放市场(上一批用完后立即生产下一批, 因此库存量为批量的一半). 试问每批生产多少套产品才能使生产准备费与库存费之和为最小?

10. 某公司每年销售某商品 a 件, 每次购进的手续费为 b 元, 而每件的库存费为 c 元/年, 在该商品均匀销售的情况下, 问该公司应分几批购进此种商品, 能使所用的手续费及库存费之和最少?

*11. 设某产品的成本函数为 $c = aq^2 + bq + c$, 需求函数为 $q = \frac{1}{e}(d-p)$, 其中 c 为成本, q 为需求量(即产量), p 为单价, a、b、c、d、e 都为正数, 且 $d > b$, 求:

(1) 利润最大时的产量及最大利润;

(2) 需求对价格的弹性;

(3) 需求对价格弹性的绝对值为 1 时的产量.

12. 一商家销售某种商品的价格满足关系 $p=7-0.2x$(万元/吨), x 为销售量(单位: 吨), 商品的成本函数为 $c=3x+1$(万元).

(1) 若每销售一吨商品, 政府要征税 t(万元), 求该商家获最大利润时的销售量;

(2) t 为何值时, 政府税收总额最大?

13. 设某产品的销售价为每单位 5 元,可变成本每单位 3.75 元. 以 10 万元为单位的销售收入 R 和广告费 A 之间有关系式 $R=10A^{\frac{1}{2}}+5$,试求可使利润为最大的最优广告支出.

14. 某厂全年生产需用某材料 5 170 吨,每次订购费用为 570 元,每吨材料单价为 600 元,库存保管费用率为 14.2%. 求:

(1) 最优订购批量;   (2) 最优订购批次;

(3) 最优进货周期;   (4) 最小总费用.

15. 设 $f(x)=nx(1-x)^n$ (n 为自然数). 试求:

(1) $f(x)$ 在 $0\leqslant x\leqslant 1$ 上最大值 $M(n)$;

(2) $\lim\limits_{n\to\infty}M(n)$.

16. 证明:当 $x>0$ 时,$(x^2-1)\ln x \geqslant (x-1)^2$.

第六节 函数图像的描绘

我们已经讨论了用函数的一阶、二阶导数来研究函数的单调性、极值与凸性,从而知道函数图像的升降、凸性以及曲线的局部最高、最低点和凸性的变化点(拐点). 为了完整地描绘函数的图像,我们讨论当曲线远离原点向无穷远延伸时的变化性态.

一、曲线的渐近线

定义   如果连续曲线 C 上的点 P 沿着曲线无限地远离原点时,点 P 与某一定直线 L 的距离趋于零,则称直线 L 为曲线 C 的渐近线.

曲线的渐近线可分为三种.

1. 垂直渐近线

如果对于函数 $y=f(x)$,当 $x\to a$(或 $x\to a^+$,或 $x\to a^-$) 时有

$$\lim_{x\to a}f(x)=\infty(\text{或} \lim_{x\to a^+}f(x)=\infty,\text{或} \lim_{x\to a^-}f(x)=\infty),$$

则称直线 $x=a$ 为曲线 $y=f(x)$ 的垂直渐近线.

例如,$f(x)=\dfrac{x^2}{1+x}$,$x=-1$ 为其无穷间断点,所以曲线 $y=$

$\dfrac{x^2}{1+x}$ 有垂直渐近线 $x=-1$.

2. 水平渐近线

如果对于函数 $y=f(x)$,当 $x\to\infty$(或 $x\to+\infty$,或 $x\to-\infty$)时有

$$\lim_{x\to\infty}f(x)=b(\text{或}\lim_{x\to+\infty}f(x)=b,\text{或}\lim_{x\to-\infty}f(x)=b)\quad(b\text{ 为一有限数}),$$

则称直线 $y=b$ 是曲线 $y=f(x)$ 的水平渐近线.

例如,$y=e^{-x^2}$ 有水平渐近线 $y=0$,这是由于

$$\lim_{x\to\infty}e^{-x^2}=0.$$

3. 斜渐近线

设渐近线的方程是

$$y=ax+b \tag{1}$$

我们从图 3-11 中可见,$f(x)$ 的图像上一点 P 到直线(1)的距离 PK 与 PK' 有关系

$$PK=PK'\cos\alpha,$$

其中 α 是直线(1)与 x 轴交角,因此 PK 趋于零与 PK' 趋于零是等价的. 于是当 P 在图像上移向无穷时,有 $\lim\limits_{x\to\infty}PK'=0$,即

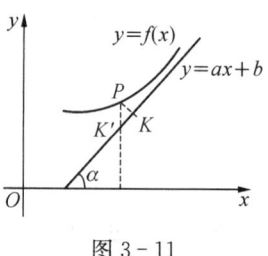

图 3-11

$$\lim_{x\to\infty}(f(x)-ax-b)=0. \tag{2}$$

适合这一性质的直线必定是渐近线,因此有结论:

直线 $y=ax+b$ 是函数 $f(x)$ 的渐近线的充分必要条件为

$$\lim_{x\to\infty}(f(x)-ax-b)=0.$$

现在我们根据这一条件来确定 a 和 b. 由(2)式可知

$$\lim_{x\to\infty}\dfrac{f(x)-ax-b}{x}=0$$

也一定成立,即

$$\lim_{x \to \infty}\left(\frac{f(x)}{x} - a\right) = 0,$$

即

$$a = \lim_{x \to \infty} \frac{f(x)}{x}, \tag{3}$$

由此可具体算出 a. 又根据(2)有

$$b = \lim_{x \to \infty}(f(x) - ax), \tag{4}$$

从而得到 b,通过(3)、(4)两式,就能得到一般的渐近线方程

$$y = ax + b.$$

例 1 求曲线 $y = \dfrac{x^2}{1+x}$ 的斜渐近线.

解 由

$$\lim_{x \to \infty} \frac{f(x)}{x} = \lim_{x \to \infty} \frac{x^2}{x(1+x)} = 1,$$

$$\lim_{x \to \infty}(f(x) - ax) = \lim_{x \to \infty}\left(\frac{x^2}{1+x} - x\right) = \lim_{x \to \infty} \frac{-x}{1+x} = -1$$

得斜渐近线方程

$$y = x - 1.$$

二、函数图像的描绘

利用导数描绘函数图像的一般步骤如下:

(1) 确定函数 $y = f(x)$ 的定义域、连续区间及间断点;考察函数的奇偶性(即图像的对称性)及周期性;

(2) 求出 $y' = 0$ 的根及 y' 不存在的点(在函数定义域内),且求出这些点的函数值;

(3) 求出 $y'' = 0$ 的根及 y'' 不存在的点(在函数定义域内),且求出这些点的函数值;

(4) 把上面求出的所有点(包括函数的间断点)按大小排列,把定义域分成若干个子区间,并确定这些子区间内 $f'(x)$、$f''(x)$ 的符号,从而确定函数图像的升降、凸性、极值点及拐点(列表讨论);

(5) 确定曲线的渐近线(水平、垂直与斜渐近线);

(6) 适当求出曲线上特殊点的坐标,然后描点,绘成函数的图像.

例 2 描绘函数 $y = e^{-x^2}$ (高斯曲线)的图像.

解 (1) 函数定义域为 $(-\infty, +\infty)$,是偶函数,它的图像关于 y 轴对称;只需讨论 $[0, \infty)$ 内函数的图像,曲线过 $(0, 1)$ 点.

(2) $f'(x) = -2xe^{-x^2}$,$x = 0$ 为驻点;$f''(x) = -2e^{-x^2}(1-x^2)$,令 $f''(x) = 0$,得 $x = \frac{\sqrt{2}}{2}$;$f\left(\frac{\sqrt{2}}{2}\right) = e^{-\frac{1}{2}}$.

(3) 列表讨论:

x	0	$\left(0, \frac{\sqrt{2}}{2}\right)$	$\frac{\sqrt{2}}{2}$	$\left(\frac{\sqrt{2}}{2}, +\infty\right)$
$f'(x)$	0	−	−	−
$f''(x)$	−	−	0	+
$f(x)$	极大值 1	↘	拐点 $\left(\frac{\sqrt{2}}{2}, e^{-\frac{1}{2}}\right)$	↘

这里记号"↘"表示曲线弧下降而且是上凸的,"↘"表示曲线弧下降而且是下凸的,下同.

(4) 由于 $\lim\limits_{x \to \infty} e^{-x^2} = 0$,所以 $y = 0$ 是水平渐近线.

由上面的结果画出函数在 $[0, +\infty)$ 上的图像,最后,利用图像关于 y 轴对称,便可得到在 $(-\infty, 0]$ 上的图像(图 3-12).

例 3 描绘函数 $y = \dfrac{32x}{(x+2)^3}$ 的图像.

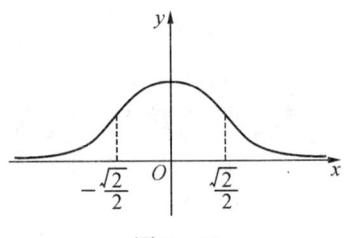

图 3-12

解 (1) 函数定义域为$(-\infty, -2) \cup (-2, +\infty)$,$x = -2$ 为无穷间断点;曲线过$(0, 0)$点.

(2) $f'(x) = 64 \dfrac{1-x}{(x+2)^4}$,得驻点 $x = 1$,$f(1) = \dfrac{32}{27}$.

(3) $f''(x) = 192 \dfrac{x-2}{(x+2)^5}$,令 $f''(x) = 0$,得 $x = 2$;$f(2) = 1$.

(4) 列表讨论:

x	$(-\infty, -2)$	$(-2, 1)$	1	$(1, 2)$	2	$(2, +\infty)$
$f'(x)$	+	+	0	−	−	−
$f''(x)$	+	−	−	−	0	+
$f(x)$	↗	↗	极大值$\dfrac{32}{27}$	↘	拐点$(2, 1)$	↘

(5) 由于 $\lim\limits_{x \to -2^-} \dfrac{32x}{(x+2)^3} = +\infty$,$\lim\limits_{x \to -2^+} \dfrac{32x}{(x+2)^3} = -\infty$,所以,$x = -2$ 为垂直渐近线;

由于 $\lim\limits_{x \to \infty} \dfrac{32x}{(x+2)^3} = 0$,所以 $y = 0$ 为水平渐近线.

(6) 作图(图 3 - 13).

例4 描绘 $y = \dfrac{x^2}{1+x}$ 的图像.

解 (1) 函数的定义域为$(-\infty, -1) \cup (-1, +\infty)$,$x = -1$ 为无穷间断点,曲线过$(0, 0)$点.

(2) $f'(x) = \dfrac{x(x+2)}{(1+x)^2}$,得驻点 $x_1 = -2$,$x_2 = 0$,

且 $f(-2) = -4$,$f(0) = 0$;

$f''(x) = \dfrac{2}{(1+x)^3} \neq 0$.

(3) 列表讨论:

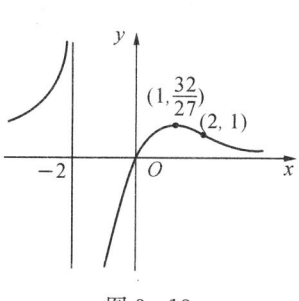

图 3 - 13

x	$(-\infty, -2)$	-2	$(-2, -1)$	$(-1, 0)$	0	$(0, +\infty)$
$f'(x)$	$+$	0	$-$	$-$	0	$+$
$f''(x)$	$-$	$-$	$-$	$+$	$+$	$+$
$f(x)$	↗	极大值 -4	↘	↘	极小值 0	↗

(4) 由于 $\lim\limits_{x \to -1^+} \dfrac{x^2}{1+x} = -\infty$, $\lim\limits_{x \to -1^-} \dfrac{x^2}{1+x} = +\infty$, 所以 $x = -1$ 为曲线的垂直渐近线.

由于 $\lim\limits_{x \to \infty} \dfrac{f(x)}{x} = \lim\limits_{x \to \infty} \dfrac{x}{1+x} = 1$,

$$\lim_{x \to \infty}(f(x) - x) = \lim_{x \to \infty}\left(\dfrac{x^2}{1+x} - x\right)$$

$$= \lim_{x \to \infty} \dfrac{-x}{1+x} = -1.$$

所以有斜渐近线 $y = x - 1$.

(5) 作图(图 3-14).

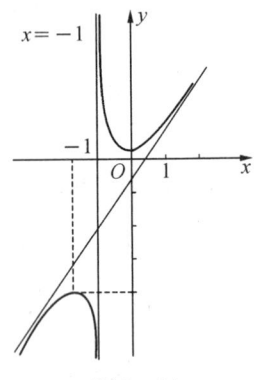

图 3-14

习题 3-6(A)

1. 求下列各函数图像的渐近线：

(1) $y = e^{-\frac{1}{x}}$;

(2) $y = \dfrac{e^x}{1+x}$;

(3) $y = \dfrac{2x}{x^2 - 1}$;

(4) $y = \dfrac{x^2 + x}{(x-2)(x+3)}$.

2. 描绘下列函数的图像：

(1) $y = \ln(1 + x^2)$;

(2) $y = \dfrac{x}{1+x^2}$;

(3) $y = x^2 + \dfrac{1}{x}$;

(4) $y = \dfrac{x^3}{3} - x^2 + 2$.

习题 3-6(B)

1. 求下列函数图像的渐近线：

(1) $y = x\ln\left(e + \dfrac{1}{x}\right)$; (2) $y = \ln\dfrac{x-2}{x+1} - 2$;

(3) $y = xe^{\frac{1}{x^2}}$; (4) $y = \dfrac{4x+4}{x^2} - 2$;

(5) $y = \dfrac{x^2}{1+2x}$.

2. 描绘下列函数的图像：

(1) $y = x + \dfrac{\ln x}{x}$; (2) $y = 2 - \dfrac{4(x+1)}{x^2}$;

(3) $y = x + \dfrac{1}{x}$; (4) $y = x + \arctan x$.

第七节 曲 率

一、弧微分

作为曲率的预备知识，我们先介绍弧微分的概念.

设函数 $y = f(x)$ 在区间 (a, b) 内具有连续导数，在曲线 $y = f(x)$ 上取定点 $M_0(x_0, y_0)$ 作为度量弧长的基点（图 3-15），并规定依 x 增大的方向，作为曲线的正向，对曲线上任一点 $M(x, y)$，规定有向弧段 $\widehat{M_0M}$ 的值 s（简称为弧 s）如下：

s 的绝对值等于这弧段的长度，当有向弧段 $\widehat{M_0M}$ 的方向与曲线的正向一致时，$s > 0$；相反时 $s < 0$. 显然，弧 s 等于 $\widehat{M_0M}$ 是 x 的函数，$s = s(x)$，而且 $s(x)$ 是 x 的单调增加函数. 下面来求 $s(x)$ 的微分.

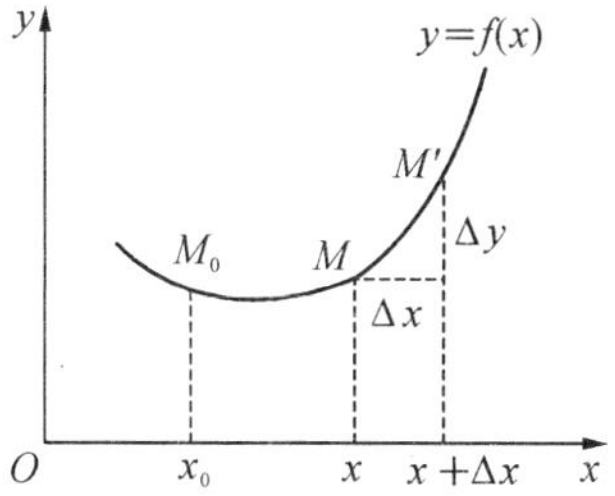

设 $x, x + \Delta x$ 为 (a, b) 内两个邻近点，它们在曲线 $y = f(x)$ 上的对应点为 M 与 M'（图 3-14），并设对应于 x 的增量为 Δx，弧 s 的增量为 Δs，则

$$\Delta s = \widehat{M_0M'} - \widehat{M_0M} = \widehat{MM'},$$

图 3-15

于是

$$\left(\frac{\Delta s}{\Delta x}\right)^2 = \left(\frac{\widehat{MM'}}{\Delta x}\right)^2 = \left(\frac{\widehat{MM'}}{|\overline{MM'}|}\right)^2 \cdot \frac{|\overline{MM'}|^2}{(\Delta x)^2}$$

$$= \left(\frac{\widehat{MM'}}{|\overline{MM'}|}\right)^2 \cdot \frac{(\Delta x)^2 + (\Delta y)^2}{(\Delta x)^2}$$

$$= \left(\frac{\widehat{MM'}}{\overline{MM'}}\right)^2 \cdot \left[1 + \left(\frac{\Delta y}{\Delta x}\right)^2\right].$$

令 $\Delta x \to 0$ 时,$M' \to M$,这时弧的长度与弦的长度之比的极限等于 1(证明略),即

$$\lim_{M' \to M} \frac{\widehat{MM'}}{\overline{MM'}} = 1,$$

又

$$\lim_{\Delta x \to 0} \frac{\Delta y}{\Delta x} = y',$$

因此得

$$\left(\frac{\mathrm{d}s}{\mathrm{d}x}\right)^2 = 1 + y'^2.$$

由于 $s = s(x)$ 是单调增加函数,即 $\frac{\mathrm{d}s}{\mathrm{d}x} > 0$,所以

$$\frac{\mathrm{d}s}{\mathrm{d}x} = \sqrt{1 + y'^2},$$

或

$$\mathrm{d}s = \sqrt{1 + y'^2}\,\mathrm{d}x. \tag{1}$$

这就是弧微分公式.

二、平面曲线的曲率概念

我们直观地认识到:直线不弯曲,半径小的圆比半径大的圆弯曲得厉害些,而其他曲线不同部分有不同的弯曲程度.例如,抛物线 $y =$

x^2 在顶点附近比远离顶点的部分弯曲得厉害些.

在图 3-16 中有两条长度相同的弧段 $\widehat{A_1B_1}$ 及 $\widehat{A_2B_2}$,直观上看,弧段 $\widehat{A_1B_1}$ 比较平直,当动点沿这段弧从 A_1 移动到 B_1 时,切线转过的角度 $\Delta\alpha_1$ 较小;而弧度 $\widehat{A_2B_2}$ 弯曲得比较厉害,切线转过的角度 $\Delta\alpha_2$ 就比较大.可见曲线的弯曲程度与弧段切线转过角度的大小成正比.另一方面,在图 3-17 中,两段曲线弧 $\widehat{A_1B_1}$ 与 $\widehat{A_2B_2}$ 尽管它们的切线转角相等,但弯曲程度不同,短弧段 $\widehat{A_1B_1}$ 比长弧段 $\widehat{A_2B_2}$ 弯曲得厉害,可见曲线的弯曲程度又与弧段的长度成反比.因此要确切地描述曲线的弯曲程度可以用弧段两端点切线转过的角度与弧长之比来度量.

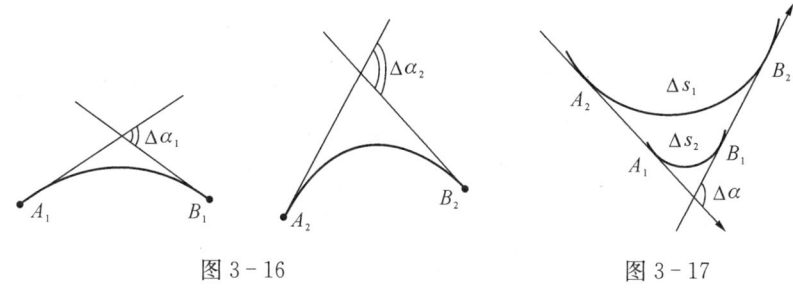

图 3-16   图 3-17

设曲线 C 是光滑的(即曲线上具有连续转动切线),在曲线 C 上选一点 M_0 作为度量弧 s 的基点.设曲线上点 M 对应于弧 s,切线的倾角为 α,曲线上点 M' 对应于弧 $s+\Delta s$,切线的倾角为 $\alpha+\Delta\alpha$(图 3-18),则弧段 $\widehat{MM'}$ 的长度为 $|\Delta s|$,当动点从 M 移动到 M' 时,切线转过的角为 $|\Delta\alpha|$.那么,单位弧段上切线转角的大小——即比值 $\left|\dfrac{\Delta\alpha}{\Delta s}\right|$ 称为弧段 $\widehat{MM'}$ 的平均曲率.并记作 $\overline{K}$,即

$$\overline{K} = \left|\dfrac{\Delta\alpha}{\Delta s}\right|.$$

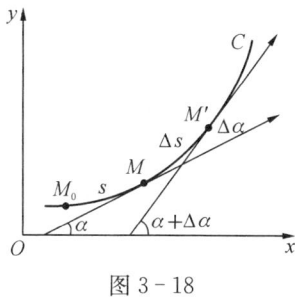

图 3-18

当 $\Delta s \to 0$ 时(即 $M' \to M$ 时),平均曲率的极限就描述了曲线在点 M 处的弯曲程度.

定义 如果

$$\lim_{\Delta s \to 0} \left| \frac{\Delta \alpha}{\Delta s} \right|$$

存在,则称该极限为曲线 $y = f(x)$ 在点 M 处的曲率,记作 K,即

$$K = \lim_{\Delta s \to 0} \left| \frac{\Delta \alpha}{\Delta s} \right|.$$

如果 $\lim\limits_{\Delta s \to 0} \dfrac{\Delta \alpha}{\Delta s} = \dfrac{\mathrm{d}\alpha}{\mathrm{d}s}$ 存在,则

$$K = \left| \frac{\mathrm{d}\alpha}{\mathrm{d}s} \right|. \tag{2}$$

可见曲率也是一种变化率.它是曲线切线转角对弧长变化率的绝对值.

例1 求半径为 R 的圆上任意一点处的曲率.

解 设 D 为圆心.在圆周上任取两点 M、M'(图 3-19).由点 M 的切线到点 M' 的切线转了角 $\Delta \alpha$,而 $\Delta \alpha$ 正好等于中心角 MDM',

$$\angle MDM' = \frac{\widehat{MM'}}{R} = \frac{\Delta s}{R},$$

于是

$$\frac{\Delta \alpha}{\Delta s} = \frac{\frac{\Delta s}{R}}{\Delta s} = \frac{1}{R},$$

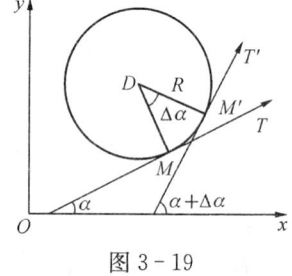

图 3-19

从而

$$K = \lim_{\Delta s \to 0} \left| \frac{\Delta \alpha}{\Delta s} \right| = \lim_{\Delta s \to 0} \frac{1}{R} = \frac{1}{R}.$$

因为点 M 是圆上的任意一点.所以,圆上各点处的曲率都等于半径 R 的倒数 $\dfrac{1}{R}$,这说明半径越小,曲率越大.

例2 求直线在任一点的曲率.

解 设 M、M' 为直线上任意两点(图 3-20).而点 M 和点 M' 的

切线在一直线上,因此切线转过的角度 $\Delta\alpha = 0$,平均曲率 $\overline{K} = \left|\dfrac{\Delta\alpha}{\Delta s}\right| = 0$,从而 $K = \left|\dfrac{\mathrm{d}\alpha}{\mathrm{d}s}\right| = 0$. 这表明直线上任意点 M 处的曲率都等于零.

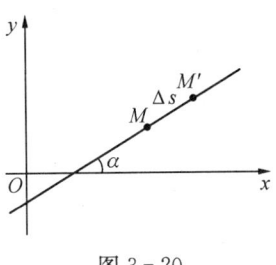

图 3-20

三、曲率公式

下面根据(2)式推导曲率的计算公式.

设曲线的直角坐标方程为 $y = f(x)$,且 $f(x)$ 具有二阶导数.由导数的几何意义 $\tan\alpha = y'$,两边求导得

$$\sec^2\alpha \cdot \dfrac{\mathrm{d}\alpha}{\mathrm{d}x} = y'',$$

$$\dfrac{\mathrm{d}\alpha}{\mathrm{d}x} = \dfrac{y''}{1 + \tan^2\alpha} = \dfrac{y''}{1 + y'^2},$$

于是

$$\mathrm{d}\alpha = \dfrac{y''}{1 + y'^2}\mathrm{d}x.$$

又因为

$$\mathrm{d}s = \sqrt{1 + y'^2}\,\mathrm{d}x,$$

从而,由曲率定义得到

$$K = \left|\dfrac{\mathrm{d}\alpha}{\mathrm{d}s}\right| = \dfrac{|y''|}{(1 + y'^2)^{3/2}}. \tag{3}$$

这就是在直角坐标系下计算曲线曲率的公式.

设曲线由参数方程

$$\begin{cases} x = \varphi(t) \\ y = \psi(t) \end{cases}$$

给出,利用由参数方程所确定的函数的求导法,求出 $\dfrac{\mathrm{d}y}{\mathrm{d}x}$,$\dfrac{\mathrm{d}^2 y}{\mathrm{d}x^2}$,代入曲

率计算公式(3),可求得曲率 K.

例3 求抛物线 $y = ax^2 + bx + c$ 上任意点 $M(x, y)$ 的曲率,并求曲率的最大值.

解 由 $y = ax^2 + bx + c$,得
$$y' = 2ax + b, \quad y'' = 2a.$$

代入曲率计算公式(3),得到抛物线在点 $M(x, y)$ 的曲率为
$$K = \frac{|2a|}{[1 + (2ax + b)^2]^{3/2}}.$$

很明显,当 $2ax + b = 0$,即 $x = -\dfrac{b}{2a}$ 时,曲率 K 有最大值 $|2a|$,这说明,抛物线在顶点 $\left(-\dfrac{b}{2a}, -\dfrac{b^2 - 4ac}{4a}\right)$ 处的曲率最大.

例4 求摆线
$$\begin{cases} x = a(t - \sin t) \\ y = a(1 - \cos t) \end{cases}$$
上任意点 $M(x, y)$ 的曲率.

解
$$\frac{\mathrm{d}y}{\mathrm{d}x} = \frac{\sin t}{1 - \cos t},$$

$$\frac{\mathrm{d}^2 y}{\mathrm{d}x^2} = -\frac{1}{a(1 - \cos t)^2}.$$

代入公式(3)得摆线上任意点 $M(x, y)$ 处的曲率为
$$K = \frac{|\cos t - 1|}{2\sqrt{2}a(1 - \cos t)^{3/2}} = \frac{1}{2\sqrt{2}a(1 - \cos t)^{1/2}} = \frac{1}{4a\left|\sin\dfrac{t}{2}\right|}.$$

在有些实际问题中,$|y'|$ 同 1 比较起来是很小的(有的工程技术书上把这种关系记成 $|y'| \ll 1$),可以忽略不计,这时,由
$$1 + y'^2 \approx 1$$

得到曲率的近似计算公式

$$K = \frac{|y''|}{(1+y'^2)^{3/2}} \approx |y''|.$$

这就是说,当$|y'| \ll 1$时,曲率K近似于$|y''|$,经过这样简化后对一些复杂问题的计算和讨论就方便多了.

四、曲率圆、曲率半径与曲率中心公式

设曲线 $y = f(x)$ 在点 $M(x, y)$ 处的曲率为 $K(K \neq 0)$,在点 M 处的曲线的法线上,在凹的一侧取一点 D,使 $|DM| = \frac{1}{K} = \rho$. 以 D 为圆心,ρ 为半径作圆(图 3 - 21). 我们把这个圆叫做曲线在点 M 处的曲率圆,把曲率圆的圆心 D 称为曲线在点 M 处的曲率中心. 把曲率圆的半径 ρ 称为曲线在点 M 处的曲率半径.

由上述可知,曲线在点 M 处与曲率圆有相同的切线和曲率,并且在点 M 邻近处有相同的凸向,因此,在实际问题中,往往

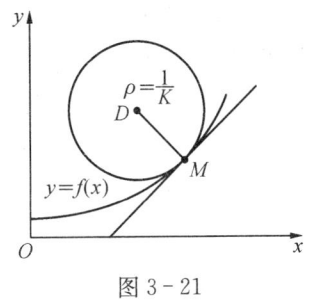

图 3 - 21

用曲率圆在点 M 处附近的一段圆弧来近似代替点 M 邻近的曲线弧,以使问题简化.

例 5 设工件内表面的截线为抛物线 $y = 0.4x^2$(图 3 - 22). 现要用砂轮磨削其内表面. 问用直径多大的砂轮才比较合适?

解 为了在磨削时不使砂轮与工件接触处附近的那部分工件磨去太多,砂轮的半径应不大于抛物线上各点处曲率半径中的最小值. 由于抛物线在其顶点处的曲率最大,也就是曲率半径最小,所以先求出抛物线在顶点 $O(0, 0)$ 处的曲率.

$$y = 0.4x^2, \ y' = 0.8x, \ y'' = 0.8.$$

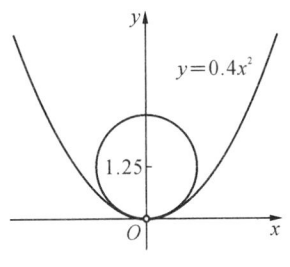

图 3 - 22

而
$$y'|_{x=0}=0, \quad y''|_{x=0}=0.8.$$
代入曲率公式(3),得
$$K=0.8.$$
因而抛物线顶点处的曲率半径
$$\rho=\frac{1}{K}=1.25.$$
所以选用半径不大于 1.25 单位长的砂轮比较合适.

下面我们来推导曲率中心的坐标公式.

设曲线方程为 $y=f(x)$,$f(x)$ 在点 x 处的二阶导数连续且不为零.根据曲率圆的定义,曲线在点 $M(x,y)$ 处的曲率圆(图 3-21)方程为
$$(\xi-\alpha)^2+(\eta-\beta)^2=\rho^2,$$
其中 α、β 为曲率圆中心 D 的坐标,ξ,η 是曲率圆上的动点坐标,且
$$\rho^2=\frac{1}{K^2}=\frac{(1+y'^2)^3}{y''^2}.$$
因为点 M 在曲率圆上,所以
$$(x-\alpha)^2+(y-\beta)^2=\rho^2. \tag{5}$$
又因为曲线在点 M 的切线与曲率圆的半径垂直,所以
$$y'=-\frac{x-\alpha}{y-\beta}. \tag{6}$$
由(5)和(6)消去 $x-\alpha$,解出
$$(y-\beta)^2=\frac{\rho^2}{1+y'^2}=\frac{(1+y'^2)^2}{y''^2},$$
$$y-\beta=\pm\frac{1+y'^2}{y''}.$$

当 $y''>0$ 时,曲线为凸向下,$y-\beta<0$;当 $y''<0$ 时,曲线为凸

向上，$y-\beta>0$. 总之，y'' 与 $y-\beta$ 异号，因此上式右边取负号. 于是有

$$y-\beta = -\frac{1+y'^2}{y''}.$$

又

$$x-\alpha = -y'(y-\beta) = \frac{y'(1+y'^2)}{y''}.$$

所以曲线 $y=f(x)$ 在点 $M(x,y)$ 的曲率中心 $D(\alpha,\beta)$ 的坐标为

$$\begin{cases} \alpha = x - \dfrac{y'(1+y'^2)}{y''}, \\ \beta = y + \dfrac{1+y'^2}{y''}. \end{cases} \tag{7}$$

例 6 求抛物线 $y^2 = 4x$ 在点 $M(1,2)$ 处的曲率中心坐标.

解 $y^2 = 4x$，两边对 x 求导，得

$$2yy' = 4, \text{于是 } y' = \frac{2}{y}, \ y'' = -\frac{4}{y^3}.$$

因此

$$y'\big|_{x=1} = 1, \ y''\big|_{x=1} = -\frac{1}{2}.$$

代入公式(7)，便得抛物线在点 $M(1,2)$ 处的曲率中心坐标

$$\begin{cases} \alpha = 1 - \dfrac{(1+1)}{\left(-\dfrac{1}{2}\right)} = 5, \\ \beta = 2 + \dfrac{1+1}{\left(-\dfrac{1}{2}\right)} = -2. \end{cases}$$

习题 3-7(A)

1. 求抛物线 $y = 4x - x^2$ 在顶点处的曲率.
2. 求曲线 $y = \ln\sec x$ 在点 (x,y) 处的曲率及曲率半径.
3. 求曲线 $x = a\cos^3 t, \ y = a\sin^3 t$ 在 $t = t_0$ 处的曲率.
4. 求摆线

$$\begin{cases} x = a(t-\sin t), \\ y = a(1-\cos t), \end{cases} \quad (0 < t < 2\pi)$$

的曲率. t 等于何值时曲率最小?并求出最小曲率及该点处的曲率半径.

5. 对数曲线 $y = \ln x$ 上哪一点处的曲率半径最小?求出该点处的曲率半径.

习题 3-7(B)

1. 证明曲线 $y = a\cosh\dfrac{x}{a}$ 在任何一点处的曲率半径为 $\dfrac{y^2}{a}$.

2. 求内摆线 $x^{\frac{2}{3}} + y^{\frac{2}{3}} = a^{\frac{2}{3}}$ 的曲率半径和曲率圆心坐标.

3. 求曲线 $y = \ln x$ 与 x 轴交点处的曲率圆方程.

4. 一飞机沿抛物线路径 $y = \dfrac{x^2}{10\,000}$ (y 轴垂直向上,单位为 m)作俯冲飞行,在坐标原点 O 处飞机的速度为 $v = 200$ m/s. 飞行员体重 $G = 70$ kg. 求飞机俯冲至最低点即原点 O 处时座椅对飞行员的反力.

$\left[\text{提示:作匀速圆周运动的物体所受的向心力为 } F = \dfrac{mv^2}{R}\right].$

5. 求曲线 $y = \tan x$ 在点 $\left(\dfrac{\pi}{4}, 1\right)$ 处的曲率圆方程.

第八节 方程的近似解

在实际问题中,我们会遇到求解高次代数方程或其他类型的方程的问题. 要求得这类方程的实根的近似值往往比较困难. 因此需要寻找方程的近似解.

求方程的近似解一般分两步:

第一步是根的隔离. 求方程 $f(x) = 0$ 的根时,先确定根的大概位置,也就是确定一个区间 $[a, b]$,使 (a, b) 内只有方程 $f(x) = 0$ 的一个根. 区间 $[a, b]$ 叫做隔离区间. 根的隔离的主要依据是闭区间连续函数的零点定理. 确定隔离区间的具体做法通常有两种:一是画出 $y = f(x)$ 的图像,从而看出曲线 $y = f(x)$ 与 x 轴交点的位置;二是在较大区间 $[\alpha, \beta]$ 中适当取一些数,看对应的函数值正负号改变的情况,从而确定隔离区间.

第二步,是以根的隔离区间的端点作为根的初始近似值,逐步改善根的近似值的精确度,直至求得满足精确度要求的近似解.完成这一步工作有多种方法,这里介绍两种常用的方法——二分法和切线法.

一、二分法

设 $f(x)$ 在区间 $[a,b]$ 上连续,$f(a) \cdot f(b) < 0$,且方程 $f(x) = 0$ 在 (a,b) 内仅有一个实根 ξ,于是 $[a,b]$ 即是这个根的一个隔离区间.

取 $[a,b]$ 的中点为分点 $\xi_1 = \dfrac{a+b}{2}$,计算 $f(\xi_1)$.

如果 $f(\xi_1) = 0$,那么 $\xi = \xi_1$;

如果 $f(\xi_1)$ 与 $f(a)$ 同号,那么取 $a_1 = \xi_1$,$b_1 = b$,由 $f(a_1) \cdot f(b_1) < 0$,知 $a_1 < \xi < b_1$,且 $b_1 - a_1 = \dfrac{1}{2}(b-a)$;

如果 $f(\xi_1)$ 与 $f(b)$ 同号,那么取 $a_1 = a$,$b_1 = \xi_1$,也有 $a_1 < \xi < b_1$ 及 $b_1 - a_1 = \dfrac{1}{2}(b-a)$;

总之,当 $\xi \neq \xi_1$ 时,可求得 $a_1 < \xi < b_1$,且 $b_1 - a_1 = \dfrac{1}{2}(b-a)$.

以 $[a_1, b_1]$ 作为新的隔离区间,重复上述做法,当 $\xi \neq \xi_2 = \dfrac{1}{2}(a_1 + b_1)$ 时,可求得 $a_2 < \xi < b_2$,且 $b_2 - a_2 = \dfrac{1}{2^2}(b-a)$.

如此重复 n 次,可求得 $a_n < \xi < b_n$,且 $b_n - a_n = \dfrac{1}{2^n}(b-a)$. 由此可知,如果以 a_n 或 b_n 作为 ξ 的近似值,那么其误差小于 $\dfrac{1}{2^n}(b-a)$.

例1 用二分法求方程 $x^3 + 1.1x^2 + 0.9x - 1.4 = 0$ 的实根近似值,精确到 10^{-3}(即误差不超过 10^{-3}).

解 记 $f(x) = x^3 + 1.1x^2 + 0.9x - 1.4$,显然 $f(x)$ 在 $(-\infty, +\infty)$ 内连续.

由 $f'(x) = 3x^2 + 2.2x + 0.9$,根据判别式 $\left(\dfrac{b}{2}\right)^2 - ac = 1.1^2 -$

$3 \times 0.9 = -1.49 < 0$,知 $f'(x) > 0$. 故 $f(x)$ 在 $(-\infty, +\infty)$ 内单调增加,方程 $f(x) = 0$ 至多有一个实根.

由 $f(0) = -1.4 < 0$, $f(1) = 1.6 > 0$,知 $f(x) = 0$ 在 $[0, 1]$ 内有惟一的实根. 取 $a = 0$, $b = 1$, $[0, 1]$ 即是一个隔离区间.

计算得:

$\xi_1 = 0.5$, $f(\xi_1) = -0.55 < 0$,故 $a_1 = 0.5$, $b_1 = 1$;

$\xi_2 = 0.75$, $f(\xi_2) = 0.32 > 0$,故 $a_2 = 0.5$, $b_2 = 0.75$;

$\xi_3 = 0.625$, $f(\xi_3) = -0.16 < 0$,故 $a_3 = 0.625$, $b_3 = 0.75$;

$\xi_4 = 0.687$[①], $f(\xi_4) = 0.062 > 0$,故 $a_4 = 0.625$, $b_4 = 0.687$;

$\xi_5 = 0.656$, $f(\xi_5) = -0.054 < 0$,故 $a_5 = 0.656$, $b_5 = 0.687$;

$\xi_6 = 0.672$, $f(\xi_6) = 0.005 > 0$,故 $a_6 = 0.656$, $b_6 = 0.672$;

$\xi_7 = 0.664$, $f(\xi_7) = -0.025 < 0$,故 $a_7 = 0.664$, $b_7 = 0.672$;

$\xi_8 = 0.668$, $f(\xi_8) = -0.010 < 0$,故 $a_8 = 0.668$, $b_8 = 0.672$;

$\xi_9 = 0.670$, $f(\xi_9) = -0.002 < 0$,故 $a_9 = 0.670$, $b_9 = 0.672$;

$\xi_{10} = 0.671$, $f(\xi_{10}) = 0.001 > 0$,故 $a_{10} = 0.670$, $b_{10} = 0.671$.

于是

$$0.670 < \xi < 0.671.$$

即 0.670 作为根的不足近似值,0.671 作为根的过剩近似值,其误差都小于 10^{-3}.

二分法运算简单是它的优点,收敛速度与以 $\dfrac{1}{2}$ 为公比的等比级数相同. 它的局限性在于不能求二重根、四重根等.

二、切线法

设 $f(x)$ 在 $[a, b]$ 上具有二阶导数,$f(a) \cdot f(b) < 0$,且 $f'(x)$ 及

---

① 按本例精确到 10^{-3} 的要求,计算时只取 3 位小数.

$f''(x)$在$[a,b]$上保持定号. 在上述条件下, 方程 $f(x)=0$ 在(a,b)内有惟一的实根 ξ, $[a,b]$为根的一个隔离区间. 此时, $y=f(x)$ 在$[a,b]$上的图像$\stackrel{\frown}{AB}$只有如图 3-23 所示的四种不同情形.

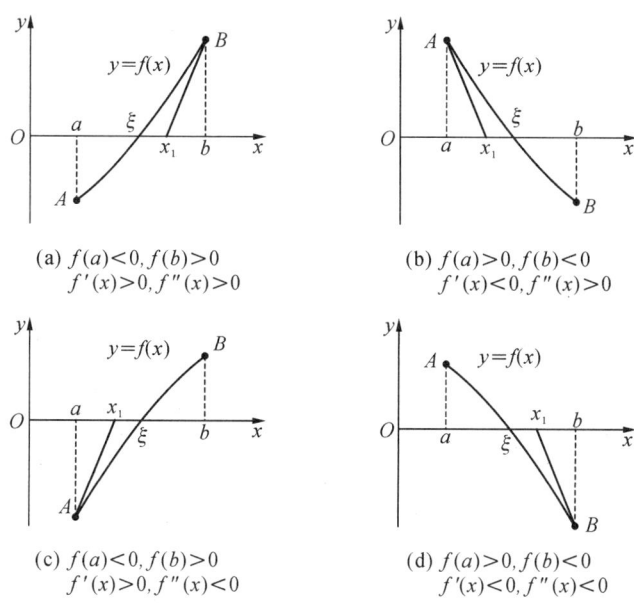

图 3-23

我们用曲线弧一端的切线来代替曲线弧, 从而求出方程实根的近似值, 这种方法称为切线法. 从图 3-23 中看出, 如果在纵坐标与$f''(x)$同号的那个端点(此端点记作$(x_0, f(x_0))$)作切线, 这切线与x轴的交点的横坐标x_1就比x_0更接近方程的根 ξ[①].

下面以图 3-23(c): $f(a)<0$, $f(b)>0$, $f'(x)>0$, $f''(x)<0$

---

① 如右图所示, 如果把切线作在纵坐标与$f''(x)$异号的那个端点, 就不能保证切线与x轴的交点的横坐标x_1比原来的近似值a或b更接近于方程的根 ξ.

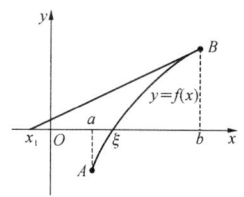

的情形为例进行讨论:

因为 $f(a)$ 与 $f''(x)$ 同号,所以令 $x_0 = a$,在端点 $(x_0, f(x_0))$ 作切线,这切线的方程为
$$y - f(x_0) = f'(x_0)(x - x_0).$$

令 $y = 0$,从上式中解出 x,就得到切线与 x 轴交点的横坐标为
$$x_1 = x_0 - \frac{f(x_0)}{f'(x_0)}.$$

它比 x_0 更接近方程的根 ξ.

再在点 $(x_1, f(x_1))$ 作切线,可得根的近似值 x_2. 如此继续,一般地,在点 $(x_{n-1}, f(x_{n-1}))$ 作切线,得根的近似值
$$x_n = x_{n-1} - \frac{f(x_{n-1})}{f'(x_{n-1})}. \tag{1}$$

如果 $f(b)$ 与 $f''(x)$ 同号,切线作在端点 B(如情形(a)及(d)),可记 $x_0 = b$,仍按公式(1)计算切线与 x 轴交点的横坐标.

例 2 用切线法求方程 $x^3 + 1.1x^2 + 0.9x - 1.4 = 0$ 的实根的近似值,精确到 10^{-3}.

解 令 $f(x) = x^3 + 1.1x^2 + 0.9x - 1.4$,由例 1 知 $[0, 1]$ 是根的一个隔离区间: $f(0) < 0, f(1) > 0$.

在 $[0, 1]$ 上,
$$f'(x) = 3x^2 + 2.2x + 0.9 > 0,$$
$$f''(x) = 6x + 2.2 > 0,$$

故 $f(x)$ 在 $[0, 1]$ 上的图像属于图 3-22 中情形(a). 按 $f''(x)$ 与 $f(1)$ 同号,所以令 $x_0 = 1$.

连续应用公式(1),得
$$x_1 = 1 - \frac{f(1)}{f'(1)} \approx 0.738;$$

$$x_2 = 0.738 - \frac{f(0.738)}{f'(0.738)} \approx 0.674;$$

$$x_3 = 0.674 - \frac{f(0.674)}{f'(0.674)} \approx 0.671;$$

$$x_4 = 0.671 - \frac{f(0.671)}{f'(0.671)} \approx 0.671.$$

至此,计算不能再继续. 注意到 $f(x_i)$ $(i=0,1,\cdots)$ 与 $f''(x)$ 同号,知 $f(0.671) > 0$,经计算可知 $f(0.670) < 0$,于是有

$$0.670 < \xi < 0.671.$$

以 0.670 或 0.671 作为根的近似值,其误差都小于 10^{-3}.

在"计算方法"课程中有下述结论:如果下述关系式

$$\left| \frac{f(x) f''(x)}{(f'(x))^2} \right| < 1$$

对包含根 γ 的一个区间内的一切 x 成立,则对该区间内选取的任何初始值 x_0,牛顿法都会收敛到根 γ.

习题 3-8

1. 试证明方程 $x^3 - 3x^2 + 6x = 1$ 在区间 $(0, 1)$ 内有惟一的实根,并用二分法求这个根的近似值,使误差不超过 0.01.

2. 试证明方程 $x^5 + 5x + 1 = 0$ 在区间 $(-1, 0)$ 内有惟一的实根,并用切线法求这个根的近似值,使误差不超过 0.01.

3. 求方程 $x^3 + 3x - 1 = 0$ 的近似根,使误差不超过 0.01.

4. 求方程 $x \lg x = 1$ 的近似根,使误差不超过 0.01.

总复习题三

一、选择题

1. 设 $\lim\limits_{x \to a} \dfrac{f(x) - f(a)}{(x-a)^2} = -1$,则在点 $x = a$ 处( ).

(A) $f(x)$的导数存在,且$f'(a) \neq 0$

(B) $f(x)$取得极大值

(C) $f(x)$取得极小值

(D) $f(x)$的导数不存在

2. 设函数$f(x)$在$(-\infty, +\infty)$内有定义,$x_0 \neq 0$是函数$f(x)$的极大点,则( ).

(A) x_0必是$f(x)$的驻点

(B) $-x_0$必是$-f(-x)$的极小点

(C) $-x_0$必是$-f(-x)$的极小点

(D) 对一切x都有$f(x) \leqslant f(x_0)$

3. 设$f(x)$有二阶连续导数,且$f'(0) = 0$,$\lim\limits_{x \to 0} \dfrac{f'(x)}{|x|} = 1$,则( ).

(A) $f(0)$是$f(x)$的极大值

(B) $f(0)$是$f(x)$的极小值

(C) $(0, f(0))$是曲线$y = f(x)$的拐点

(D) $f(0)$不是$f(x)$的极值,$(0, f(0))$也不是曲线$y = f(x)$的拐点

4. 设两函数$f(x)$及$g(x)$都在$x = a$处取得极大值,则函数$F(x) = g(x)f(x)$在$x = a$处( ).

(A) 必取极大值 (B) 必取极小值

(C) 不可能取极值 (D) 是否取极值不能确定

5. 设函数$f(x)$在$x = 0$的某邻域内连续,且满足$\lim\limits_{x \to 0} \dfrac{f(x)}{x(1-\cos x)} = -1$,则$x = 0$( ).

(A) 是$f(x)$的驻点,且为极大值点

(B) 是$f(x)$的驻点,且为极小值点

(C) 是$f(x)$的驻点,但不是极值点

(D) 不是$f(x)$的驻点

6. 已知函数$y = f(x)$对一切x满足$xf''(x) + 3x[f'(x)]^2 =$

$1-\mathrm{e}^{-x}$,若 $f'(x_0)=0$ $(x_0\neq 0)$,则( ).

(A) $f(x_0)$ 是 $f(x)$ 的极大点

(B) $f(x_0)$ 是 $f(x)$ 的极小点

(C) $(x_0, f(x_0))$ 是曲线 $y=f(x)$ 的拐点

(D) $f(x_0)$ 不是 $f(x)$ 的极值,$(x_0, f(x_0))$ 也不是曲线 $y=f(x)$ 的拐点

7. 设函数 $f(x)$ 在 $x=a$ 的某邻域内连续,且 $f(a)$ 为极大值,则存在 $\delta>0$,当 $x\in(a-\delta, a+\delta)$ 时,必有( ).

(A) $(x-a)[f(x)-f(a)]\geqslant 0$

(B) $(x-a)[f(x)-f(a)]\leqslant 0$

(C) $\lim\limits_{t\to a}\dfrac{f(t)-f(x)}{(t-x)^2}\geqslant 0$ $(x\neq a)$

(D) $\lim\limits_{t\to a}\dfrac{f(t)-f(x)}{(t-x)^2}\leqslant 0$ $(x\neq a)$

8. 设在 $[0,1]$ 上 $f''(x)>0$,则 $f'(0)$,$f'(1)$,$f(1)-f(0)$ 或 $f(0)-f(1)$ 的大小顺序是( ).

(A) $f'(1)>f'(0)>f(1)-f(0)$

(B) $f'(1)>f(1)-f(0)>f'(0)$

(C) $f(1)-f(0)>f'(1)>f'(0)$

(D) $f'(1)>f(0)-f(1)>f'(0)$

9. 若函数 $f(x)$ 在 $[0,+\infty)$ 上连续,在 $(0,+\infty)$ 内可导,且 $f(0)<0$,$f'(x)\geqslant k>0$,则在 $(0,+\infty)$ 内 $f(x)$( ).

(A) 设有零点   (B) 至少有一个零点

(C) 只有一个零点   (D) 有无零点不能确定

10. 曲线 $y=x+\dfrac{1}{x^2}$ ( ).

(A) 有水平渐近线和铅直渐近线,而无斜渐近线

(B) 有水平渐近线和斜渐近线,而无铅直渐近线

(C) 有铅直渐近线和斜渐近线,而无水平渐近线

(D) 只有铅直渐近线,而无水平和斜渐近线

二、填空题

1. 设常数 $k>0$，函数 $f(x)=\ln x-\dfrac{x}{e}+k$ 在 $(0,+\infty)$ 内零点个数为_____．

2. 当 $x=$_____时，函数 $y=x2^x$ 取极小值．

3. 曲线 $y=e^{-x^2}$ 的向上凸区间是_____．

4. 函数 $y=x+2\cos x$ 在 $\left[0,\dfrac{\pi}{2}\right]$ 上的最大值是_____．

5. 数列 $\sqrt[n]{n}$ $(n=1,2,\cdots)$ 的最大项是_____．

6. 曲线 $y=\dfrac{(x-1)^3}{x^2}$ 的拐点是_____．

7. 一动点 P 在曲线 $9y=4x^2$ 上运动，设坐标轴的单位长是 1 cm，如果 P 点横坐标的速率是 30 cm/s，那么当 P 点经过 $(3,4)$ 时，从原点到 P 点间距离的变化率是_____．

8. 曲线
$$\begin{cases} x=\sin t, \\ y=\cos 2t, \end{cases}$$
在 $t=\dfrac{\pi}{4}$ 处的曲率为_____．

9. 曲线 $y=x\ln\left(e+\dfrac{1}{x}\right)$ $(x>0)$ 的渐近线方程为_____．

10. 曲线 $y=\dfrac{1}{4}x^2-\dfrac{1}{2}\ln x$ 的曲率为_____，曲率半径为_____．

三、计算题

1. 求 $\lim\limits_{x\to 0}\dfrac{x-(1+x)\ln(1+x)}{x^2}$．

2. 求 $\lim\limits_{x\to\infty}\left(\dfrac{\ln(1+x)}{x}\right)^{\frac{1}{x}}$．

3. 求 $\lim\limits_{x\to 1^-}\ln x\ln(1-x)$.

4. 求 $\lim\limits_{x\to 0^+}x^{x^x}$.

5. 求 $\lim\limits_{x\to\infty}\left(\dfrac{2}{x^2}+\cos\dfrac{1}{x}\right)^{x^2}$.

6. 求 $\lim\limits_{x\to 0}\dfrac{e^{-\frac{x^2}{2}}-\cos x}{x^2[3x+\ln(1-3x)]}$.

7. 设 $f(x)$ 在点 $x=0$ 的邻域内二阶可导,且

$$\lim_{x\to 0}\frac{\sin 3x+xf(x)}{x^3}=0,$$

求 (1) $f(0)$;(2) $f'(0)$;(3) $f''(0)$.

8. 描绘函数 $y=\dfrac{x^2+4}{x^2}$ 的图像.

四、证明题和应用题

1. 证明:当 $0<x<\pi$ 时,有 $\sin\dfrac{\pi}{2}>\dfrac{x}{\pi}$.

2. 设 $x>0$,常数 $a>e$,证明 $(a+x)^a<a^{a+x}$.
[提示:由函数 $y=\ln x$ 的单调性,证 $a\ln(a+x)<(a+x)\ln a$.]

3. 证明当 $x\geqslant 1$ 时,$2\arctan x+\arcsin\dfrac{2x}{1+x^2}$ 为一常数,并求此常数.

4. 试证当 $x>0$ 时,$f(x)=\left(1+\dfrac{1}{x}\right)^x$ 在 $(0,+\infty)$ 内单调增加.

5. 当 $x\in(0,1)$ 时,证明不等式 $\dfrac{1}{\ln 2}-1<\dfrac{1}{\ln(1+x)}-\dfrac{1}{x}<\dfrac{1}{2}$.

*6. 某商品的平均成本为 $\overline{C}=1+120Q^3-6Q^2$. 求
(1) 求平均成本的极小值;
(2) 求总成本曲线的拐点;
(3) 说明总成本曲线的拐点为边际成本曲线的最低点.

7. 在椭圆 $\dfrac{x^2}{a^2}+\dfrac{y^2}{b^2}=1$ 的第一象限部分上求一点 P, 使该点处的切线、椭圆及两坐标轴所围图形的面积为最小(其中 $a>0, b>0$).

8. 如图 3-24, A、D 分别是曲线 $y=e^x$ 和 $y=e^{-2x}$ 上的点, AB 和 DC 均垂直 x 轴, 且 $|AB|:|DC|=2:1$, $|AB|<1$. 求点 B 和 C 的横坐标, 使梯形 $ABCD$ 的面积最大.

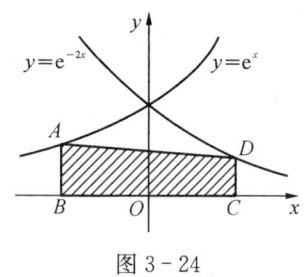

图 3-24

*9. 某商品需求函数为 $D=10-\dfrac{p}{2}$.

求:(1) 需求价格弹性函数;

(2) 当 $p=3$ 时的需求价格弹性;

(3) 在 $p=3$ 时, 若价格上涨 1%, 其总收益是增加, 还是减少? 它将变化百分之几?

10. 设某种商品的单价为 p 时, 售出的商品数量 Q 可以表示成 $Q=\dfrac{a}{p+b}-c$, 其中 a、b、c 均为正数, 且 $a>bc$. 问:

(1) p 在何范围变化时, 使相应销售额增加或减少?

(2) 要使销售额最大, 商品单价 p 应取何值? 最大销售额是多少?

第四章 不定积分

在第二章中,讨论了对于给定的函数 $f(x)$,求它的导函数 $f'(x)$ 的问题. 本章将讨论:对于给定的函数 $f(x)$,寻找可导函数 $F(x)$,使 $F'(x) = f(x)$. 它是第二章求导问题的逆问题,由此引出了原函数和不定积分的概念. 这是积分学的基本问题之一.

第一节 不定积分的概念与性质

一、原函数和不定积分的概念

定义 1 设 $f(x)$ 和 $F(x)$ 在区间 I 上有定义,如果 $F(x)$ 在 I 上可导,且

$$F'(x) = f(x) \text{ (或 } \mathrm{d}F(x) = f(x)\mathrm{d}x\text{)}, \quad \forall x \in I,$$

则称 $F(x)$ 是 $f(x)$ 在 I 上的一个原函数.

例如,由于 $(\sin x)' = \cos x, x \in (-\infty, +\infty)$,因此 $\sin x$ 是 $\cos x$ 在 $(-\infty, +\infty)$ 内的原函数. 又例如,当 $x > 0$ 时,$(\ln x)' = \dfrac{1}{x}$,因此 $\ln x$ 是 $\dfrac{1}{x}$ 在 $(0, +\infty)$ 内的原函数;当 $x < 0$ 时,$(\ln|x|)' = [\ln(-x)]' = -\dfrac{1}{x} \cdot (-1) = \dfrac{1}{x}$,因此 $\ln|x|$ 是 $\dfrac{1}{x}$ 在 $(-\infty, 0)$ 内的原函数. 因为当 $x > 0$ 时,$x = |x|$,所以 $\ln|x|$ 是 $\dfrac{1}{x}$ 在 $(-\infty, 0) \cup (0, +\infty)$ 内的原函数.

关于原函数,我们要说明三点:

(1) 原函数的存在性. 这里仅介绍一个结论.

原函数存在定理 设函数 $f(x)$ 在区间 I 上连续,则在区间 I 上存在可导函数 $F(x)$,成立

$$F'(x) = f(x), \quad \forall x \in I.$$

简单地说,连续函数一定有原函数.

(2) 原函数的个数问题.

如果 $f(x)$ 在区间 I 上有原函数 $F(x)$,即 $F'(x) = f(x)$,$\forall x \in I$,那么,对任何常数 C,显然也有

$$[F(x) + C]' = f(x),$$

所以 $F(x) + C$ 也是 $f(x)$ 在 I 上的原函数. 这说明,函数 $f(x)$ 在 I 上有一个原函数,那么它就在 I 上有无限多个原函数.

(3) 如果在区间 I 上 $F(x)$ 是 $f(x)$ 的一个原函数,那么 $f(x)$ 的其他原函数与 $F(x)$ 有什么关系?

设 $\Phi(x)$ 是 $f(x)$ 在 I 上另一个原函数,即

$$\Phi'(x) = f(x), \quad \forall x \in I,$$

于是

$$[\Phi(x) - F(x)]' = \Phi'(x) - F'(x) = f(x) - f(x) = 0.$$

由于在一个区间上导数恒为零的函数在该区间上必为常数,因而 $\Phi(x) - F(x) = C_0$ (C_0 为某个常数),所以 $\Phi(x) = F(x) + C_0$. 这说明 $f(x)$ 的任意两个原函数之间只差一个常数.

由此可见,当 C 是任意常数时,表达式

$$F(x) + C$$

就可表示 $f(x)$ 在 I 上的任意一个原函数. 也就是说,$f(x)$ 的全体原函数所组成的集合,就是函数族

$$\{F(x) + C \mid F'(x) = f(x), C \in \mathbf{R}\}.$$

有了以上说明,我们引进下述定义.

定义 2 设函数 $f(x)$ 在区间 I 上存在原函数,则称 $f(x)$ 在 I 上的全体原函数为 $f(x)$ 在 I 上的不定积分,记为

$$\int f(x)\,\mathrm{d}x.$$

其中记号"$\int$"称为积分号,$f(x)$ 称为被积函数,$f(x)\mathrm{d}x$ 称为被积表达式,x 称为积分变量.

由此定义及前面说明可知,如果 $F(x)$ 是 $f(x)$ 在 I 上的一个原函数,那么 $F(x)+C$ 就是 $f(x)$ 的不定积分,即

$$\int f(x)\,\mathrm{d}x = F(x)+C, \quad C\in \mathbf{R}.$$

例 1 求 $\int x\sqrt{x}\,\mathrm{d}x$.

解 $\int x\sqrt{x}\,\mathrm{d}x = \int x^{\frac{3}{2}}\,\mathrm{d}x = \dfrac{1}{\frac{3}{2}+1}x^{\frac{3}{2}+1}+C = \dfrac{2}{5}x^{\frac{5}{2}}+C,$

所以 $\dfrac{2}{5}x^{\frac{5}{2}}+C$ 是 $x\sqrt{x}$ 在 $[0,+\infty)$ 上的不定积分.

例 2 求 $\int \dfrac{\mathrm{d}x}{x\sqrt[3]{x}}$.

解 $\int \dfrac{\mathrm{d}x}{x\sqrt[3]{x}} = \int x^{-\frac{4}{3}}\,\mathrm{d}x = \dfrac{1}{-\frac{4}{3}+1}x^{-\frac{4}{3}+1}+C = -3x^{-\frac{1}{3}}+C,$

所以 $-3x^{-\frac{1}{3}}+C$ 是 $\dfrac{1}{x\sqrt[3]{x}}$ 在 $(-\infty,0)\cup(0,+\infty)$ 上的不定积分.

以后我们约定,所求原函数就是 $f(x)$ 在 I 上的原函数,不再特别写出区间 I 的具体表达式.

例 3 设曲线上任一点处的切线斜率等于这点横坐标的 2 倍,且过点 $P(1,0)$,求此曲线的方程.

解 设所求的曲线方程为 $y=y(x)$,按题意,曲线上任一点 (x,y) 处的切线斜率为

$$\frac{dy}{dx} = 2x,$$

积分得

$$y = x^2 + C.$$

因为所求曲线过点 $(1, 0)$，因此

$$0 = 1 + C, \quad C = -1.$$

于是所求曲线方程为

$$y = x^2 - 1.$$

函数 $f(x)$ 的原函数的图像称为 $f(x)$ 的积分曲线，本例是求函数 $2x$ 过点 $(1, 0)$ 的那条积分曲线(图 4-1).

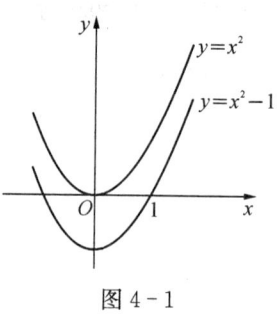

图 4-1

二、不定积分的性质

从不定积分的定义立即可导出下面的性质：

(1) 若 $f(x)$ 在区间 I 上存在原函数，则

$$\left(\int f(x) dx \right)' = f(x)$$

或

$$d\left(\int f(x) dx \right) = f(x) dx.$$

(2) 若 $f'(x)$ 在区间 I 上存在原函数，则

$$\int f'(x) dx = f(x) + C$$

或

$$\int df(x) = f(x) + C.$$

以上性质说明了：忽略常数外，不定积分与微分是互逆运算.

(3) 若 $f(x)$、$g(x)$ 在区间 I 上都存在原函数，α、β 为常数，则

$$\int [\alpha f(x)+\beta g(x)]\mathrm{d}x = \alpha\int f(x)\mathrm{d}x + \beta\int g(x)\mathrm{d}x. \quad (1)$$

这说明不定积分具有线性运算法则.

三、基本积分表

由导数基本公式立即可得相应的基本积分公式.

(1) $\int k\,\mathrm{d}x = kx + C$ (k 是常数；$k=1$ 时，$\int \mathrm{d}x = x + C$)；

(2) $\int x^\mu \mathrm{d}x = \dfrac{x^{\mu+1}}{\mu+1} + C$ ($\mu \neq -1$)；

(3) $\int \dfrac{\mathrm{d}x}{x} = \ln|x| + C$；

(4) $\int \dfrac{\mathrm{d}x}{1+x^2} = \arctan x + C$；

(5) $\int \dfrac{\mathrm{d}x}{\sqrt{1-x^2}} = \arcsin x + C$；

(6) $\int \cos x\,\mathrm{d}x = \sin x + C$；

(7) $\int \sin x\,\mathrm{d}x = -\cos x + C$；

(8) $\int \dfrac{\mathrm{d}x}{\cos^2 x} = \int \sec^2 x\,\mathrm{d}x = \tan x + C$；

(9) $\int \dfrac{\mathrm{d}x}{\sin^2 x} = \int \csc^2 x\,\mathrm{d}x = -\cot x + C$；

(10) $\int \sec x\tan x\,\mathrm{d}x = \sec x + C$；

(11) $\int \csc x\cot x\,\mathrm{d}x = -\csc x + C$；

(12) $\int \mathrm{e}^x \mathrm{d}x = \mathrm{e}^x + C$；

(13) $\int a^x \mathrm{d}x = \dfrac{a^x}{\ln a} + C$ ($a > 0$, $a \neq 1$)；

(14) $\int \sinh x\,\mathrm{d}x = \cosh x + C$；

(15) $\int \cosh x\,\mathrm{d}x = \sinh x + C$.

以上 15 个基本积分公式是求不定积分的基础，必须熟记.

利用基本积分表和公式(1)，可以求出一些简单函数的不定积分.

例 4 求 $\int 3^x \mathrm{e}^x \mathrm{d}x$.

解 $\int 3^x \mathrm{e}^x \mathrm{d}x = \int (3\mathrm{e})^x \mathrm{d}x = \dfrac{3\mathrm{e}^x}{\ln(3\mathrm{e})} + C = \dfrac{3\mathrm{e}^x}{1+\ln 3} + C.$

例 5 求 $\int \dfrac{x^6}{1+x^2}\mathrm{d}x$.

解 利用代数公式，把被积函数变形，化为表中所列类型的积分：

$$\int \dfrac{x^6}{1+x^2}\mathrm{d}x = \int \dfrac{x^6+1-1}{1+x^2}\mathrm{d}x = \int \dfrac{(x^2+1)(x^4-x^2+1)-1}{1+x^2}\mathrm{d}x$$

$$= \int \left(x^4 - x^2 + 1 - \frac{1}{1+x^2}\right) dx$$

$$= \int x^4 dx - \int x^2 dx + \int dx - \int \frac{1}{1+x^2} dx$$

$$= \frac{1}{5}x^5 - \frac{1}{3}x^3 + x - \arctan x + C.$$

例 6 求 $\int \frac{1+x+x^2}{x(1+x^2)} dx$.

解 $\int \frac{1+x+x^2}{x(1+x^2)} dx = \int \frac{(1+x^2)+x}{x(1+x^2)} dx = \int \left(\frac{1}{x} + \frac{1}{1+x^2}\right) dx$

$$= \int \frac{1}{x} dx + \int \frac{1}{1+x^2} dx$$

$$= \ln|x| + \arctan x + C.$$

例 7 求 $\int \tan^2 x \, dx$.

解 利用三角恒等式,有

$$\int \tan^2 x \, dx = \int (\sec^2 x - 1) dx = \int \sec^2 x \, dx - \int dx$$

$$= \tan x - x + C.$$

例 8 求 $\int \frac{\cos 2x}{\sin x - \cos x} dx$.

解 $\int \frac{\cos 2x}{\sin x - \cos x} dx = \int \frac{\cos^2 x - \sin^2 x}{\sin x - \cos x} dx$

$$= \int \frac{(\cos x - \sin x)(\cos x + \sin x)}{\sin x - \cos x} dx$$

$$= -\int (\cos x + \sin x) dx$$

$$= -\sin x + \cos x + C.$$

习题 4-1(A)

1. 求下列不定积分：

(1) $\int x\sqrt{x}\,\mathrm{d}x$;

(2) $\int \dfrac{\mathrm{d}h}{\sqrt{2gh}}$;

(3) $\int \dfrac{\mathrm{d}x}{x^2\sqrt{x}}$;

(4) $\int \dfrac{10x^3+3}{x^4}\,\mathrm{d}x$;

(5) $\int \dfrac{(1-x)^2}{\sqrt{x}}\,\mathrm{d}x$;

(6) $\int (\sqrt{v}+1)(v-1)\,\mathrm{d}v$;

(7) $\int \left(\dfrac{2}{\sqrt{1-x^2}}-\dfrac{3}{1+x^2}\right)\mathrm{d}x$;

(8) $\int 2^{-x}\mathrm{e}^x\,\mathrm{d}x$;

(9) $\int \left(2\mathrm{e}^x+\dfrac{3}{x}\right)\mathrm{d}x$;

(10) $\int \left(3\sin x+\dfrac{1}{\sin^2 x}\right)\mathrm{d}x$.

2. 设 $F'(x)=3x^2$，求 $F(x)$ 的一般表示式，并求满足条件 $F(-1)=1$ 的那一个函数.

3. 试证函数 $y_1=\ln ax$ 和 $y_2=\ln x$ 是同一函数的原函数.

4. 已知曲线上任一点处切线的斜率为切点横坐标的 5 倍. 求满足上述规律的所有曲线方程，并求出过点 $(0,1)$ 的曲线方程.

5. 一曲线通过点 $(\mathrm{e}^2,3)$，且在任一点处的切线的斜率等于该点横坐标的倒数. 求该曲线方程.

6. 一物体由静止开始运动，经 t s 后的速度是 $3t^2(\mathrm{m/s})$，问

(1) 在 3 s 后物体离出发点的距离是多少？

(2) 物体走完 360 m 需要多少时间？

7. 某商品的需求量 D 为价格 p 的函数，该商品的最大需求量为 $1\,000$（即 $p=0$ 时, $D=1\,000$），已知需求量的变化率为

$$D'(p)=-(1\,000\ln 3)\left(\dfrac{1}{3}\right)^p.$$

求该商品的需求函数.

习题 4-1(B)

1. 求下列不定积分：

(1) $\int \dfrac{\sqrt{1+x^2}}{\sqrt{1-x^4}}\,\mathrm{d}x$;

(2) $\int \dfrac{3x^4+3x^2+1}{x^2+1}\,\mathrm{d}x$;

(3) $\int \dfrac{x^2}{1+x^2}\mathrm{d}x$;   (4) $\int \dfrac{1-2x^2}{x^2(1+x^2)}\mathrm{d}x$;

(5) $\int \left(1-\dfrac{1}{x^2}\right)\sqrt{x\sqrt{x}}\,\mathrm{d}x$;   (6) $\int \mathrm{e}^x\left(1-\dfrac{\mathrm{e}^{-x}}{\sqrt{x}}\right)\mathrm{d}x$;

(7) $\int \sec x(\sec x-\tan x)\mathrm{d}x$;   (8) $\int 3\cos^2\dfrac{x}{2}\mathrm{d}x$;

(9) $\int 2\tan^2 x\,\mathrm{d}x$;   (10) $\int \dfrac{\mathrm{d}x}{\cos^2 x}$.

2. 一质点作直线运动,已知其速度为 $v=\sin\omega t$,且当 $t=0$ 时 $s=s_0$. 求时间为 t 时,质点与原点间的距离 s.

3. 在平面上有一运动着的质点,如果它在 x 轴方向和 y 轴方向的分速度分别为 $v_x=5\sin t$, $v_y=2\cos t$. 又 $x|_{t=0}=5$, $y|_{t=0}=0$. 求质点运动的轨迹方程.

4. 求 $f(x)=\max\{1,x^2\}$ 的一个适合条件 $F(0)=1$ 的原函数 $F(x)$.

第二节 换元积分法

利用基本积分表及不定积分的线性运算法则,所能计算的不定积分是非常有限的,为了扩大求积分的范围,本节将把复合函数的微分法反过来用于求不定积分,即利用变量代换的方法来求函数的不定积分,这种方法称为换元积分法.

一、第一类换元法(凑微分法)

根据复合函数求导的链式法则,如果 F 和 φ 都是可导函数,而且 $F'=f$,那么
$$\dfrac{\mathrm{d}}{\mathrm{d}x}F(\varphi(x))=F'(\varphi(x))\varphi'(x)=f(\varphi(x))\varphi'(x),$$

这说明 $f(\varphi(x))\varphi'(x)$ 的一个原函数是 $F(\varphi(x))$,这样我们就有积分的第一类换元法.

定理 1 设函数 $f(u)$ 在区间 I 上连续,$u=\varphi(x)$ 有连续的导数且 φ 的值域包含在 I 中,则有换元公式

$$\int f(\varphi(x))\varphi'(x)\mathrm{d}x = \left[\int f(u)\mathrm{d}u\right]\bigg|_{u=\varphi(x)}. \tag{1}$$

证明 因为 $f(u)$ 在 I 上连续,所以在 I 上有原函数 $F(u)$,满足 $F'(u) = f(u)$ 或者

$$\int f(u)\mathrm{d}u = F(u) + C$$

根据复合函数的求导法则,有

$$\left(\left[\int f(u)\mathrm{d}u\right]\bigg|_{u=\varphi(x)}\right)' = [F(\varphi(x)) + C]'$$
$$= F'(\varphi(x))\varphi'(x) = f(\varphi(x))\varphi'(x),$$

这说明 $\left[\int f(u)\mathrm{d}u\right]\bigg|_{u=\varphi(x)}$ 是 $f(\varphi(x))\varphi'(x)$ 的原函数,又由于它含有任意常数,从而有(1)式成立.

公式(1)给出的方法称为不定积分的第一类换元法.

那么,如何应用公式(1)来求不定积分呢?对于求 $\int g(x)\mathrm{d}x$,如果 $g(x)$ 可以凑成 $g(x) = f(\varphi(x))\varphi'(x)$ 的形式,而 $\int f(u)\mathrm{d}u$ 比较容易积出,那么我们利用公式(1)可得

$$\int g(x)\mathrm{d}x = \int f(\varphi(x))\varphi'(x)\mathrm{d}x = \left[\int f(u)\mathrm{d}u\right]\bigg|_{u=\varphi(x)}.$$

现在我们指出(1)式的几种特殊情形:

(1) 设 $F(x)$ 是函数 $f(x)$ 的原函数,即

$$\int f(x)\mathrm{d}x = F(x) + C,$$

则

$$\int f(ax+b)\mathrm{d}x = \frac{1}{a}F(ax+b) + C \ (a \neq 0),$$

其中 $\varphi(x) = ax + b$, $f(ax+b)\mathrm{d}x = \frac{1}{a}f(ax+b)\mathrm{d}(ax+b)$.

(2) 利用基本积分公式

$$\int \frac{\mathrm{d}x}{x} = \ln|x| + C$$

得

$$\int \frac{\mathrm{d}\varphi(x)}{\varphi(x)} = \int \frac{\varphi'(x)\mathrm{d}x}{\varphi(x)} = \ln|\varphi(x)| + C \quad (\varphi(x) \neq 0).$$

(3) 利用基本积分公式

$$\int x^\alpha \mathrm{d}x = \frac{1}{\alpha+1} x^{\alpha+1} + C \quad (\alpha \neq -1, x > 0),$$

则

$$\int [\varphi(x)]^\alpha \varphi'(x)\mathrm{d}x = \int [\varphi(x)]^\alpha \mathrm{d}\varphi(x) = \frac{\varphi(x)^{\alpha+1}}{\alpha+1} + C,$$

其中 $\varphi(x) > 0, \alpha \neq -1$.

例 1 求 $\int (3x+1)^6 \mathrm{d}x$.

解 $\int (3x+1)^6 \mathrm{d}x = \frac{1}{3} \int (3x+1)^6 \mathrm{d}(3x+1) = \frac{1}{21}(3x+1)^7 + C$.

例 2 求 $\int \frac{\mathrm{d}x}{(x+a)^k}$.

解 $\int \frac{\mathrm{d}x}{(x+a)^k} = \begin{cases} \ln|x+a| + C, & k=1; \\ \frac{1}{1-k}(x+a)^{1-k} + C, & k \neq 1. \end{cases}$

例 3 求 $\int \frac{\mathrm{d}x}{x^2 + a^2}$.

解 $\int \frac{\mathrm{d}x}{a^2 + x^2} = \frac{1}{a} \int \frac{\mathrm{d}\left(\frac{x}{a}\right)}{1 + \left(\frac{x}{a}\right)^2} = \frac{1}{a} \arctan \frac{x}{a} + C.$

例 4 求 $\int \frac{\mathrm{d}x}{x^2 - a^2}$.

解 $\int \frac{\mathrm{d}x}{x^2 - a^2} = \frac{1}{2a} \int \left(\frac{1}{x-a} - \frac{1}{x+a}\right) \mathrm{d}x = \frac{1}{2a} \ln\left|\frac{x-a}{x+a}\right| + C.$

例 5 求 $\int \frac{x \mathrm{d}x}{x^2 + a}$.

解 $\int \dfrac{x\,\mathrm{d}x}{x^2+a} = \dfrac{1}{2}\int \dfrac{\mathrm{d}(x^2+a)}{x^2+a} = \dfrac{1}{2}\ln|x^2+a|+C.$

例 6 求 $\int \dfrac{x\,\mathrm{d}x}{\sqrt{x^2+a^2}}.$

解 $\int \dfrac{x\,\mathrm{d}x}{\sqrt{x^2+a^2}} = \int \dfrac{\mathrm{d}(x^2+a^2)}{2\sqrt{x^2+a^2}} = \sqrt{x^2+a^2}+C.$

例 7 求 $\int \dfrac{\mathrm{d}x}{\sqrt{x^2+a^2}}.$

解 设 $x+\sqrt{x^2+a^2}=u(x)$,则 $\dfrac{\mathrm{d}x}{\sqrt{x^2+a^2}}=\dfrac{\mathrm{d}u}{u},$

$\int \dfrac{\mathrm{d}x}{\sqrt{x^2+a^2}} = \int \dfrac{\mathrm{d}u(x)}{u} = \ln|u(x)|+C = \ln(x+\sqrt{x^2+a^2})+C.$

例 8 求 $\int \tan x\,\mathrm{d}x.$

解 $\int \tan x\,\mathrm{d}x = \int \dfrac{\sin x}{\cos x}\mathrm{d}x = -\int \dfrac{\mathrm{d}\cos x}{\cos x} = -\ln|\cos x|+C.$

上述例 3、例 4、例 7、例 8 都可作为公式使用.

例 9 求 $\int \dfrac{3x-1}{x^2-x+1}\mathrm{d}x.$

解 $\int \dfrac{3x-1}{x^2-x+1}\mathrm{d}x = \dfrac{3}{2}\int \dfrac{2x-1}{x^2-x+1}\mathrm{d}x + \dfrac{1}{2}\int \dfrac{1}{x^2-x+1}\mathrm{d}x$

$= \dfrac{3}{2}\int \dfrac{\mathrm{d}(x^2-x+1)}{x^2-x+1} + \dfrac{1}{2}\int \dfrac{\mathrm{d}\left(x-\dfrac{1}{2}\right)}{\left(x-\dfrac{1}{2}\right)^2+\dfrac{3}{4}}$

$= \dfrac{3}{2}\ln(x^2-x+1) + \dfrac{1}{\sqrt{3}}\arctan\dfrac{2x-1}{\sqrt{3}}+C.$

例 10 求 $\int \dfrac{\mathrm{d}x}{x^4+4x^2}.$

解 $\int \dfrac{\mathrm{d}x}{x^4+4x^2} = \int \dfrac{\mathrm{d}x}{x^2(x^2+4)} = \dfrac{1}{4}\int \dfrac{\mathrm{d}x}{x^2} - \dfrac{1}{4}\int \dfrac{\mathrm{d}x}{x^2+4}$

$$= -\frac{1}{4x} - \frac{1}{8}\arctan\frac{x}{2} + C.$$

例 11 求 $\int \dfrac{dx}{2+\cos^2 x}$.

解 $\int \dfrac{dx}{2+\cos^2 x} = \int \dfrac{dx}{3\cos^2 x + 2\sin^2 x} = \int \dfrac{dx}{\cos^2 x(3+2\tan^2 x)}$

$$= \int \frac{d\tan x}{3+2\tan^2 x}$$

$$= \frac{1}{\sqrt{6}}\arctan\left(\frac{\sqrt{2}\tan x}{\sqrt{3}}\right) + C.$$

例 12 求 $\int \dfrac{\cos\sqrt{x}}{\sqrt{x}}dx$.

解 $\int \dfrac{\cos\sqrt{x}}{\sqrt{x}}dx = 2\int \cos\sqrt{x}\, d\sqrt{x} = 2\sin\sqrt{x} + C.$

例 13 求 $\int \sec x\, dx$.

解 $\int \sec x\, dx = \int \dfrac{dx}{\cos x} = \int \dfrac{\cos x}{\cos^2 x}dx = -\int \dfrac{d\sin x}{\sin^2 x - 1}$

$$= -\frac{1}{2}\ln\left|\frac{\sin x - 1}{\sin x + 1}\right| + C = \ln|\sec x + \tan x| + C.$$

例 14 求 $\int \sin^2 x \cos^3 x\, dx$.

解 $\int \sin^2 x \cos^3 x\, dx = \int \sin^2 x \cos^2 x \cos x\, dx$

$$= \int \sin^2 x(1-\sin^2 x)\, d\sin x$$

$$= \frac{1}{3}\sin^3 x - \frac{1}{5}\sin^5 x + C.$$

本例涉及三角函数的积分,利用三角函数的平方关系,从而凑出恰当的微分. 下面一例需要用到三角函数的积化和差公式.

例 15 求 $\int \cos 3x \cos 2x \, dx$.

解 $\int \cos 3x \cos 2x \, dx = \frac{1}{2} \int (\cos 5x + \cos x) \, dx$

$\qquad = \frac{1}{10} \int \cos 5x \, d(5x) + \frac{1}{2} \int \cos x \, dx$

$\qquad = \frac{1}{10} \sin 5x + \frac{1}{2} \sin x + C.$

通过上述例题可知,将被积函数凑成 $f(\varphi(x))\varphi'(x)$ 形式,再将 $\varphi'(x)dx$ 写成 $d\varphi(x)$,把 $\varphi(x)$ 视为一个变量来积分.

二、第二类换元法

第二类换元法是:适当地选择变量代换 $x = \psi(t)$,将积分 $\int f(x) dx$ 化为积分 $\int f(\psi(t))\psi'(t) dt$,而后者却是容易求出的. 这是另一种形式的变量代换,换元公式可表达为

$$\int f(x) dx = \int f(\psi(t))\psi'(t) dt.$$

这个公式的成立需要:等式右边的积分存在;积分求出后要用 $x = \psi(t)$ 的反函数 $t = \psi^{-1}(x)$ 代回,这要求反函数存在且可导. 为此给出下面的定理.

定理 2 设 $x = \psi(t)$ 是单调、可导的函数,并且 $\psi'(t) \neq 0$,则有换元公式

$$\int f(x) dx = \left[\int f(\psi(t))\psi'(t) dt \right]\bigg|_{t=\psi^{-1}(x)}, \qquad (2)$$

其中 $t = \psi^{-1}(x)$ 是 $x = \psi(t)$ 的反函数.

证明 设 $f(\psi(t))\psi(t)$ 的一个原函数为 $\Phi(t)$,并且记 $\Phi(\psi^{-1}(x)) = F(x)$,由复合函数及反函数的求导法则,得

$$F'(x) = \frac{d\Phi}{dt} \cdot \frac{dt}{dx} = f(\psi(t))\psi'(t) \cdot \frac{1}{\psi'(t)} = f(\psi(t)) = f(x),$$

即 $F'(x)$ 为 $f(x)$ 的原函数，所以有

$$\int f(x)\mathrm{d}x = F(x) + C = \Phi(\psi^{-1}(x)) + C$$
$$= \left[\int f(\psi(t))\psi'(t)\mathrm{d}t\right]\Big|_{t=\psi^{-1}(x)}.$$

这就证明了公式(2).

下面举例说明公式(2)的应用.

例 16 求 $\int \dfrac{\mathrm{d}x}{2+\sqrt{x}}$.

解 设 $x = t^2$，$t \geqslant 0$，且 $\mathrm{d}x = 2t\mathrm{d}t$，于是

$$\int \frac{\mathrm{d}x}{2+\sqrt{x}} = \int \frac{2t\mathrm{d}t}{2+t} = 2\int\left(1 - \frac{2}{2+t}\right)\mathrm{d}t$$
$$= 2(t - 2\ln|2+t|) + C$$
$$= 2\sqrt{x} - 4\ln|2+\sqrt{x}| + C.$$

例 17 求 $\int \dfrac{\mathrm{d}x}{\sqrt{\mathrm{e}^x + 1}}$.

解 设 $\mathrm{e}^x + 1 = t^2 (t > 1)$，得 $x = \ln(t^2 - 1)$，$\mathrm{d}x = \dfrac{2t\mathrm{d}t}{t^2 - 1}$，于是

$$\int \frac{\mathrm{d}x}{\sqrt{\mathrm{e}^x + 1}} = 2\int \frac{\mathrm{d}t}{t^2 - 1} = \ln\left|\frac{t-1}{t+1}\right| + C$$
$$= \ln\frac{\sqrt{\mathrm{e}^x + 1} - 1}{\sqrt{\mathrm{e}^x + 1} + 1} + C.$$

例 18 求 $\int \dfrac{\mathrm{d}x}{x^2\sqrt{1+x^2}}$，$x > 0$.

解 设 $x = \dfrac{1}{t}$，得 $\mathrm{d}x = -\dfrac{1}{t^2}\mathrm{d}t$，

$$\int \frac{\mathrm{d}x}{x^2\sqrt{1+x^2}} = \int \frac{-\dfrac{1}{t^2}\mathrm{d}t}{\dfrac{1}{t^2}\sqrt{1+\dfrac{1}{t^2}}} = -\int \frac{t\mathrm{d}t}{\sqrt{t^2+1}}$$

$$= -\int d(\sqrt{t^2+1}) = -\sqrt{t^2+1} + C$$

$$= -\sqrt{\frac{1}{x^2}+1} + C.$$

下面再考虑利用三角变换公式和双曲变换公式来求下述积分：

(1) $\int R(x, \sqrt{a^2-x^2}) dx \quad (a>0)$；

(2) $\int R(x, \sqrt{a^2+x^2}) dx \quad (a>0)$；

(3) $\int R(x, \sqrt{x^2-a^2}) dx \quad (a>0)$，

其中 $R(x, \cdot)$ 是关于 x 及 "$\cdot$" 的有理函数.

在积分(1)中可作变量代换

$$x = a\sin t \left(|t| < \frac{\pi}{2}\right) \text{ 或 } x = a\cos t, x = a\tanh t;$$

在积分(2)中可作变量代换

$$x = a\tan t \left(|t| < \frac{\pi}{2}\right) \text{ 或 } x = a\sinh t;$$

在积分(3)中可作变量代换

$$x = a\sec t \left(0 < t < \frac{\pi}{2}, \text{ 或} -\pi < t < -\frac{\pi}{2}\right) \text{ 或 } x = a\cosh t.$$

下面举例说明公式(2)的应用.

例 19 求 $\int \sqrt{a^2-x^2} dx$.

解 这个积分的困难在于根式 $\sqrt{a^2-x^2}$，我们利用三角公式

$$\sin^2 t + \cos^2 t = 1$$

来化去根式.

设 $x = a\sin t \left(-\frac{\pi}{2} < t < \frac{\pi}{2}\right)$，它满足定理 2 的条件，$dx =$

$a\cos t \mathrm{d}t$,对应有反函数 $t = \arcsin \dfrac{x}{a}$,于是

$$\int \sqrt{a^2 - x^2}\,\mathrm{d}x = a^2 \int \cos^2 t\,\mathrm{d}t = a^2 \int \dfrac{1}{2}(1 + \cos 2t)\,\mathrm{d}t$$

$$= \dfrac{a^2}{2}\left(t + \dfrac{1}{2}\sin 2t\right) + C$$

$$= \dfrac{a^2}{2}(t + \sin t \cos t) + C,$$

因为 $-\dfrac{\pi}{2} < t < \dfrac{\pi}{2}$,$\cos t = \sqrt{1 - \sin^2 t} = \sqrt{1 - \left(\dfrac{x}{a}\right)^2} = \dfrac{1}{a}\sqrt{a^2 - x^2}$,于是

$$\int \sqrt{a^2 - x^2}\,\mathrm{d}x = \dfrac{a^2}{2}\arcsin \dfrac{x}{a} + \dfrac{x}{2}\sqrt{a^2 - x^2} + C.$$

例 20 求 $\int \dfrac{\mathrm{d}x}{\sqrt{x^2 + a^2}}$ $(a > 0)$.

解 可以利用三角公式 $1 + \tan^2 t = \sec^2 t$ 来化去根式.

设 $x = a\tan t \left(-\dfrac{\pi}{2} < t < \dfrac{\pi}{2}\right)$,那么 $\sqrt{x^2 + a^2} = a|\sec t| = a\sec t$,$\mathrm{d}x = a\sec^2 t\,\mathrm{d}t$,于是

$$\int \dfrac{\mathrm{d}x}{\sqrt{x^2 + a^2}} = \int \dfrac{a\sec^2 t}{a\sec t}\,\mathrm{d}t = \int \sec t\,\mathrm{d}t$$

$$= \ln|\sec t + \tan t| + C.$$

为了把 $\sec t$ 换成 x 的函数,可以由所设 $\tan t = \dfrac{x}{a}$ 作辅助三角形(图 4-2),可知

$$\sec t = \dfrac{\sqrt{x^2 + a^2}}{a}.$$

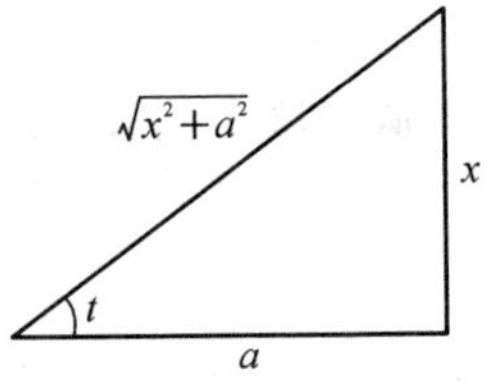

图 4-2

因此

$$\int \frac{\mathrm{d}x}{\sqrt{x^2+a^2}} = \ln\left(\frac{x}{a} + \frac{\sqrt{x^2+a^2}}{a}\right) + C$$
$$= \ln(x + \sqrt{x^2+a^2}) + C_1,$$

其中 $C_1 = C - \ln a$.

例 21 求 $\int \dfrac{\mathrm{d}x}{\sqrt{x^2-a^2}}$ $(a>0)$.

解 利用三角公式 $\sec^2 t - 1 = \tan^2 t$ 来化去根式. 被积函数的定义域是 $x > a$ 和 $x < -a$ 两个区间. 首先在 $x > a$ 区间内求不定积分.

当 $x > a$ 时, 设 $x = a\sec t$ $\left(0 < t < \dfrac{\pi}{2}\right)$, 则

$$\int \frac{\mathrm{d}x}{\sqrt{x^2-a^2}} = \int \frac{a\sec t \tan t \mathrm{d}t}{a \tan t} = \int \sec t \mathrm{d}t$$
$$= \ln(\sec t + \tan t) + C.$$

作辅助三角形(图 4-3), 得

$$\tan t = \frac{\sqrt{x^2-a^2}}{a},$$

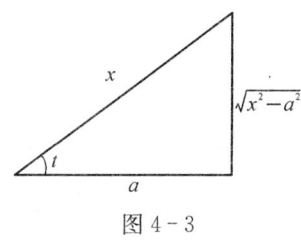

图 4-3

于是有

$$\int \frac{\mathrm{d}x}{\sqrt{x^2-a^2}} = \ln\left(\frac{x}{a} + \frac{\sqrt{x^2-a^2}}{a}\right) + C = \ln(x + \sqrt{x^2-a^2}) + C_1,$$

其中 $C_1 = C - \ln a$.

类似可求得被积函数在 $x < -a$ 内的原函数

$$\int \frac{\mathrm{d}x}{\sqrt{x^2-a^2}} = \ln(-x - \sqrt{x^2-a^2}) + C.$$

两个区间内的不定积分可写成统一的表达式

$$\int \frac{\mathrm{d}x}{\sqrt{x^2-a^2}} = \ln|x + \sqrt{x^2-a^2}| + C.$$

下面我们通过例题来介绍一个有用的代换——倒代换,利用它常可消去被积函数的分母中的变量因子 x.

例 22 求 $\int \dfrac{\sqrt{a^2-x^2}}{x^4}\mathrm{d}x$.

解 设 $x=\dfrac{1}{t}$,得 $\mathrm{d}x=-\dfrac{1}{t^2}\mathrm{d}t$,于是

$$\int \frac{\sqrt{a^2-x^2}}{x^4}\mathrm{d}x = \int \frac{\sqrt{a^2-\dfrac{1}{t^2}}}{\dfrac{1}{t^4}}\left(-\frac{\mathrm{d}t}{t^2}\right) = -\int \sqrt{(a^2t^2-1)}\,|t|\,\mathrm{d}t.$$

当 $x>0$ 时,有

$$\int \frac{\sqrt{a^2-x^2}}{x^4}\mathrm{d}x = -\int \sqrt{a^2t^2-1}\,t\mathrm{d}t = -\frac{1}{2a^2}\int \sqrt{a^2t^2-1}\,\mathrm{d}(a^2t^2-1)$$

$$= -\frac{1}{3a^2}(a^2t^2-1)^{\frac{3}{2}}+C$$

$$= -\frac{1}{3a^2}\frac{(a^2-x^2)^{\frac{3}{2}}}{x^3}+C;$$

当 $x<0$ 时,有相同的结果.

在本节的例题中,有几个积分在以后经常会遇到,所以它们通常也被当作公式使用(其中常数 $a>0$):

(16) $\int \tan x\,\mathrm{d}x = -\ln|\cos x|+C$;

(17) $\int \cot x\,\mathrm{d}x = \ln|\sin x|+C$;

(18) $\int \sec x\,\mathrm{d}x = \ln|\sec x+\tan x|+C$;

(19) $\int \csc x\,\mathrm{d}x = \ln|\csc x-\cot x|+C$;

(20) $\int \dfrac{\mathrm{d}x}{x^2+a^2} = \dfrac{1}{a}\arctan\dfrac{x}{a}+C$;

(21) $\int \dfrac{\mathrm{d}x}{x^2-a^2} = \dfrac{1}{2a}\ln\left|\dfrac{x-a}{x+a}\right|+C$;

(22) $\int \dfrac{\mathrm{d}x}{\sqrt{a^2-x^2}} = \arcsin\dfrac{x}{a}+C$;

(23) $\int \dfrac{\mathrm{d}x}{\sqrt{x^2+a^2}} = \ln(x+\sqrt{x^2+a^2})+C$;

(24) $\int \dfrac{\mathrm{d}x}{\sqrt{x^2-a^2}} = \ln|x+\sqrt{x^2-a^2}|+C$.

习题 4-2(A)

1. 在下列各式等号右端的空白处填入适当的常数使等式成立：

(1) $\mathrm{d}x = \underline{\quad}\mathrm{d}(7x-3)$; (2) $x\mathrm{d}x = \underline{\quad}\mathrm{d}(5x^2)$;

(3) $x^3\mathrm{d}x = \underline{\quad}\mathrm{d}(2-3x^4)$; (4) $\mathrm{e}^{-\frac{x}{2}}\mathrm{d}x = \underline{\quad}\mathrm{d}(3+\mathrm{e}^{-\frac{x}{2}})$;

(5) $\sin\dfrac{3}{2}x\,\mathrm{d}x = \underline{\quad}\mathrm{d}\left(\cos\dfrac{3}{2}x\right)$; (6) $\dfrac{1}{x}\mathrm{d}x = \underline{\quad}\mathrm{d}(2-5\ln x)$;

(7) $\dfrac{\mathrm{d}x}{1+9x^2} = \underline{\quad}\mathrm{d}(\arctan 3x)$; (8) $\dfrac{x\mathrm{d}x}{\sqrt{1-x^2}} = \underline{\quad}\mathrm{d}(\sqrt{1-x^2})$.

2. 若 $\int f(x)\mathrm{d}x = F(x)+C$, 证明：

$$\int f(ax+b)\mathrm{d}x = \dfrac{1}{a}F(ax+b)+C \quad (a\neq 0).$$

3. 求下列不定积分：

(1) $\int (3-2x)^2 \mathrm{d}x$; (2) $\int \dfrac{\mathrm{d}x}{1-2x}$;

(3) $\int \dfrac{\mathrm{d}x}{\sqrt{2-5x}}$; (4) $\int \dfrac{\mathrm{d}x}{\sqrt{5-3x^2}}$;

(5) $\int \dfrac{x\mathrm{d}x}{\sqrt{5-3x^2}}$; (6) $\int \dfrac{\mathrm{d}x}{4+9x^2}$;

(7) $\int \dfrac{\mathrm{d}x}{2x^2-1}$; (8) $\int \mathrm{e}^{-5t}\mathrm{d}t$;

(9) $\int \cos^2 2x\,\mathrm{d}x$; (10) $\int \left[\sin\left(2x+\dfrac{\pi}{4}\right)\right]^{-2}\mathrm{d}x$;

(11) $\int \sin x\cos 3x\,\mathrm{d}x$; (12) $\int \dfrac{\mathrm{d}x}{(x+1)(x-2)}$.

4. 求下列不定积分：

(1) $\int \dfrac{x}{x^2+2}dx$;

(2) $\int \dfrac{x}{1+x^4}dx$;

(3) $\int \dfrac{x^3}{\sqrt{1-x^4}}dx$;

(4) $\int \dfrac{x^3}{9+x^2}dx$;

(5) $\int \dfrac{1-x}{\sqrt{9-4x^2}}dx$;

(6) $\int x^2\sqrt{1+x^3}\,dx$;

(7) $\int \dfrac{\ln x}{x}dx$;

(8) $\int xe^{x^2}dx$;

(9) $\int e^{2x^2+\ln x}dx$;

(10) $\int \dfrac{\sin x}{1+\cos x}dx$;

(11) $\int \cos^3 x\,dx$;

(12) $\int \dfrac{dx}{e^x+e^{-x}}$.

5. 求下列不定积分：

(1) $\int \dfrac{dx}{x\sqrt{1-x^2}}$;

(2) $\int \dfrac{dx}{x\sqrt{x^2-1}}$;

(3) $\int \dfrac{dx}{x\sqrt{1+x^2}}$;

(4) $\int \dfrac{x^2}{\sqrt{a^2-x^2}}dx$;

(5) $\int \dfrac{dx}{x^2\sqrt{x^2-9}}$;

(6) $\int \dfrac{dx}{(x^2+a^2)^{3/2}}$;

(7) $\int \dfrac{x\,dx}{\sqrt{1+2x}}$;

(8) $\int \dfrac{dx}{\sqrt{1+e^{2x}}}$;

(9) $\int \dfrac{1}{1+\sqrt{2x}}dx$;

(10) $\int \dfrac{\sqrt{x-1}}{x}dx$.

习题 4-2(B)

1. 已知 $\int f(x)dx = F(x)+C$，正确填写下列空格：

(1) $\int xf(ax^2+b)dx = $ _____；

(2) $\int f\left(\dfrac{1}{x}\right)\dfrac{1}{x^2}dx = $ _____；

(3) $\int f(a\sqrt{x})\dfrac{1}{\sqrt{x}}dx = $ _____；

(4) $\int f(\ln x)\dfrac{1}{x}dx = $ _____；

(5) $\int f(e^{ax})e^{ax}dx = \underline{\qquad}$;

(6) $\int f(\sin x)\cos x\,dx = \underline{\qquad}$;

(7) $\int f(\cos x)\sin x\,dx = \underline{\qquad}$;

(8) $\int \dfrac{f(\tan x)}{\cos^2 x}dx = \underline{\qquad}$;

(9) $\int f(\arccos x)\dfrac{dx}{\sqrt{1-x^2}} = \underline{\qquad}$;

(10) $\int f(\arctan x)\dfrac{dx}{1+x^2} = \underline{\qquad}$.

2. 求下列不定积分：

(1) $\int \dfrac{\cos x}{1+4\sin^2 x}dx$;

(2) $\int \cos^4 x \sin^3 x\,dx$;

(3) $\int \tan^3 x \sec x\,dx$;

(4) $\int \dfrac{1}{x^2}\sin\dfrac{1}{x}dx$;

(5) $\int \dfrac{1}{1+\cos x}dx$;

(6) $\int \dfrac{dx}{1+\sin x}$;

(7) $\int \dfrac{\sin x + \cos x}{\sqrt[3]{\sin x - \cos x}}dx$;

(8) $\int \dfrac{\ln \tan x}{\sin 2x}dx$;

(9) $\int \dfrac{dx}{x\ln x \ln\ln x}$;

(10) $\int \dfrac{1+\ln x}{(x\ln x)^2}dx$.

3. 求下列不定积分：

(1) $\int \dfrac{dx}{\sqrt{x}(1+x)}$;

(2) $\int \dfrac{dx}{\sqrt{x(4-x)}}$;

(3) $\int \dfrac{\sqrt{3+2x}}{x}dx$;

(4) $\int \dfrac{dx}{\sqrt{x}+\sqrt[4]{x}}$;

(5) $\int \dfrac{dx}{1+\sqrt{1-x^2}}$;

(6) $\int \dfrac{dx}{x+\sqrt{1-x^2}}$.

4. 求 $f(x)$ 使其满足下列所给条件：

(1) 当 $x>0$ 时，$f'(x^2) = \dfrac{1}{x}$ 且 $f(1)=1$；

(2) 对一切 x, $f'(\sin^2 x) = \cos^2 x$ 且 $f(1)=1$.

第三节 分部积分法

现在,我们利用两个函数乘积的求导法则,导出另一个求积分的基本方法,即分部积分法.

设函数 $u=u(x)$ 及 $v=v(x)$ 具有连续导数,两个函数乘积的导数公式为

$$(uv)' = u'v + uv',$$

移项,得

$$uv' = (uv)' - u'v,$$

两边求不定积分,得

$$\int uv' \mathrm{d}x = uv - \int u'v \mathrm{d}x; \tag{1}$$

也可将(1)式写为

$$\int u \, \mathrm{d}v = uv - \int v \, \mathrm{d}u. \tag{2}$$

当被积表达式可以表示为某个函数 $u(x)$ 与函数 $v(x)$ 的微分的乘积时,可以应用分部积分法,而 $u(x)$ 与 $\mathrm{d}v(x)$ 的选择可以这样来确定:根据 $\mathrm{d}v$ 容易求出 $v(x)$,而求 $\int v \mathrm{d}u$ 比求 $\int u \mathrm{d}v$ 简单.

现在通过例题说明公式的应用.

例 1 求 $\int x \mathrm{e}^x \mathrm{d}x$.

解 设 $u = x$,则 $\mathrm{d}u = \mathrm{d}x$,

$\mathrm{d}v = \mathrm{e}^x \mathrm{d}x$,则 $v = \int \mathrm{e}^x \mathrm{d}x = \mathrm{e}^x$,

$$\int x \mathrm{e}^x \mathrm{d}x = x\mathrm{e}^x - \int \mathrm{e}^x \mathrm{d}x = x\mathrm{e}^x - \mathrm{e}^x + C.$$

例 2 求 $\int (x+1)\cos 2x \, \mathrm{d}x$.

解 设 $u = (x+1)$,则 $\mathrm{d}u = \mathrm{d}x$,

$\mathrm{d}v = \cos 2x \, \mathrm{d}x$,则 $v = \int \cos 2x \, \mathrm{d}x = \dfrac{1}{2}\sin 2x$,

$$\int (x+1)\cos 2x\,\mathrm{d}x = \frac{1}{2}(x+1)\sin 2x - \frac{1}{2}\int \sin 2x\,\mathrm{d}x$$
$$= \frac{1}{2}(x+1)\sin 2x + \frac{1}{4}\cos 2x + C.$$

例 3 求 $\int x\arctan x\,\mathrm{d}x$.

解 设 $u = \arctan x$,则 $\mathrm{d}u = \dfrac{1}{1+x^2}$,

$\mathrm{d}v = x\,\mathrm{d}x$,则 $v = \int x\,\mathrm{d}x = \dfrac{1}{2}x^2$,

$$\int x\arctan x\,\mathrm{d}x = \frac{1}{2}x^2 \arctan x - \frac{1}{2}\int x^2 \cdot \frac{1}{1+x^2}\mathrm{d}x$$
$$= \frac{1}{2}x^2 \arctan x - \frac{1}{2}\int \left(1 - \frac{1}{1+x^2}\right)\mathrm{d}x$$
$$= \frac{1}{2}x^2 \arctan x - \frac{x}{2} + \frac{1}{2}\arctan x + C.$$

例 4 求 $\int x^2 \mathrm{e}^x\,\mathrm{d}x$.

解 设 $u = x^2$,则 $\mathrm{d}u = 2x\,\mathrm{d}x$,

$\mathrm{d}v = \mathrm{e}^x\,\mathrm{d}x$,则 $v = \int \mathrm{e}^x\,\mathrm{d}x = \mathrm{e}^x$,

$$\int x^2 \mathrm{e}^x\,\mathrm{d}x = x^2 \mathrm{e}^x - 2\int x\mathrm{e}^x\,\mathrm{d}x,$$

对 $\int x\mathrm{e}^x\,\mathrm{d}x$ 再进行一次分部积分,由例 1 可得

$$\int x^2 \mathrm{e}^x\,\mathrm{d}x = x^2 \mathrm{e}^x - 2(x\mathrm{e}^x - \mathrm{e}^x) + C$$
$$= \mathrm{e}^x(x^2 - 2x + 2) + C.$$

通过上述例题可以知道:一般地说,如果被积函数是幂函数或三角函数(反三角函数)或指数函数(对数函数)的乘积,可以考虑应用分

部积分法.

在分部积分应用熟练以后,只要将被积表达式凑成 $u(x)\mathrm{d}v(x)$ 即可,不必再写成 u, $\mathrm{d}u$, v, $\mathrm{d}v$.

例 5 求 $\int(x^2+1)3^x\mathrm{d}x$.

解
$$\int(x^2+1)3^x\mathrm{d}x = \int(x^2+1)\frac{1}{\ln 3}\mathrm{d}3^x$$
$$= \frac{3^x(x^2+1)}{\ln 3} - \frac{2}{\ln 3}\int x3^x\mathrm{d}x$$
$$= \frac{3^x(x^2+1)}{\ln 3} - \frac{2}{(\ln 3)^2}\int x\mathrm{d}3^x$$
$$= \frac{3^x(x^2+1)}{\ln 3} - \frac{2}{(\ln 3)^2}\left[x3^x - \int 3^x\mathrm{d}x\right]$$
$$= \frac{3^x(x^2+1)}{\ln 3} - \frac{2}{(\ln 3)^2}\left[x3^x - \frac{3^x}{\ln 3}\right] + C$$
$$= \frac{3^x}{\ln 3}\left(x^2+1-\frac{2x}{\ln 3}+\frac{1}{\ln^2 3}\right) + C.$$

有些不定积分,需要两次分部积分.

例 6 求 $\int \mathrm{e}^x\sin x\,\mathrm{d}x$.

解
$$\int \mathrm{e}^x\sin x\,\mathrm{d}x = \int\sin x\,\mathrm{d}\mathrm{e}^x = \sin x\cdot\mathrm{e}^x - \int\mathrm{e}^x\mathrm{d}\sin x$$
$$= \mathrm{e}^x\sin x - \int\mathrm{e}^x\cos x\,\mathrm{d}x$$
$$= \mathrm{e}^x\sin x - \int\cos x\,\mathrm{d}\mathrm{e}^x$$
$$= \mathrm{e}^x\sin x - \mathrm{e}^x\cos x - \int\mathrm{e}^x\sin x\,\mathrm{d}x,$$

由于上式右端的第三项就是所求的积分 $\int \mathrm{e}^x\sin x\,\mathrm{d}x$,把它移到等号左端,再两端除以 2 即得

$$\int e^x \sin x \, dx = \frac{1}{2} e^x (\sin x - \cos x) + C.$$

一般在分部积分法选择 u 和 dv 时,把反三角函数、对数函数选作 u,而把指数函数、三角函数、幂函数依次选作 v'.

以下我们举一个用分部积分建立起不定积分的递推公式的例题.

例 7 求 $I_n = \int \dfrac{dx}{(x^2+a^2)^n}$,其中 $n \in \mathbf{N}^+, a \neq 0$.

解 设 $u = \dfrac{1}{(x^2+a^2)^n}$,则 $du = \dfrac{-2nx}{(x^2+a^2)^{n+1}} dx$,

$dv = dx$,则 $v = x$,

$$I_n = \frac{x}{(x^2+a^2)^n} + 2n \int \frac{x^2}{(x^2+a^2)^{n+1}} dx$$

$$= \frac{x}{(x^2+a^2)^n} + 2n \int \frac{x^2+a^2-a^2}{(x^2+a^2)^{n+1}} dx$$

$$= \frac{x}{(x^2+a^2)^n} + 2nI_n - 2na^2 I_{n+1}$$

由此得

$$I_{n+1} = \frac{1}{2na^2} \left[\frac{x}{(x^2+a^2)^n} + (2n-1)I_n \right],$$

将 n 换成 $n-1$,得

$$I_n = \frac{1}{a^2} \left[\frac{1}{2(n-1)} \frac{x}{(x^2+a^2)^{n-1}} + \frac{2n-3}{2n-2} I_{n-1} \right] \quad (n \in \mathbf{N}^+, a \neq 0)$$

其中 $I_1 = \dfrac{1}{a} \arctan \dfrac{x}{a} + C.$

习题 4-3(A)

求下列不定积分:

(1) $\int x \cos x \, dx$; (2) $\int \ln x \, dx$;

(3) $\int \dfrac{x}{e^x}dx$;

(4) $\int x\sin\left(3x+\dfrac{\pi}{4}\right)dx$;

(5) $\int x\sin x\cos x\,dx$;

(6) $\int \arccos x\,dx$;

(7) $\int \arctan x\,dx$;

(8) $\int x\ln(x-1)dx$;

(9) $\int e^x\cos x\,dx$;

(10) $\int x\tan^2 x\,dx$.

习题 4-3(B)

1. 求下列不定积分：

(1) $\int x^2\cos x\,dx$;

(2) $\int x^n\ln x\,dx$;

(3) $\int x(\ln x)^2 dx$;

(4) $\int \ln(x+\sqrt{1+x^2})dx$;

(5) $\int e^{2x}(x^2-2x-5)dx$;

(6) $\int \dfrac{\ln(1+e^x)}{e^x}dx$;

(7) $\int x\arcsin x\,dx$;

(8) $\int e^{-2x}\sin\dfrac{x}{2}dx$;

(9) $\int e^{-x^2}x^5 dx$;

(10) $\int \dfrac{x\sin x}{\cos^3 x}dx$;

(11) $\int x^2\arctan x\,dx$;

(12) $\int \cos(\ln x)dx$;

(13) $\int e^{\sqrt[3]{x}}dx$;

(14) $\int \sin\sqrt{x+1}\,dx$.

2. 设 $I_n=\int \sec^n x\,dx\ (n=2,3,\cdots)$，试证：

$$I_n=\dfrac{1}{n-1}\sec^{n-2}x\tan x+\dfrac{n-2}{n-1}I_{n-2}.$$

第四节　几类常见函数的积分法

现在介绍几类特殊类函数的不定积分，它们的原函数是初等函数. 原则上，这些原函数(不定积分)可以求出来.

一、有理分式函数的不定积分

有理分式函数是指两个多项式的商所表示的函数，有如下形式：

$$R(x) = \frac{P(x)}{Q(x)} = \frac{a_0 x^n + a_1 x^{n-1} + \cdots + a_{n-1} x + a_n}{b_0 x^m + b_1 x^{m-1} + \cdots + b_{m-1} x + b_m},$$

其中 $a_i, b_j \in \mathbf{R}$ ($i = 0, 1, 2, \cdots, n$, $j = 0, 1, 2, \cdots, m$)，且 $a_0 \neq 0$，$b_0 \neq 0$. 当 $m \leqslant n$ 时，称为有理假分式；当 $m > n$ 时，称为有理真分式. 对于有理假分式可通过多项式除法把它表示一个有理多项式与一个有理真分式之和的形式.

对一般有理真分式的积分，在代数学中下述结论起着关键作用：

任何一个有理真分式在实数范围内都可以表示为下述有限个最简有理分式之和，这里的最简分式包括

$$\frac{A}{(x-a)}, \frac{B}{(x-a)^k}, \frac{Mx+N}{x^2+px+q}, \frac{Mx+N}{(x^2+px+q)^k},$$

其中 $k \geqslant 2$ 为整数，$\dfrac{p^2}{4} - q < 0$.

具体地，如果 $Q(x)$ 在 $\mathbf{R}$ 上的质因式分解为

$$Q(x) = b_0 (x-a)^k \cdot \cdots \cdot (x^2 + px + q)^l \cdot \cdots \quad (k, l \in \mathbf{N}^+),$$

则

$$\frac{P(x)}{Q(x)} = \frac{A_1}{(x-a)^k} + \frac{A_2}{(x-a)^{k-1}} + \cdots + \frac{A_k}{x-a} + \cdots + \frac{M_1 x + N_1}{(x^2 + px + q)^l}$$

$$+ \frac{M_2 x + N_2}{(x^2 + px + q)^{l-1}} + \cdots + \frac{(M_l x + N_l)}{(x^2 + px + q)} + \cdots,$$

而这些最简分式可以通过如下方式积分：

(1) $\displaystyle\int \frac{A \mathrm{d}x}{x-a} = A \ln |x-a| + C$;

(2) $\displaystyle\int \frac{B \mathrm{d}x}{(x-a)^n} = -\frac{B}{n-1} \frac{1}{(x-a)^{n-1}} + C \ (n \neq 1)$;

(3) $\displaystyle\int \frac{Mx+N}{x^2+px+q} \mathrm{d}x = \frac{M}{2} \int \frac{2x+p}{x^2+px+q} \mathrm{d}x$

$$+ \left(N - \frac{Mp}{2}\right) \int \frac{\mathrm{d}x}{x^2 + px + q}$$

$$= \frac{M}{2}\ln|x^2+px+q|$$
$$+\left(N-\frac{Mp}{2}\right)\int\frac{\mathrm{d}x}{x^2+px+q};$$

(4) $\int\frac{Mx+N}{(x^2+px+q)^n}\mathrm{d}x = \frac{M}{2}\int\frac{(2x+p)}{(x^2+px+q)^n}\mathrm{d}x$
$$+\left(N-\frac{Mp}{2}\right)\int\frac{\mathrm{d}x}{(x^2+px+q)^n}$$
$$=\frac{M}{2}\frac{1}{1-n}(x^2+px+q)^{1-n}$$
$$+\left(N-\frac{Mp}{2}\right)\int\frac{\mathrm{d}x}{(x^2+px+q)^n}.$$

(3)中的最后的积分利用积分公式(20)求得;(4)中的最后的积分可利用上节例 7 的结论可求得.

例 1 求 $\int\frac{x^4+2x^2-1}{x^3+1}\mathrm{d}x$.

解 $\dfrac{x^4+2x^2-1}{x^3+1} = \dfrac{x(x^3+1)+(2x^2-x-1)}{x^3+1}$
$$= x+\frac{2x^2-x-1}{x^3+1},$$

由于 $x^3+1=(x+1)(x^2-x+1)$,可设

$$\frac{2x^2-x-1}{x^3+1} = \frac{2x^2-x-1}{(x+1)(x^2-x+1)} = \frac{A}{x+1}+\frac{Bx+C}{x^2-x+1},$$

由此得

$$2x^2-x-1 = A(x^2-x+1)+(Bx+C)(x+1).$$

令 $x=-1$,得 $A=\dfrac{2}{3}$,再比较 x^2 的系数与常数项得

$$\begin{cases}2=A+B,\\-1=A+C.\end{cases}$$

解得
$$B = \frac{4}{3}, C = -\frac{5}{3}.$$

于是积分

$$\int \frac{x^4 + 2x^2 - 1}{x^3 + 1} dx = \int x \, dx + \int \frac{2}{3(x+1)} dx + \int \frac{4x - 5}{3(x^2 - x + 1)} dx$$

$$= \frac{x^2}{2} + \frac{2}{3} \ln(x+1) + \frac{1}{3} \int \frac{2(2x-1) - 3}{x^2 - x + 1} dx$$

$$= \frac{x^2}{2} + \frac{2}{3} \ln|x+1| + \frac{2}{3} \int \frac{d(x^2 - x + 1)}{x^2 - x + 1}$$

$$- \int \frac{dx}{\left(x - \frac{1}{2}\right)^2 + \frac{3}{4}}$$

$$= \frac{x^2}{2} + \frac{2}{3} \ln|x+1| + \frac{2}{3} \ln(x^2 - x + 1)$$

$$- \frac{2}{\sqrt{3}} \arctan \frac{2x - 1}{\sqrt{3}} + C.$$

例 2 求 $\int \frac{x \, dx}{(x+1)(x+2)(x-3)}$.

解 设 $\dfrac{x}{(x+1)(x+2)(x-3)} = \dfrac{A}{x+1} + \dfrac{B}{x+2} + \dfrac{C}{x-3}$,

去分母,得

$$x = A(x+2)(x-3) + B(x+1)(x-3) + C(x+1)(x+2).$$

依次令 $x = -1, x = -2, x = 3$,得

$$A = \frac{1}{4}, B = -\frac{2}{5}, C = \frac{3}{20}.$$

因而

$$\int \frac{x\,\mathrm{d}x}{(x+1)(x+2)(x-3)} = \frac{1}{4}\int \frac{\mathrm{d}x}{x+1} - \frac{2}{5}\int \frac{\mathrm{d}x}{x+2} + \frac{3}{20}\int \frac{\mathrm{d}x}{x-3}$$

$$= \frac{1}{4}\ln(x+1) - \frac{2}{5}\ln|x+2|$$

$$+ \frac{3}{20}\ln|x-3| + C.$$

例 3 求 $I = \int \dfrac{\mathrm{d}x}{x^6(1+x^2)}$.

解 设 $x = \dfrac{1}{t}$,

$$I = -\int \frac{t^6\,\mathrm{d}t}{t^2+1} = -\int \frac{t^6-1+1}{t^2+1}\mathrm{d}t$$

$$= -\int \left[(t^4 - t^2 + 1) - \frac{1}{t^2+1}\right]\mathrm{d}t$$

$$= -\frac{1}{5}t^5 + \frac{1}{3}t^3 - t + \arctan t + C$$

$$= -\frac{1}{5}\frac{1}{x^5} + \frac{1}{3x^3} - \frac{1}{x} + \arctan\frac{1}{x} + C.$$

例 4 求 $I = \int \dfrac{x^2}{(1-x)^{100}}\mathrm{d}x$.

解 分母次数较高,按有理函数积分法运算较麻烦,作适当变换: $t = 1-x$,则 $x = 1-t$, $\mathrm{d}x = -\mathrm{d}t$.

$$I = \int \frac{-(1-t)^2}{t^{100}}\mathrm{d}t = \int (-t^{-100} + 2t^{-99} - t^{-98})\mathrm{d}t$$

$$= \frac{1}{99t^{99}} - \frac{1}{49t^{98}} + \frac{1}{97t^{97}} + C$$

$$= \frac{1}{99(1-x)^{99}} - \frac{1}{49(1-x)^{98}} + \frac{1}{97(1-x)^{97}} + C.$$

二、几类最简单无理函数的积分

1. 对于形如 $\int \dfrac{\mathrm{d}x}{\sqrt{ax^2+bx+c}}$ 的积分

可以利用配方法把 ax^2+bx+c 化为 $a\left(x+\dfrac{b}{2a}\right)^2+\dfrac{4ac-b^2}{4a}$，从而利用积分表求出不定积分.

例5 求 $\int \dfrac{\mathrm{d}x}{\sqrt{3+2x-x^2}}$.

解 $\int \dfrac{\mathrm{d}x}{\sqrt{3+2x-x^2}} = \int \dfrac{\mathrm{d}x}{\sqrt{4-(x-1)^2}} = \int \dfrac{\mathrm{d}(x-1)}{\sqrt{4-(x-1)^2}}$

$$= \arcsin \dfrac{x-1}{2} + C.$$

2. 对于形如 $\int R(x,\sqrt[n]{ax+b})\mathrm{d}x, \int R\left(x,\sqrt[n]{\dfrac{ax+b}{cx+d}}\right)\mathrm{d}x$ 的积分

将被积函数中 $\sqrt[n]{ax+b}, \sqrt[n]{\dfrac{ax+b}{cx+d}}$ 设为新变量 t，化去根号化为有理函数的积分.

例6 求 $\int \dfrac{\mathrm{d}x}{\sqrt[3]{3x-1}+1}$.

解 设 $t = \sqrt[3]{3x-1}$，则 $x = \dfrac{1}{3}(t^3+1)$，$\mathrm{d}x = t^2\mathrm{d}t$，于是

$$\int \dfrac{\mathrm{d}x}{\sqrt[3]{3x-1}+1} = \int \dfrac{t^2\mathrm{d}t}{t+1} = \int \left(t-1+\dfrac{1}{t+1}\right)\mathrm{d}t$$

$$= \dfrac{1}{2}t^2 - t + \ln|t+1| + C$$

$$= \dfrac{1}{2}\sqrt[3]{(3x-1)^2} - \sqrt[3]{3x-1}$$

$$+ \ln(\sqrt[3]{3x-1}+1) + C.$$

例7 求 $\int \dfrac{\mathrm{d}x}{\sqrt[3]{(2+x)(2-x)^5}}$.

解 $\dfrac{1}{\sqrt[3]{(2+x)(2-x)^5}} = \dfrac{1}{(2-x)^2}\sqrt[3]{\dfrac{2-x}{2+x}}.$

设 $t = \sqrt[3]{\dfrac{2-x}{2+x}}$，则 $x = 2\dfrac{1-t^3}{1+t^3} = 2\left(\dfrac{2}{1+t^3}-1\right)$，$\mathrm{d}x = \dfrac{-12t^2\,\mathrm{d}t}{(1+t^3)^2}$，$\dfrac{1}{2-x} = \dfrac{1+t^3}{4t^3}$，于是

$$\int \dfrac{\mathrm{d}x}{\sqrt[3]{(2+x)(2-x)^5}} = -12\int \dfrac{(t^3+1)^2 t^3\,\mathrm{d}t}{16t^6(t^3+1)^2} = -\dfrac{3}{4}\int \dfrac{\mathrm{d}t}{t^3}$$

$$= \dfrac{3}{8}\dfrac{1}{t^2} + C = \dfrac{3}{8}\sqrt[3]{\left(\dfrac{2+x}{2-x}\right)^2} + C.$$

例8 求 $\int \dfrac{\mathrm{d}x}{(1+\sqrt[3]{x})\sqrt{x}}$.

解 为了同时消去 $\sqrt[3]{x}$ 和 $\sqrt{x}$，设 $t = \sqrt[6]{x}$，则 $x = t^6$，$\mathrm{d}x = 6t^5\,\mathrm{d}t$，于是

$$\int \dfrac{\mathrm{d}x}{(1+\sqrt[3]{x})\sqrt{x}} = \int \dfrac{6t^5}{(1+t^2)t^3}\,\mathrm{d}t = 6\int \dfrac{t^2}{1+t^2}\,\mathrm{d}t$$

$$= 6\int\left(1 - \dfrac{1}{1+t^2}\right)\mathrm{d}t = 6(t - \arctan t) + C$$

$$= 6(\sqrt[6]{x} - \arctan \sqrt[6]{x}) + C.$$

3. 有理三角函数的积分

对形如 $\int R(\sin x, \cos x)\,\mathrm{d}x$（其中，$R(u,v)$ 是 u、v 的有理函数）的积分可以利用代换

$$t = \tan \dfrac{x}{2}, \quad x \in (-\pi, \pi).$$

由三角公式知：

$$\sin x = 2\sin\frac{x}{2}\cos\frac{x}{2} = \frac{2\tan\frac{x}{2}}{\sec^2\frac{x}{2}} = \frac{2\tan\frac{x}{2}}{1+\tan^2\frac{x}{2}},$$

$$\cos x = \cos^2\frac{x}{2} - \sin^2\frac{x}{2} = \frac{1-\tan^2\frac{x}{2}}{\sec^2\frac{x}{2}} = \frac{1-\tan^2\frac{x}{2}}{1+\tan^2\frac{x}{2}},$$

则

$$\sin x = \frac{2t}{1+t^2},\ \cos x = \frac{1-t^2}{1+t^2},\ x = 2\arctan t,\ \mathrm{d}x = \frac{2\mathrm{d}t}{1+t^2}.$$

将积分化为有理函数的积分.

例 9 求 $\displaystyle\int\frac{\mathrm{d}x}{3\sin x + 4\cos x + 5}$.

解 设 $t = \tan\frac{x}{2}$, $-\pi < x < \pi$, 则

$$\sin x = \frac{2t}{1+t^2},\ \cos x = \frac{1-t^2}{1+t^2},\ \mathrm{d}x = \frac{2\mathrm{d}t}{1+t^2},$$

$$\int\frac{\mathrm{d}x}{3\sin x + 4\cos x + 5} = 2\int\frac{\mathrm{d}t}{6t + 4(1-t^2) + 5(1+t^2)}$$

$$= 2\int\frac{\mathrm{d}t}{t^2 + 6t + 9} = 2\int(t+3)^{-2}\mathrm{d}t$$

$$= -\frac{2}{t+3} + C = -\frac{2}{3+\tan\left(\frac{x}{2}\right)} + C.$$

例 10 求 $\displaystyle\int\frac{\mathrm{d}x}{\sin x}$.

解 利用代换 $t = \tan\frac{x}{2}$, 则

$$\int\frac{\mathrm{d}x}{\sin x} = \int\frac{\mathrm{d}t}{t} = \ln|t| + C = \ln\left|\tan\frac{x}{2}\right| + C.$$

说明：此种代换常常使运算复杂，所以在使用此法前，应尽量考虑能否使用其他积分法。例如本题还可以用另一种方法：

$$\int \frac{dx}{\sin x} = \int \frac{\sin x}{\sin^2 x} dx = \int \frac{d\cos x}{\cos^2 x - 1} = \frac{1}{2} \ln \left| \frac{1 - \cos x}{1 + \cos x} \right| + C.$$

例 11 求 $\int \frac{dx}{\cos^4 x}$.

解 $\int \frac{dx}{\cos^4 x} = \int \frac{\sin^2 x + \cos^2 x}{\cos^4 x} dx = \int \frac{\sin^2 x \, dx}{\cos^2 x \cos^2 x} + \int \frac{dx}{\cos^2 x}$

$$= \int \tan^2 x \, d\tan x + \tan x = \frac{1}{3} \tan^3 x + \tan x + C.$$

最后，我们指出，有些函数的不定积分不能用初等函数表示，例如

$\int e^{-x^2} dx$（泊松积分），　$\int \sin x^2 \, dx$ 与 $\int \cos x^2 \, dx$（菲列涅尔积分），

$\int \frac{dx}{\ln x}$（对数积分），　$\int \frac{\sin x}{x} dx$ 与 $\int \frac{\cos x}{x} dx$（正弦积分，余弦积分）.

由于计算机的发展及符号运算软件系统的开发，如 Mathemalica 和 Maple 等，利用它们能容易地求出许多函数的不定积分.

习题 4-4(A)

1. 求下列不定积分：

(1) $\int \frac{dx}{x(x^2 + 1)}$;　　　　(2) $\int \frac{dx}{x(x^6 + 4)}$;

(3) $\int \frac{x}{x^2 - 7x + 12} dx$;　　(4) $\int \frac{x^5 + x^4 - 8}{x^3 - x} dx$;

(5) $\int \frac{dx}{3 + \sin^2 x}$;　　　(6) $\int \frac{dx}{1 + \sin x + \cos x}$;

(7) $\int \frac{\cot x}{1 + \sin^2 x} dx$;　　(8) $\int \frac{\tan x}{4\sin^2 x + 9\cos^2 x} dx$;

(9) $\int \frac{dx}{1 + \sqrt[3]{x+1}}$;　　(10) $\int \sqrt{\frac{x-1}{x+1}} dx$.

2. 利用以前学过的方法求下列不定积分：

(1) $\int \dfrac{\mathrm{d}x}{\mathrm{e}^x - \mathrm{e}^{-x}}$;

(2) $\int \dfrac{x}{(1-x)^3}\mathrm{d}x$;

(3) $\int \dfrac{x^2}{a^6+x^6}\mathrm{d}x$;

(4) $\int \dfrac{\mathrm{d}x}{x(3\sqrt{x}+1)}$;

(5) $\int \ln(1+x^2)\mathrm{d}x$;

(6) $\int \dfrac{\sin^2 x}{\cos^3 x}\mathrm{d}x$;

(7) $\int \sqrt{1+\sin x}\,\mathrm{d}x$;

(8) $\int \dfrac{x^{11}}{x^8+3x^4+2}\mathrm{d}x$;

(9) $\int \dfrac{\arctan x}{x^2}\mathrm{d}x$;

(10) $\int \dfrac{\arctan\sqrt{x}}{\sqrt{x}(1+x)}\mathrm{d}x$;

(11) $\int \dfrac{\sqrt[3]{x}}{x(\sqrt{x}+\sqrt[3]{x})}\mathrm{d}x$;

(12) $\int \dfrac{\mathrm{d}x}{\mathrm{e}^{2x}+\mathrm{e}^{-2x}+2}$;

(13) $\int \dfrac{1-\tan x}{1+\tan x}\mathrm{d}x$;

(14) $\int \dfrac{\mathrm{d}x}{1+\tan x}$;

(15) $\int \sqrt{1-x^2}\arcsin x\,\mathrm{d}x$;

(16) $\int \dfrac{\cot x}{1+\sin x}\mathrm{d}x$.

习题 4-4(B)

1. 求下列不定积分：

(1) $\int \dfrac{x^3+1}{x(x+1)^3}\mathrm{d}x$;

(2) $\int \dfrac{x^2+1}{x^4+1}\mathrm{d}x$;

(3) $\int \dfrac{x}{(2+3x)^2}\mathrm{d}x$;

(4) $\int \dfrac{1+\tan x}{\sin 2x}\mathrm{d}x$;

(5) $\int \mathrm{e}^{\sin x}\sin 2x\,\mathrm{d}x$;

(6) $\int \dfrac{x+\sin x}{1+\cos x}\mathrm{d}x$;

(7) $\int \sqrt{x}\sin\sqrt{x}\,\mathrm{d}x$;

(8) $\int \dfrac{\mathrm{d}x}{\sqrt[3]{(x+1)^2(x-1)^4}}$;

(9) $\int \dfrac{x^2+6x+2}{\sqrt{x^2+2x-3}}\mathrm{d}x$;

(10) $\int \dfrac{x-1}{x^2\sqrt{2x^2-2x+1}}\mathrm{d}x$.

2. 利用以前学过的方法求下列不定积分：

(1) $\int \dfrac{\mathrm{d}x}{(a^2-x^2)^{\frac{5}{2}}}$;

(2) $\int \dfrac{\mathrm{d}x}{x^4\sqrt{1+x^2}}$;

(3) $\int \dfrac{\sqrt{1+\cos x}}{\sin x}\mathrm{d}x$;

(4) $\int \dfrac{\mathrm{e}^{2x}}{\sqrt[3]{1+\mathrm{e}^x}}\mathrm{d}x$;

(5) $\int \mathrm{e}^{\sin x}\dfrac{x\cos^3 x-\sin x}{\cos^2 x}\mathrm{d}x$;

(6) $\int \dfrac{\mathrm{d}x}{(1+\mathrm{e}^x)^2}$;

(7) $\int \dfrac{\mathrm{d}x}{(x^2+9)^2}$;   (8) $\int \dfrac{x\mathrm{e}^x}{(\mathrm{e}^x+1)^2}\mathrm{d}x$;

(9) $\int (\arcsin x)^2 \mathrm{d}x$;   (10) $\int \dfrac{x^3 \arccos x}{\sqrt{1-x^2}}\mathrm{d}x$;

(11) $\int \dfrac{x\mathrm{e}^{\arctan x}}{(1+x^2)^{\frac{3}{2}}}\mathrm{d}x$;   (12) $\int \dfrac{\ln x -1}{(\ln x)^2}\mathrm{d}x$.

3. 设 $f(x)$ 的一个原函数为 $\dfrac{\sin x}{x}$,求 $\int xf'(x)\mathrm{d}x$.

4. 设 $f'(\ln x) = \begin{cases} 1, & 0 < x \leqslant 1, \\ x, & 1 < x < +\infty, \end{cases}$ 求 $f(x)$ 与 $f(\ln x)$.

总复习题四

一、选择题

1. 在下列等式中,正确的结果是( ).

(A) $\int f'(x)\mathrm{d}x = f(x)$ (B) $\int \mathrm{d}f(x) = f(x)$

(C) $\dfrac{\mathrm{d}}{\mathrm{d}x}\int f(x)\mathrm{d}x = f(x)$ (D) $\mathrm{d}\int f(x)\mathrm{d}x = f(x)$

2. 下列函数对中是同一函数的原函数的是( ).

(A) $\dfrac{2^x}{\ln 2}$ 与 $\lg 2\mathrm{e}+2^x$ (B) $\arcsin x$ 与 $\arccos x$

(C) $\dfrac{1}{2}\sin^2 x$ 与 $\dfrac{1}{4}\cos 2x$ (D) $\sin^2 x - \cos^2 x$ 与 $2\sin^2 x$

3. 在积分曲线族 $\int \sqrt{x\sqrt{x\sqrt{x}}}\mathrm{d}x$ 中,过点 $(0,1)$ 的积分曲线方程为( ).

(A) $y = 1$ (B) $y = \dfrac{2}{5}x^{\frac{5}{2}}+1$

(C) $y = \dfrac{8}{15}x^{\frac{15}{8}}+1$ (D) $y = \dfrac{15}{8}x^{\frac{15}{8}}+1$

4. 若 $\int f(x)\mathrm{d}x = F(x)+C$,且 $x = at+b$,则 $\int f(t)\mathrm{d}t = ($).

(A) $F(x)+C$ (B) $F(t)+C$
(C) $\dfrac{1}{a}F(at+b)+C$ (D) $F(at+b)+C$

5. 设 $f(x)$ 有原函数 $x\ln x$,则 $\int xf(x)\mathrm{d}x = ($ $)$.

(A) $x^2\left(\dfrac{1}{4}+\dfrac{1}{2}\ln x\right)+C$ (B) $x^2\left(\dfrac{1}{2}+\dfrac{1}{4}\ln x\right)+C$

(C) $x^2\left(\dfrac{1}{4}-\dfrac{1}{2}\ln x\right)+C$ (D) $x^2\left(\dfrac{1}{2}-\dfrac{1}{4}\ln x\right)+C$

6. 若 $f(x)$ 的导函数是 $\sin x$,则 $f(x)$ 的一个原函数为(   ).
(A) $1+\sin x$ (B) $1-\sin x$
(C) $1+\cos x$ (D) $1-\cos x$

二、填空题

1. $\int \sin \dfrac{x}{2}\mathrm{d}x = $ _____.

2. $\int \dfrac{\mathrm{d}x}{x\sqrt{x-1}} = $ _____.

3. $\int x^3 \mathrm{e}^{-x^2}\mathrm{d}x = $ _____.

4. 设 $f'(\ln x) = 1+x$,则 $f(x) = $ _____.

5. 设 $\int xf(x)\mathrm{d}x = \arcsin x + C$,则 $\int \dfrac{1}{f(x)}\mathrm{d}x = $ _____.

6. 设 $f(x)$ 为定义区间上严格单调且连续可微函数,$f^{-1}(x)$ 为相应的反函数. 若 $\int f(x)\mathrm{d}x = F(x)+C$,则 $\int f^{-1}(x)\mathrm{d}x = $ _____.

三、计算题

1. $\int \dfrac{x^3}{\sqrt{1+x^2}}\mathrm{d}x$;

2. $\int \dfrac{\ln x}{(1-x)^2}\mathrm{d}x$;

3. $\int \dfrac{x+\ln(1-x)}{x^2}\mathrm{d}x$;

4. $\int \mathrm{e}^{\sqrt{2x-1}}\mathrm{d}x$;

5. $\int \dfrac{x\mathrm{e}^x}{\sqrt{\mathrm{e}^x-1}}\mathrm{d}x$;

6. $\int \dfrac{\operatorname{arccot}\mathrm{e}^x}{\mathrm{e}^x}\mathrm{d}x$;

7. $\int \dfrac{x^2}{1+x^2}\arctan x\,\mathrm{d}x$;

8. $\int \mathrm{e}^{2x}(\tan x+1)^2\mathrm{d}x$;

9. $\int \dfrac{x}{x^4+2x^2+5}\mathrm{d}x$;

10. $\int \dfrac{1}{a^2\sin^2 x+b^2\cos^2 x}\mathrm{d}x$,其中 a、b 为不全为零的非负常数;

11. $\int \dfrac{x\cos^4\dfrac{x}{2}}{\sin^3 x}\mathrm{d}x$;

12. $\int \dfrac{\mathrm{d}x}{\sin 2x+2\sin x}$;

13. 已知 $\dfrac{\sin x}{x}$ 是 $f(x)$ 的一个原函数,求 $\int x^3 f'(x)\mathrm{d}x$.

14. 设 $f(x^2-1)=\ln\dfrac{x^2}{x^2-2}$,且 $f(\varphi(x))=\ln x$,求 $\int \varphi(x)\mathrm{d}x$.

15. 已知 $F(x)$ 是 $f(x)$ 的一个原函数,且 $f(x)=\dfrac{xF(x)}{1+x^2}$,求 $f(x)$.

附录一 常用的初等数学公式

一、代数式

1. 乘法公式

$(a+b)(a-b) = a^2 - b^2$;

$(a \pm b)^2 = a^2 \pm 2ab + b^2$;

$(a \pm b)^3 = a^3 \pm 3a^2 b + 3ab^2 \pm b^3$;

$(a \pm b)(a^2 \mp ab + b^2) = a^3 \pm b^3$.

2. 根式运算公式

$\sqrt[n]{ab} = \sqrt[n]{a} \cdot \sqrt[n]{b}$ $(a \geqslant 0, b \geqslant 0)$;

$\sqrt[n]{\dfrac{a}{b}} = \dfrac{\sqrt[n]{a}}{\sqrt[n]{b}}$ $(a \geqslant 0, b > 0)$;

$(\sqrt[n]{a})^m = \sqrt[n]{a^m}$ $(a \geqslant 0)$;

$\sqrt[m]{\sqrt[n]{a}} = \sqrt[mn]{a}$ $(a \geqslant 0)$.

二、一元二次方程求根公式

$ax^2 + bx + c = 0$ $(a \neq 0)$,

求根公式 $x = \dfrac{-b \pm \sqrt{b^2 - 4ac}}{2a}$.

三、指数运算公式

$a^0 = 1$ $(a \neq 0)$;

$a^{-n} = \dfrac{1}{a^n}$ $(a \neq 0)$;

$a^{\frac{m}{n}} = \sqrt[n]{a^m}$ $(a \geqslant 0)$;

$a^{-\frac{m}{n}} = \dfrac{1}{\sqrt[n]{a^m}}$ $(a > 0)$;

$a^m \cdot a^n = a^{m+n}$, $(a^m)^n = a^{mn}$;
$(ab)^m = a^m \cdot b^m$.

四、对数运算公式

$\log_a(MN) = \log_a M + \log_a N$;

$\log_a \dfrac{M}{N} = \log_a M - \log_a N$;

$\log_a M^n = n\log_a M$;

$\log_a \sqrt[n]{M} = \dfrac{1}{n}\log_a M$.

基本恒等式　　$a^{\log_a N} = N$.

换底公式　　$\log_a N = \dfrac{\log_b N}{\log_b a}$　$(b > 0, b \neq 1)$,

以 10 为底的对数称为常用对数,记作 $\lg N$.
以 e 为底的对数称为自然对数,记作 $\ln N$.

五、三角公式

1. 平方和关系

$\sin^2\alpha + \cos^2\alpha = 1$;　　$1 + \tan^2\alpha = \sec^2\alpha$;　　$1 + \cot^2\alpha = \csc^2\alpha$.

2. 倍角关系

$\sin 2\alpha = 2\sin\alpha \cdot \cos\alpha$;

$\cos 2\alpha = \cos^2\alpha - \sin^2\alpha = 1 - 2\sin^2\alpha = 2\cos^2\alpha - 1$.

3. 两角和差公式

$\sin(\alpha \pm \beta) = \sin\alpha \cdot \cos\beta \pm \cos\alpha \cdot \sin\beta$;

$\cos(\alpha \pm \beta) = \cos\alpha \cdot \cos\beta \mp \sin\alpha \cdot \sin\beta$.

六、数列

1. 等差数列

一般形式　　$a_1, a_1 + d, a_1 + 2d, \cdots, a_1 + (n-1)d, \cdots$.

通项公式　　$a_n = a_1 + (n-1)d$.

前 n 项和公式：

$S_n = \dfrac{n(a_1 + a_n)}{2}$　　或　　$S_n = na_1 + \dfrac{n(n-1)}{2}d$.

2. 等比数列

一般形式　$a_1, a_1q, a_1q^2, \cdots, a_1q^{n-1}, \cdots$.

通项公式　$a_n = a_1 q^{n-1}$.

前 n 项和公式：

$S_n = \dfrac{a_1(1-q^n)}{1-q}$　或　$S_n = \dfrac{a_1 - a_n q}{1-q}$　$(q \neq 1)$.

七、排列与组合

1. $n! = n \cdot (n-1) \cdot \cdots \cdot 2 \cdot 1$.

2. $A_n^m = n \cdot (n-1) \cdot \cdots \cdot (n-m+1)$.

3. $C_n^k = \dfrac{n!}{k!(n-k)!}$.

附录二 基本初等函数的图像及其性质

名称	表达式	定义域	图像	特性
常数函数	$y=C$	$(-\infty,+\infty)$		图像为平行于 x 轴的一条直线.
幂函数	$y=x^\mu$ ($\mu\neq 0$)	随 μ 而不同，但在 $(0,+\infty)$ 中都有定义		经过点 $(1,1)$. 在第一象限内当 $\mu>0$ 时，x^μ 为增函数；当 $\mu<0$ 时，x^μ 为减函数.
指数函数	$y=a^x$ ($a>0$, $a\neq 1$)	$(-\infty,+\infty)$		图像在 x 轴上方（因 $a^x>0$）且都通过点 $(0,1)$. 当 $0<a<1$ 时，a^x 是减函数；当 $a>1$ 时，a^x 是增函数.

(续表)

名称		表达式	定义域	图像	特性
对数函数		$y=\log_a x$ ($a>0$, $a\neq 1$)	$(0,+\infty)$		图像在 y 轴的右侧（因 0 与负数都没有对数），都通过点 $(1,0)$. 当 $0<a<1$ 时，$\log_a x$ 是减函数；当 $a>1$ 时，$\log_a x$ 是增函数.
三角函数	正弦函数	$y=\sin x$	$(-\infty,+\infty)$		是以 2π 为周期的奇函数（图像关于原点对称），图像在两直线 $y=1$ 与 $y=-1$ 之间，即 $|\sin x|\leqslant 1$.
	余弦函数	$y=\cos x$	$(-\infty,+\infty)$		是以 2π 为周期的偶函数（图像关于 y 轴对称），图像在两直线 $y=1$ 与 $y=-1$ 之间，即 $|\cos x|\leqslant 1$.
	正切函数	$y=\tan x$	$x\neq (2k+1)\dfrac{\pi}{2}$ ($k=0,\pm 1,\pm 2,\cdots$)		是以 π 为周期的奇函数，在 $\left(-\dfrac{\pi}{2},\dfrac{\pi}{2}\right)$ 内单调增函数.

(续表)

名称		表达式	定义域	图像	特性
三角函数	余切函数	$y=\cot x$	$x \neq k\pi$ ($k=0, \pm 1, \pm 2, \cdots$)		是以 π 为周期的奇函数,在 $(0, \pi)$ 内是减函数.
反三角函数	反正弦函数	$y=\arcsin x$	$[-1, 1]$		单调增加的奇函数,值域: $-\dfrac{\pi}{2} \leqslant y \leqslant \dfrac{\pi}{2}$.
	反余弦函数	$y=\arccos x$	$[-1, 1]$		单调减少,值域: $0 \leqslant y \leqslant \pi$.
	反正切函数	$y=\arctan x$	$(-\infty, +\infty)$		单调增加的奇函数,值域: $-\dfrac{\pi}{2} < y < \dfrac{\pi}{2}$.

(续表)

名称		表达式	定义域	图像	特性
反三角函数	反余切函数	$y = \operatorname{arccot} x$	$(-\infty, +\infty)$		单调减少,值域:$0 < y < \pi$.

附录三 简单不定积分表

1. 有理函数积分表：

   (1) $\int (ax+b)^n \mathrm{d}x = \dfrac{(ax+b)^{n+1}}{a(n+1)} + C \quad (n \neq -1)$；

   (2) $\int \dfrac{1}{ax+b} \mathrm{d}x = \dfrac{1}{a} \ln |ax+b| + C$；

   (3) $\int x(ax+b)^n \mathrm{d}x = \dfrac{(ax+b)^{n+2}}{a^2(n+2)} - \dfrac{b(ax+b)^{n+1}}{a^2(n+1)} + C \quad (n \neq -1, -2)$；

   (4) $\int \dfrac{x}{ax+b} \mathrm{d}x = \dfrac{x}{a} - \dfrac{b}{a^2} \ln |ax+b| + C$；

   (5) $\int \dfrac{x}{(ax+b)^2} \mathrm{d}x = \dfrac{b}{a^2(ax+b)} + \dfrac{1}{a^2} \ln |ax+b| + C$；

   (6) $\int \dfrac{x^2}{(ax+b)^2} \mathrm{d}x = \dfrac{1}{a^3} \left[\dfrac{1}{2}(ax+b)^2 - 2b(ax+b) + b^2 \ln |ax+b| \right] + C$；

   (7) $\int \dfrac{1}{x(ax+b)} \mathrm{d}x = -\dfrac{1}{b} \ln \left| \dfrac{ax+b}{x} \right| + C$；

   (8) $\int \dfrac{1}{x^2(ax+b)} \mathrm{d}x = -\dfrac{1}{bx} + \dfrac{a}{b^2} \ln \left| \dfrac{ax+b}{x} \right| + C$；

   (9) $\int \dfrac{1}{(x^2+a^2)^n} \mathrm{d}x = \dfrac{x}{2(n-1)a^2(x^2+a^2)^{n-1}} + \dfrac{2n-3}{2(n-1)a^2} \int \dfrac{1}{(x^2+a^2)^{n-1}} \mathrm{d}x$；

   (10) $\int \dfrac{1}{x^2-a^2} \mathrm{d}x = \dfrac{1}{2a} \ln \left| \dfrac{x-a}{x+a} \right| + C$.

2. 无理函数积分表：

   (11) $\int \sqrt{a^2-x^2} \, \mathrm{d}x = \dfrac{1}{2} \left(x \sqrt{a^2-x^2} + a^2 \arcsin \dfrac{x}{a} \right) + C \quad (|x| \leqslant a)$；

   (12) $\int x^2 \sqrt{a^2-x^2} \, \mathrm{d}x = \dfrac{x}{8}(2x^2-a^2) \sqrt{a^2-x^2} + \dfrac{a^2}{8} \arcsin \dfrac{x}{a} + C \quad (|x| \leqslant a)$；

   (13) $\int \dfrac{1}{\sqrt{a^2-x^2}} \mathrm{d}x = \arcsin \dfrac{x}{a} + C \quad (|x| \leqslant a)$；

(14) $\int \dfrac{x^2}{\sqrt{a^2-x^2}}dx = -\dfrac{x}{2}\sqrt{a^2-x^2} + \dfrac{a^2}{2}\arcsin\dfrac{x}{a} + C \quad (|x|\leqslant a);$

(15) $\int \sqrt{a^2+x^2}\,dx = \dfrac{1}{2}[x\sqrt{a^2+x^2} + a^2\ln(x+\sqrt{a^2+x^2})] + C;$

(16) $\int x\sqrt{a^2+x^2}\,dx = \dfrac{1}{3}(a^2+x^2)^{\frac{3}{2}} + C;$

(17) $\int \dfrac{\sqrt{a^2+x^2}}{x}dx = \sqrt{a^2+x^2} - a\ln\left|\dfrac{a+\sqrt{a^2+x^2}}{x}\right| + C;$

(18) $\int \dfrac{1}{\sqrt{a^2+x^2}}dx = \ln(x+\sqrt{a^2+x^2}) + C;$

(19) $\int \dfrac{x}{\sqrt{a^2+x^2}}dx = \sqrt{a^2+x^2} + C;$

(20) $\int \dfrac{x^2}{\sqrt{a^2+x^2}}dx = \dfrac{x}{2}\sqrt{a^2+x^2} - \dfrac{a^2}{2}\ln(x+\sqrt{a^2+x^2}) + C;$

(21) $\int \dfrac{1}{x\sqrt{a^2+x^2}}dx = -\dfrac{1}{a}\ln\left|\dfrac{a+\sqrt{a^2+x^2}}{x}\right| + C;$

(22) $\int \dfrac{1}{x^2\sqrt{a^2+x^2}}dx = -\dfrac{\sqrt{a^2+x^2}}{a^2 x} + C;$

(23) $\int \sqrt{x^2-a^2}\,dx = \dfrac{1}{2}(x\sqrt{x^2-a^2} - a^2\ln|x+\sqrt{x^2-a^2}|) + C$
$(|x|\geqslant a);$

(24) $\int x\sqrt{x^2-a^2}\,dx = \dfrac{1}{3}(x^2-a^2)^{\frac{3}{2}} + C \quad (|x|\geqslant a);$

(25) $\int \dfrac{\sqrt{x^2-a^2}}{x}dx = \sqrt{x^2-a^2} - a\arccos\dfrac{a}{x} + C \quad (|x|\geqslant a);$

(26) $\int \dfrac{1}{\sqrt{x^2-a^2}}dx = \ln|x+\sqrt{x^2-a^2}| + C \quad (|x|>a);$

(27) $\int \dfrac{x}{\sqrt{x^2-a^2}}dx = \sqrt{x^2-a^2} + C \quad (|x|>a);$

(28) $\int \dfrac{x^2}{\sqrt{x^2-a^2}}dx = \dfrac{1}{2}(x\sqrt{x^2-a^2} + a^2\ln|x+\sqrt{x^2-a^2}|) + C$
$(|x|>a).$

3. 三角函数类积分表：

(29) $\int \sin ax\,dx = -\dfrac{1}{a}\cos ax + C;$

(30) $\int \sin^n ax\, dx = -\dfrac{\sin^{n-1} ax \cdot \cos ax}{na} + \dfrac{n-1}{n}\int \sin^{n-2} ax\, dx \quad (n>0);$

(31) $\int x\sin ax\, dx = \dfrac{\sin ax}{a^2} - \dfrac{x\cos ax}{a} + C;$

(32) $\int x^n \sin ax\, dx = -\dfrac{x^n}{a}\cos ax + \dfrac{n}{a}\int x^{n-1}\cos ax\, dx \quad (n>0);$

(33) $\int \dfrac{1}{\sin ax}\, dx = \dfrac{1}{a}\ln\left|\tan\dfrac{ax}{2}\right| + C;$

(34) $\int \dfrac{1}{1+\sin ax}\, dx = \dfrac{1}{a}\tan\left(\dfrac{ax}{2} - \dfrac{\pi}{4}\right) + C;$

(35) $\int \dfrac{1}{1-\sin ax}\, dx = \dfrac{1}{a}\tan\left(\dfrac{ax}{2} + \dfrac{\pi}{4}\right) + C;$

(36) $\int \cos ax\, dx = \dfrac{1}{a}\sin ax + C;$

(37) $\int \cos^n ax\, dx = -\dfrac{\cos^{n-1} ax \cdot \sin ax}{na} + \dfrac{n-1}{n}\int \cos^{n-2} ax\, dx \quad (n>0);$

(38) $\int x\cos ax\, dx = \dfrac{\cos ax}{a^2} + \dfrac{x\sin ax}{a} + C;$

(39) $\int x^n \cos ax\, dx = \dfrac{x^n}{a}\sin ax - \dfrac{n}{a}\int x^{n-1}\sin ax\, dx \quad (n>0);$

(40) $\int \dfrac{1}{\cos ax}\, dx = \dfrac{1}{a}\ln\left|\tan\left(\dfrac{ax}{2} + \dfrac{\pi}{4}\right)\right| + C;$

(41) $\int \dfrac{1}{1+\cos ax}\, dx = \dfrac{1}{a}\tan\dfrac{ax}{2} + C;$

(42) $\int \dfrac{1}{1-\cos ax}\, dx = -\dfrac{1}{a}\cot\dfrac{ax}{2} + C;$

(43) $\int \sin ax \cos ax\, dx = \dfrac{1}{2a}\sin^2 ax + C;$

(44) $\int \sin^n ax \cdot \cos ax\, dx = \dfrac{1}{a(n+1)}\sin^{n+1} ax + C;$

(45) $\int \sin ax \cdot \cos^n ax\, dx = \dfrac{-1}{a(n+1)}\cos^{n+1} ax + C;$

(46) $\int \dfrac{1}{\sin ax \cdot \cos ax}\, dx = \dfrac{1}{a}\ln|\tan ax| + C;$

(47) $\int \dfrac{\sin ax}{\cos^n ax}\, dx = \dfrac{1}{a(n-1)\cos^{n-1} ax} + C \quad (n\neq 1);$

(48) $\int \dfrac{1}{\tan ax + 1}\, dx = \dfrac{x}{a} + \dfrac{1}{2a}\ln|\sin ax + \cos ax| + C;$

(49) $\int \dfrac{1}{\tan ax - 1} dx = -\dfrac{x}{a} - \dfrac{1}{2a} \ln|\sin ax - \cos ax| + C.$

4. 指数函数积分表：

(50) $\int e^{ax} dx = \dfrac{1}{a} e^{ax} + C;$

(51) $\int x^n e^{ax} dx = \dfrac{1}{a} x^n e^{ax} - \dfrac{n}{a} \int x^{n-1} e^{ax} dx;$

(52) $\int e^{ax} \sin bx \, dx = \dfrac{e^{ax}}{a^2 + b^2} (a \sin bx - b \cos bx) + C;$

(53) $\int e^{ax} \cos bx \, dx = \dfrac{e^{ax}}{a^2 + b^2} (a \cos bx + b \sin bx) + C;$

(54) $\int e^{ax} \sin^n x \, dx = \dfrac{e^{ax} \sin^{n-1} x}{a^2 + n^2} (a \sin x - n \cos x) + \dfrac{n(n-1)}{a^2 + n^2} \int e^{ax} \sin^{n-2} x \, dx;$

(55) $\int e^{ax} \cos^n x \, dx = \dfrac{e^{ax} \cos^{n-1} x}{a^2 + n^2} (a \cos x + n \sin x) + \dfrac{n(n-1)}{a^2 + n^2} \int e^{ax} \cos^{n-2} x \, dx.$

5. 对数函数积分表：

(56) $\int \ln^n x \, dx = x \ln^n x - n \int \ln^{n-1} x \, dx \quad (n \in \mathbf{N});$

(57) $\int x^m \ln^n x \, dx = \dfrac{x^{m+1} \ln^n x}{m+1} - \dfrac{n}{m+1} \int x^m \ln^{n-1} x \, dx \quad (m \neq -1, n \in \mathbf{N});$

(58) $\int \dfrac{\ln^n x}{x} dx = \dfrac{1}{n+1} \ln^{n+1} x + C \quad (n \neq -1);$

(59) $\int \dfrac{\ln^n x}{x^m} dx = -\dfrac{\ln^n x}{(m-1) x^{m-1}} + \dfrac{n}{m-1} \int \dfrac{\ln^{n-1} x}{x^m} dx \quad (m \neq 1, n \in \mathbf{N});$

(60) $\int \dfrac{1}{x \ln x} dx = \ln|\ln x| + C \quad (x \neq 1);$

(61) $\int \dfrac{1}{x (\ln x)^n} dx = -\dfrac{1}{(n-1) \ln^{n-1} x} + C \quad (n \neq 1, x \neq 1);$

(62) $\int \sin(\ln x) dx = \dfrac{x}{2} [\sin(\ln x) - \cos(\ln x)] + C;$

(63) $\int \cos(\ln x) dx = \dfrac{x}{2} [\sin(\ln x) + \cos(\ln x)] + C.$

6. 反三角函数积分表：

(64) $\int \arcsin \dfrac{x}{a} dx = x \arcsin \dfrac{x}{a} + \sqrt{a^2 - x^2} + C;$

(65) $\int x \arcsin \dfrac{x}{a} dx = \left(\dfrac{x^2}{2} - \dfrac{a^2}{4} \right) \arcsin \dfrac{x}{a} + \dfrac{x}{4} \sqrt{a^2 - x^2} + C;$

(66) $\int \arccos \dfrac{x}{a} dx = x \arccos \dfrac{x}{a} - \sqrt{a^2 - x^2} + C;$

(67) $\int x\arccos\dfrac{x}{a}\,\mathrm{d}x = \left(\dfrac{x^2}{2}-\dfrac{a^2}{4}\right)\arccos\dfrac{x}{a} - \dfrac{x}{4}\sqrt{a^2-x^2}+C;$

(68) $\int \arctan\dfrac{x}{a}\,\mathrm{d}x = x\arctan\dfrac{x}{a} - \dfrac{a}{2}\ln(a^2+x^2)+C;$

(69) $\int x\arctan\dfrac{x}{a}\,\mathrm{d}x = \dfrac{1}{2}(a^2+x^2)\arctan\dfrac{x}{a} - \dfrac{ax}{2}+C;$

(70) $\int x^n\arctan\dfrac{x}{a}\,\mathrm{d}x = \dfrac{x^{n+1}}{n+1}\arctan\dfrac{x}{a} - \dfrac{a}{n+1}\int\dfrac{x^{n+1}}{a^2+x^2}\,\mathrm{d}x \quad (n\neq 1);$

(71) $\int \operatorname{arccot}\dfrac{x}{a}\,\mathrm{d}x = x\operatorname{arccot}\dfrac{x}{a} + \dfrac{a}{2}\ln(a^2+x^2)+C;$

(72) $\int x\operatorname{arccot}\dfrac{x}{a}\,\mathrm{d}x = \dfrac{1}{2}(a^2+x^2)\operatorname{arccot}\dfrac{x}{a} + \dfrac{ax}{2}+C;$

(73) $\int x^n\operatorname{arccot}\dfrac{x}{a}\,\mathrm{d}x = \dfrac{x^{n+1}}{n+1}\operatorname{arccot}\dfrac{x}{a} + \dfrac{a}{n+1}\int\dfrac{x^{n+1}}{a^2+x^2}\,\mathrm{d}x \quad (n\neq 1).$